核电厂堆芯反应性管理

中国核能电力股份有限公司　编著

中国原子能出版社

图书在版编目（CIP）数据

核电厂堆芯反应性管理 / 中国核能电力股份有限公司编著. — 北京 ：中国原子能出版社，2022.11

ISBN 978-7-5221-1150-6

Ⅰ. ①核… Ⅱ. ①中… Ⅲ. ①核电厂－堆芯－管理 Ⅳ. ①TM623

中国版本图书馆 CIP 数据核字(2022)第231969号

核电厂堆芯反应性管理

出版发行	中国原子能出版社（北京市海淀区阜成路 43 号　100048）		
策划编辑	胡晓彤		
责任编辑	胡晓彤　赵　艳		
装帧设计	侯怡璇		
责任校对	冯莲凤		
责任印制	赵　明		
印　　刷	北京中科印刷有限公司		
经　　销	全国新华书店		
开　　本	787 mm×1092 mm　1/16		
印　　张	16	**字　　数**	246 千字
版　　次	2022 年 11 月第 1 版　2022 年 11 月第 1 次印刷		
书　　号	ISBN 978-7-5221-1150-6	**定　　价**	**160.00 元**

网址：http://www.aep.com.cn　　**E-mail：atomep123@126.com**

发行电话：010-68452845

《核电厂堆芯反应性管理》

编委会

前　言

目前，我国核电正处于快速发展阶段，国内核电装机容量稳步增长，国际上也正积极推进“核电走出去”战略。然而，安全是核电发展的生命线。反应性控制，作为核安全三要素的首条要素，是保证反应堆安全运行的基础。而高标准的反应性管理，则是保障核电厂所有反应性相关活动处于受控状态的关键因素。

为保障我国核电的安全发展，开展我国运行核电厂反应性管理研究，提升核电厂反应性管理水平，成为了一项十分迫切的任务。在核电厂中，主控室操纵人员是直接进行反应性操作和控制的人员。增强操纵人员的反应性管理能力，是反应性管理研究中需重点关注的课题。

本教材以提升我国运行核电厂反应性管理水平为宗旨，其基本指导思想是：从操纵人员实际工作的角度出发，将课本上的反应性与实际工作紧密结合，以增强操纵人员的反应性意识为重点，解析正常运行工况和反应性事件中堆芯的反应性影响因素和特点，提高操纵人员进行反应性控制的业务能力，并通过事件根本原因的分析总结，对改善核电厂的反应性管理给出一定的建议。

本教材共包含五章内容，第 1 章为绪论，介绍反应性管理的研究背景；第 2 章是反应性理论基础，主要以定量分析的方法描述了堆芯中影响反应性因素的特点；第 3 章对反应堆达临界、启动物理试验以及氙振荡和 ΔI 控制这三类实际工作中的反应性重难点问题进行了探讨；第 4 章对典型反应性事件进行了介绍，并对该类反应性事件进行了延伸分析；第 5 章总结了我国近十年来的反应性运行事件，对事件进行了共因分析，整理出操纵人员反应性管理方面的相关弱项，并给出了改善建议。

本教材由核动力运行研究所评估中心执照考核研究室组织编写。在编写过程中，得到了江苏核电、中核运行、大亚湾核电、福清核电多位专家的大力支持。居玉鑫、陶少平、覃希有等本领域的著名专家审阅全文，提出了许多宝贵的意见。在此一并表示真挚的感谢！

对本教材中可能出现的疏漏之处甚至不可忽视的错误，在此恳请读者谅解，并加以批评指正。

目　录

第1章 绪 论

1.1 核安全与反应性管理

在核安全领域，最广为人知的是核安全三要素的概念，即反应性控制、堆芯冷却和放射性包容。其中，反应性控制作为核安全三要素的首条要素，是保证堆芯冷却和放射性包容的前提和基础。当反应堆发生事故时，只有在堆芯反应性可控的条件下，先使反应堆处于次临界状态，才可能进一步进行堆芯冷却和放射性产物包容。历史上最严重的核安全事故——切尔诺贝利核事故，就是一起由于反应性严重失控导致的事故。切尔诺贝利的核反应堆在设计上存在缺陷，采用了正的空泡系数，这意味着冷却系统故障会导致堆芯反应性的增强，进而引起反应堆功率的快速上涨。目前的反应堆在设计上均要求负的空泡系数，这是一种被动安全的设计。在当今的核电机组中，类似切尔诺贝利事故的反应性事件不太可能重现，但是，保证堆芯反应性可控仍然是保障核安全的首要前提。

反应性管理，根据世界核电运营者协会（以下简称“WANO”）在2005年发布的《有效的反应性管理导则》中的定义：反应性管理与控制影响反应性的条件所应用的运行理念和具体的指南有关。这包括确保堆芯反应性和存放的核燃料（可能发生临界）的监控符合燃料设计和运行限值的所有活动。它是确保防止裂变产物释放/屏障完整性的关键因素。因此，对于核电厂运行而言，反应性管理是关系核电厂安全的重要因素之一。

反应性管理，从广义上讲，涵盖了核电厂中影响反应性的所有因素，包括人员、设备、管理理念等；从狭义上讲，主要是对进行反应性相关活动的人的管理。在核电厂中，主控室操纵人员是直接进行反应性操作和控制的人员。当堆芯反应性发生变化时，为维持反应堆安全稳定，操纵人员需采取适当的操作引入反应性进行补偿。然而，错误的反应性干预，可能引发众多不利于反应堆安全运行的后果，轻则导致堆芯功率波动，重则引发紧急停堆或更为严重的反应性事件。增强操纵人员的反应性管理能力，是反应性管理研究中需重点关注的课题。

近年来，我国在运核电厂发生了多起与反应性管理相关的跳机、跳堆事件，对电厂的安全稳定运行形成了较大的挑战。因此，加强反应性管理是保障核电厂安全运行的一个重要环节。同时，从近年来国内各核电厂的操纵人员执照考核（模拟机考试、笔试、口试）结果和同行评估在反应性管理上得到的反馈来看，反应性管理仍然是操纵人员培训的主要弱项。综上，开展我国运行核电厂反应性管理研究，提升核电厂反应性管理水平和操纵人员的反应性管理能力，是保障我国核电安全发展所面临的一项十分迫切的任务。

1.2 国内外反应性管理发展概况

自 2005 年 WANO 明确提出"反应性管理"的概念以来，国内外核电行业均对反应性管理给予了高度的重视，对反应性管理进行了持续的研究和探讨。

国际上，WANO 自 2005 年发布《有效的反应性管理导则》后，于 2007 年发布了《反应性管理》的重要运行经验报告（SOER 2007-1），对国际上的典型反应性事件进行了分析，提出了改善反应性管理的六条建议（见附录二）。在 2015 年，WANO 又发布了《反应性管理事件分析》的分析报告，讨论并告知 WANO 成员最近重要的反应性管理活动，包括关键的经验反馈等。

在国内，我国各核电厂均开展了关于反应性管理的评估活动，并参考 WANO 提出的改善反应性管理的建议，对本电厂的反应性管理规程进行了升版。同时，各核电厂也在积极加强操纵人员的反应性管理培训，对操纵人员的反应性管理培训提出了新的要求。

1.3 我国核电堆型简介

自 1991 年我国第一座核电厂——秦山第一核电厂并网发电以来，我国核电事业快速发展，在 31 年的时间里有 54 台核电机组陆续投入商运，同时还有 22 台机组正在建设当中。由于国际政治及经济背景等多方面因素，目前我国核电呈现机组堆型类型多样的特点，而且不同堆型机组技术差异很大。

我国第一座核电厂秦山核电厂是由我国自主设计、建造和运营管理的 30 万 kW 压水堆核电厂，代号为 CNP300，1985 年 3 月浇灌第一罐核岛底板混凝土，1991 年 12 月首次并网发电，1994 年 4 月投入商业运行。在 CNP300 的基础上，我国又自主设计并建造了 6 台代号为 CNP600 的 60 万 kW 压水堆核电厂，已先后在秦山第二核电厂和海南昌江核电厂投入商业运行。

我国第一座百万千瓦核电厂——大亚湾核电厂，引进的是法国二代堆型 M310 的核电技术，1 号机组于 1987 年 8 月 7 日工程正式开工，1994 年 2 月 1 日投入商业运行。在充分吸收 M310 机组技术特点和运行经验的基础上，我国自主设计了代号为 CPR1000 的"二代加"堆型，并广泛在我国各核电基地投入商运，目前商运的 CPR1000 机组数量已达到 20 台。

我国第一座拥有完全自主知识产权的三代压水堆核电机组——"华龙一号"首堆示范工程福清核电厂 5 号机组于 2021 年 1 月 30 日投入商业运行，是我国核电行业创新发展的标志性成果和重大跨越。

我国首座采用重水堆技术的核电厂，秦山第三核电厂，引进的是加拿大成熟的 CANDU-6 堆型，建造了两台 70 万 kW 级核电机组，其中 1 号机组于 2002 年 11 月 19 日首次并网发电，并于 2002 年 12 月 31 日投入商业运行。

此外，我国还引进了俄罗斯 AES-91 型、欧洲 EPR 型、美国 AP1000 型等压水堆核电技术。表 1-1 是我国目前商运机组的类型统计表。

表 1-1　我国目前商运机组类型统计表

序号	堆型	机组数量
1	CPR1000	16
2	CNP1000	7

续　表

序号	堆型	机组数量
3	CNP600	6
4	ACPR－1000	4
5	AP1000	4
6	M310	4
7	CANDU6	2
8	EPR－1750	2
9	HPR1000	2
10	VVER V－428	2
11	VVER V－428M	2
12	CNP1001	1
13	CNP300	1
14	HTR－PM	1

近年来，随着我国及国际上核电技术的发展，我国又陆续自主建设或引进了许多新的堆型，主要包括：我国自主设计建造的高温气冷堆、“华龙一号”、CNP1000 及 ACPR1000。图 1-1 是我国目前在建机组的类型及数量分布情况。

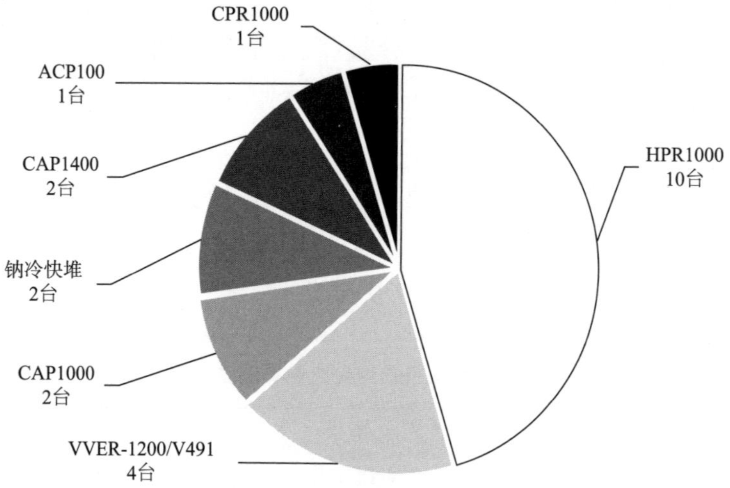

图 1-1　我国目前在建机组类型及数量分布图（统计时间截至 2022 年 12 月）

综上所述，我国核电机组堆型众多，不同堆型技术差异很大，在反应性管理上也存在诸多不同。本教材的研究范围包括：CNP300、CNP600、M310、CPR1000、CANDU-6 和 VVER 堆型。

第 2 章　反应性理论基础

2.1　反应性的概念

核反应堆中的基本问题是维持链式裂变反应的稳定运行，即保持中子产生与中子消失的对等。在反应堆的物理分析中，为描述堆芯内中子产生与中子消失的关系，引入了“有效增殖因数 k_{eff}”。

有效增殖因数 k_{eff} 的定义：

$$k_{eff}=\frac{新一代中子数}{直属上一代中子数}=\frac{系统内中子产生率}{系统内中子的总消失(吸收+泄漏)率} \tag{2-1}$$

从中子循环的观点来看，式（2-1）可以写成：

$$k_{eff}=\varepsilon pf\eta P_L \tag{2-2}$$

式中，ε、p、f、η 分别为堆芯的四因子；P_L 表示中子在慢化和扩散过程中总的不泄漏概率。

显然，有效增殖因数 k_{eff} 能直观地反映堆芯的临界情况：若堆芯 $k_{eff}=1$，则意味着在堆芯内中子的产生与消失处于动态平衡，每代的中子数都是一样的，反应堆处于临界状态；若堆芯 $k_{eff}<1$，这意味着堆内中子的产生率小于消失率，中子循环中任一代的中子都比上一代少，反应堆处于次临界状态；同理，若堆芯 $k_{eff}>1$，则反应堆处于超临界状态。

在实际问题中，我们不仅关注反应堆的临界情况，还希望能清楚系统偏离临界的程度，于是引入了“反应性 ρ”这个物理量。

反应性 ρ 的定义：

当系统偏离临界较小时：

$$\rho=\frac{k_{eff}-1}{k_{eff}} \tag{2-3}$$

当系统偏离临界较大时：

$$\rho = \ln \frac{k_{\text{eff2}}}{k_{\text{eff1}}} \tag{2-4}$$

反应性 ρ 表示 k_{eff} 的相对变化，它是一个无量纲量，常用的单位有：pcm、%$\Delta k/k$。

根据定义，反应性的符号标志着反应堆的状态；而反应性的大小，将决定堆内中子通量密度（或堆功率）变化的速率。

综上所述，k_{eff} 和 ρ 与反应堆状态的关系见表 2-1。

表 2-1　反应堆状态的描述

反应堆状态	有效增殖因数	反应性
次临界	$k_{\text{eff}}<1$	$\rho<0$
临界	$k_{\text{eff}}=1$	$\rho=0$
超临界	$k_{\text{eff}}>1$	$\rho>0$

2.2　反应性与周期

堆芯的反应性是不能直接测量的，对堆芯反应性的监测主要是根据堆内中子通量密度的动态测量来实现的。然而，堆内中子通量密度变化的规律可以由反应堆周期来表征，所以在实际工作中，通常采用周期法测量堆芯反应性。

根据点堆中子动力学理论，反应性 ρ 和反应堆周期 T 的关系可以用“倒时方程”来描述：

$$\rho = \frac{\Lambda}{T} + \sum_{i=1}^{6} \frac{\beta_i}{1+\lambda_i T}\left(\text{或简化为 } \rho = \frac{\Lambda}{T} + \frac{\beta_{\text{eff}}}{1+\lambda T}\right) \tag{2-5}$$

式中，Λ 表示瞬发中子代时间；β_i 和 λ_i 分别表示第 i 组缓发中子有效份额和第 i 组缓发中子先驱核衰变常数；β_{eff} 和 λ 分别表示等效缓发中子有效份额和等效缓发中子先驱核衰变常数。

倒时方程是反应堆物理分析中一个非常重要的公式，是反应堆运行中通过测量周期来确定反应性的理论依据。下面对式（2-5）进一步讨论：

（1）讨论反应性很小和很大的两种极限情况

①当反应性很小时，堆功率以很慢的速度变化，此时稳定的周期

很长，对于任意一组缓发中子，均有 $|\lambda_i T| \gg 1$，则

$$\rho \approx \frac{\Lambda}{T} + \sum_{i=1}^{6} \frac{\beta_i}{\lambda_i T} = \frac{1}{T}\left(\Lambda + \sum_{i=1}^{6} \frac{\beta_i}{\lambda_i}\right) \approx \frac{\theta}{T} \tag{2-6}$$

式中，θ 表示瞬发和缓发中子总的平均中子代时间，在^{235}U 作燃料的反应堆中，$\sum_{i=1}^{6} \frac{\beta_i}{\lambda_i} \approx 0.1$ 远比量级为 10^{-4} s 的 Λ 大，所以平均中子代时间 θ 主要受缓发中子影响。

由上式可知，对于小反应性情况，可以较准确地认为反应性与稳定周期成反比，反应堆中子通量密度随时间 t 的变化规律可以表达为：

$$\varphi(t) = \varphi_0 \, e^{\frac{t}{T}} = \varphi_0 \, e^{\frac{\rho}{\theta} t} \tag{2-7}$$

式中：$\varphi(t)$ 为中子通量密度，是时间 t 的函数，1/（$m^2 \cdot s$）；φ_0 为初始时刻的中子通量密度。

②当反应性很大时，堆功率上升很快，稳定周期很短，此时对任何一组缓发中子均有 $\lambda_i T \ll 1$，则

$$\rho \approx \frac{\Lambda}{T} + \sum_{i=1}^{6} \frac{\beta_i}{1} = \frac{\Lambda}{T} + \beta_{eff} \tag{2-8}$$

或者

$$T \approx \frac{\Lambda}{\rho - \beta_{eff}} \tag{2-9}$$

这意味着反应堆的稳定周期完全由瞬发中子参数决定。

从上面两个极限情况的讨论可以看出，反应堆功率的上升周期，在反应性很小时主要由缓发中子参数决定；而当反应性很大时则仅由瞬发中子参数决定。定性的解释可以认为，当反应性较小时，反应堆功率变化较慢，足以使缓发中子发挥作用，延长了中子平均代时间；当反应性很大时，反应堆功率变化很快，短时间内缓发中子不足以产生作用，反应堆周期仅由瞬发中子参数决定。

（2）讨论临界堆阶跃引入反应性的周期响应情况

作为理论分析，本节先讨论堆芯无功率反馈（核加热点以下）的情况，最后再在无反馈情况结论的基础上，讨论有功率反馈的情况。

①阶跃引入小的正反应性时（$0 < \rho < \beta_{eff}$）

在反应性阶跃引入的瞬间，缓发中子尚未产生，倒时方程忽略缓

发项，有：

$$\rho \approx \frac{\Lambda}{T} \text{ 或 } T \approx \frac{\Lambda}{\rho} \tag{2-10}$$

所以在阶跃引入小反应性的瞬间，反应堆周期取决于瞬发中子代时间 Λ 和引入的正反应性大小。

随后，随着缓发中子的产生，缓发中子逐渐发挥作用，根据 6 组缓发中子的倒时方程：

$$\rho = \frac{\Lambda}{T} + \sum_{i=1}^{6} \frac{\beta_i}{1+\lambda_i T} \tag{2-11}$$

开始时由短寿命的缓发中子发挥主要作用，然后长寿命的缓发中子也逐渐起作用，反应堆周期逐渐变长（在过渡阶段，反应堆周期会从 $\frac{\Lambda}{\rho}$ 过渡到 $\frac{\beta_{\text{eff}}-\rho}{\lambda\rho}$）。

当 6 组缓发中子均稳定产生后，反应堆周期也将趋于稳定，这时倒时方程可以写成单组等效缓发中子的形式：

$$\rho = \frac{\Lambda}{T} + \frac{\beta_{\text{eff}}}{1+\lambda T} \tag{2-12}$$

此时瞬发项与缓发项相比很小，通常可以忽略，于是可以得到：

$$\rho \approx \frac{\beta_{\text{eff}}}{1+\lambda T} \text{ 或 } T \approx \frac{\beta_{\text{eff}}-\rho}{\lambda\rho} \tag{2-13}$$

由上式可见，稳定周期主要取决于缓发中子的参数。

比较式（2-6）和式（2-13），它们之间存在一定差异，前者仅在反应性非常小的条件下才成立，后者在 $0<\rho<\beta_{\text{eff}}$ 范围内误差均比较小，适应范围比前者更广泛。

综上，对于无功率反馈的临界堆，引入小的正反应性后，反应堆周期先由无穷大瞬变到 $\frac{\Lambda}{\rho}$，随后逐渐增大，过渡并稳定在 $\frac{\beta_{\text{eff}}-\rho}{\lambda\rho}$。

②阶跃引入负反应性时（$\rho<0$）

在不考虑功率反馈和中子源影响的情况下，阶跃引入负反应性时反应堆周期的响应情况与前面讨论的阶跃引入正反应性相似，均会经历瞬变段和过渡段，但它们过渡段后的稳定周期不同。

在引入正反应性时，反应堆周期会稳定在由单组等效缓发中子有效份额和衰变常数决定的一个值 $\left(\dfrac{\beta_{\text{eff}}-\rho}{\lambda\rho}\right)$ ，实际上是综合考虑了 6 组缓发中子的作用。

然而，在引入负反应性时，由于反应堆中子通量密度不断衰减，短寿命的缓发中子会逐渐消失，最后起主导作用的将是寿命最长的那组缓发中子，所以最终的反应堆周期不能由式（2-13）表示。在同时忽略瞬发中子和短寿命缓发中子的作用的情况下，只考虑寿命最长的那一组缓发中子，可以得到：

$$T \approx \frac{\beta_{\text{eff}}-\rho}{\lambda_{i,\max}\rho} \tag{2-14}$$

由式（2-14），当引入的负反应性无限大时，反应堆周期 $T=-\lambda_{i,\max}^{-1}=-78.64\ \text{s}\approx-80\ \text{s}$ 。于是得到一个常见的结论：反应堆停堆后无论引入多大的负反应性，堆内中子密度的稳定下降周期总不小于 80 s。

需要注意的是，上述“稳定下降周期总不小于 80 s”的结论是在完全忽略短寿命的缓发中子的作用这个极端条件下得到的。在实际情况中短寿命的缓发中子总会有所影响，即使引入负反应性无限大，反应堆周期也只能逐渐减小至接近－80 s，并不会达到该值。归纳起来，如果引入负反应性无限大，反应堆下降周期会逐渐接近 80 s，但一直小于 80 s（实际上是 78.64 s）；如果引入负反应性较大但有限，反应堆周期会接近 $\dfrac{\beta_{\text{eff}}-\rho}{\lambda_{i,\text{eff}}\,\rho}$ ，但一直小于 $\dfrac{\beta_{\text{eff}}-\rho}{\lambda_{i,\text{eff}}\,\rho}$（此时反应堆下降周期 $\left|\dfrac{\beta_{\text{eff}}-\rho}{\lambda_{i,\max}\,\rho}\right|>$ 78.64 s）。

结合反应堆紧急停堆的实际情况，假设停堆后堆芯的反应性 $\rho=-6\ 000\ \text{pcm}$ ，根据铀-235 的缓发中子参数，寿命最长的一组缓发中子衰变常数为 $\lambda_1=0.012\ 7\ \text{s}^{-1}$ ，其份额为 $\beta_{\text{eff}}=0.65\%$ ，代入式(2-14)，算得：

$$T \approx \frac{\beta_{\text{eff}}-\rho}{\lambda_{i,\max}\,\rho}=\frac{0.006\ 5+0.06}{0.012\ 7\times(-0.06)}\ \text{s}=87.27\ \text{s} \tag{2-15}$$

可见在正常停堆后的次临界条件下，反应堆的稳定下降周期略大于 78.64 s。

综上所述，在无功率反馈的情况下，阶跃引入反应性后反应堆周期的响应情况如图 2-1 所示。

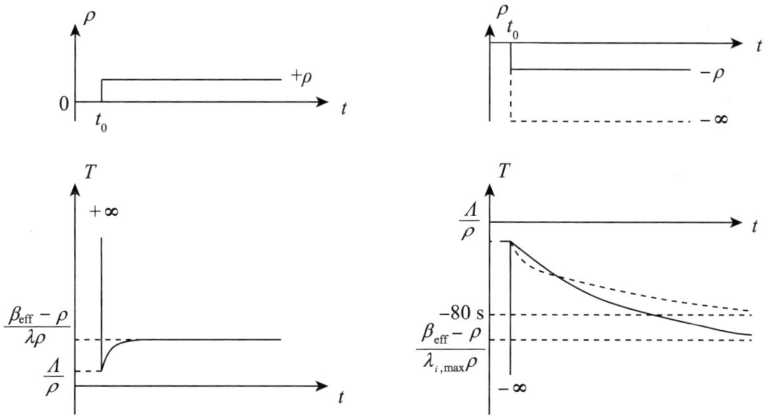

(a) 阶跃引入正反应性　　(b) 阶跃引入负反应性

图 2-1　反应堆周期与反应性的动态关系

接下来讨论有功率反馈的情况。

对于引入正反应性的情况，若初始时堆芯处在核加热点以下，则在达到核加热点以前的周期变化情况与上述无功率反馈时一致，在达到核加热点之后，由于功率的负反馈效应，周期会从稳定周期逐渐变长，直至正无穷，功率达到稳定。若初始时堆芯已经处在核加热点以上的功率运行状态，阶跃引入小的正反应性后，瞬时的反应堆周期仍为 Λ/ρ ，随后由于功率反馈，堆芯正反应性减小，相应的反应堆周期快速增大，最后周期恢复正无穷，反应堆功率稳定。

对于引入负反应性的情况，若功率运行时引入小的负反应性，其负周期的变化规律与上述在功率运行时引入小的正反应性的正周期变化规律类似。若功率运行时引入大的负反应性（如满功率时紧急停堆），初始的瞬时周期由控制棒引入的负反应性决定，随后由于燃料和慢化剂温度下降，以及氙毒的积累和消失，堆芯总的负反应性（停堆深度）在不断变化，总的结果是负周期逐渐变长，但变化的速率会随着停堆深度的增大而变快。

2.3 堆芯影响反应性的因素

在反应堆中，堆芯的反应性会受到诸多因素的影响。对于不同堆型，由于其设计原理和控制手段不同，其堆芯影响反应性的因素也有一定差异。本节先讨论国内典型压水堆的反应性影响因素，关于重水堆的反应性特点将在下一节讨论。

对压水堆而言，由堆内反应性平衡公式：

$$\rho_{总}=\rho_{燃耗}+\rho_{控制棒}+\rho_{氙}+\rho_{钐}+\rho_{多普勒}+\rho_{慢化剂}+\rho_{硼} \tag{2-16}$$

堆芯内影响反应性的因素可以概括为：

表 2-2 堆芯反应性影响因素

反应性影响因素	监测情况
燃料棒、可燃毒物的燃耗	可估算
控制棒插入深度	可测量
Xe 毒	可计算
Sm 毒	可估算
燃料棒温度	可估算
慢化剂温度	可测量
硼浓度	可测量

2.3.1 燃料棒及其燃耗的反应性分析

对于一个新设计的反应堆，为了保证它能满功率长期运行，必须使它具有足够的反应性储备。这些反应性储备全部来自于堆芯寿期初装载的燃料组件，燃料棒是堆芯内正反应性的唯一来源。

根据我国某压水堆的核设计参数，其后备反应性如下：

(1) 最大燃料组件 k_{inf}（冷态、净堆、无硼水）：1.402 66

(2) 最大堆芯 k_{eff}（冷态、ARO、寿期初）：1.215 97

由此可见，在冷态、净堆、无硼水的情况下，完全由燃料组件可提供约 34 000 pcm 的正反应性［取 ln（1.402 66）］；在添加可燃毒物、堆内构件等吸收体后，冷态、ARO、寿期初时堆芯仍可以提供约

20 000 pcm 的正反应性。

随着燃耗的加深，燃料棒对堆芯反应性的影响也随之变化。主要体现在以下两点：一方面，燃耗会消耗燃料棒的过剩反应性，使堆芯中的正反应性降低；另一方面，燃耗加深会伴随着可燃毒物消耗、裂变产物积累、反应性系数变化以及有效缓发中子份额减小，堆内提供负反应性的各因素也发生相应变化。

燃耗使堆内正反应性降低，从机理上讲，主要是堆芯内易裂变核素的消耗，使燃料的热中子宏观吸收/裂变截面减小，导致堆内热中子利用系数 f 和热裂变因子 η 降低，堆芯有效增殖因数 k_{eff}减小。考虑每天由燃耗造成的反应性损失，从定性的角度分析，随着燃耗加深，其燃料每天损失的反应性将逐渐增大，原因在于堆芯内易裂变核素的总量随燃耗加深而减小，每天降低相同数目的易裂变核素，其造成的影响将逐渐增大。但是，从定量上看，由于易裂变核素每天消耗的量占总量的比例较小，燃耗每日反应性损失增大的趋势是较为缓慢的，因此一般用寿期内燃耗的平均反应性损失来近似。百万千瓦的核电机组，从寿期初到寿期末，燃料的过剩反应性约降低 10 000～12 000 pcm，对应的寿期约 300～400 EFPD，简单估算，可以认为燃耗引起的反应性损失约 25～35 pcm/EFPD。

燃耗对堆内其他负反应性来源的影响则是多方面的，具体见表 2-3。

表 2-3 燃耗加深对堆内各负反应性来源的影响

反应性来源	反应性变化
可燃毒物	可燃毒物逐渐消耗，其引入的负反应性逐渐减小，到寿期末基本消耗殆尽
裂变产物	初始时氙和钐为主要裂变毒物，快速积累并达到平衡；其他裂变产物也逐渐积累，使裂变产物的总毒性缓慢增大
硼效应	一方面硼浓度随燃耗逐渐降低，另一方面硼微分价值也随着变化；两者的综合效应是硼引入的负反应性逐渐减小
慢化剂效应	慢化剂温度系数随燃耗加深（主要是硼浓度降低）而逐渐更负，由慢化剂引入的负反应性逐渐增大
多普勒效应	燃耗加深使燃料芯块传热改善及 ^{240}Pu 积累，多普勒功率系数负得较小，多普勒效应引入的负反应性逐渐减小

反应堆内燃料棒除在寿期初可提供较大的正反应性，其在寿期末换料前仍然保存有约 10 000 pcm 的正反应性，用于平衡堆内不可避免的毒物和负温度效应引入的负反应性，见图 2-2。

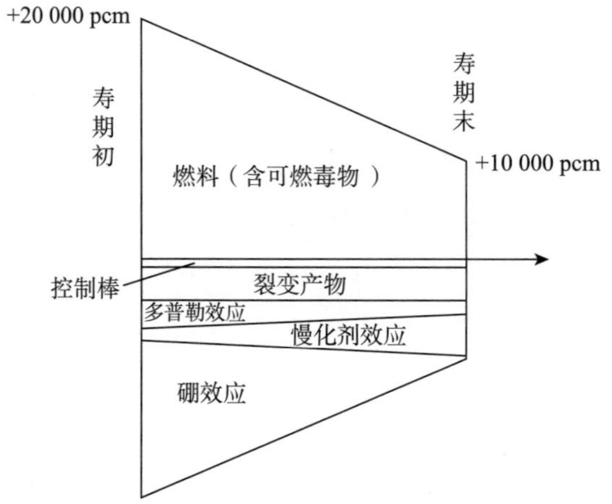

图 2-2　有可燃毒物和无可燃毒物的首循环堆芯燃耗

可见，燃料棒在反应堆的整个寿期内均提供着较大的后备反应性（从寿期初的约 20 000 pcm 到寿期末的约 10 000 pcm）。我们知道，当堆芯正反应性超过 $1\beta_{eff}$（寿期初约 700 pcm，寿期末约 500 pcm）时，堆芯就将发生瞬发超临界，堆芯功率将快速上涨，这是非常危险一种状态。因此，操作员应该时刻警惕，在整个反应堆的寿期内，必须保证堆芯内有足够的负反应性来抵消由燃料提供的正反应性。任何时刻的反应性事件，如果不加以控制，堆内由燃料所储存的庞大的正反应性，完全有可能将堆芯毁灭。

2.3.2　可燃毒物棒的反应性分析

目前大型压水堆一般都采用在燃料组件中添加可燃毒物的设计。其主要目的是降低寿期初堆芯的临界硼浓度，防止出现正的慢化剂温度系数；其次，可燃毒物的合理布置，也能适当展平堆芯的径向功率分布。我国压水堆核电厂中，常用的可燃毒物棒材料有：钆棒（Gd_2O_3）、含硼玻璃棒。

随着反应堆的运行，可燃毒物棒逐渐被消耗，寿期初被补偿的后备反应性逐渐被释放出来，到寿期末堆芯内大部分的可燃毒物被消耗，但难免会有所残留。本节将分别估算寿期初和寿期末由可燃毒物补偿的反应性损失。依然参考某核电厂的堆芯设计燃耗曲线，见图 2-3。

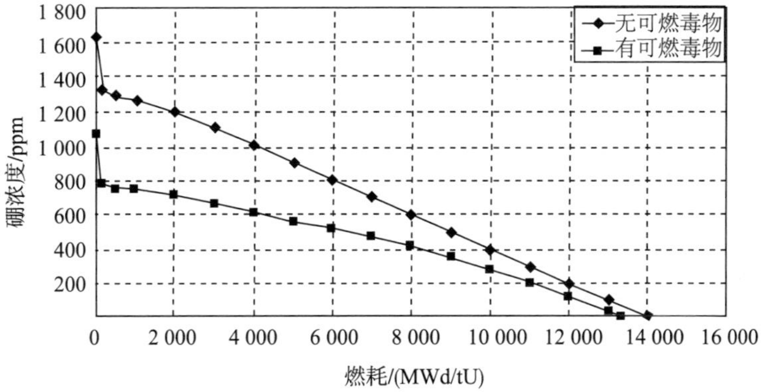

注：两者的燃耗差为694/(MWd/tU)。

图 2-3　有可燃毒物和无可燃毒物的首循环堆芯燃耗

由图 2-3 可知，有可燃毒物和无可燃毒物相比，其寿期初临界硼浓度差值约 600 ppm，寿期末两者的燃耗差为 694 MWd/tU。

查询该核电厂的堆芯参数，其堆芯寿期初硼微分价值约－11 pcm/ppm，堆芯装载 157 组燃料组件，每组燃料组件中铀的质量约 460 kg，满功率（2 895 MW）运行时每天的燃耗反应性损失约为－30 pcm/EFPD。则可燃毒物在寿期初和寿期末的负反应性分别为：

$$\rho^{\mathrm{BOL}}=600\ \mathrm{ppm}\times(-11\ \mathrm{pcm/ppm})=-6\ 600\ \mathrm{pcm} \tag{2-17}$$

$$\rho^{\mathrm{EOL}}=\frac{694\ \mathrm{MWd/tU}\times157\times0.46\ \mathrm{tU}}{2\ 895\ \mathrm{MW}}\times-30\ \mathrm{pcm/EFPD}=-519.4\ \mathrm{pcm} \tag{2-18}$$

可见，寿期末由可燃毒物造成的反应性损失（519.4 pcm）与寿期初可燃毒物所补偿的反应性（约 6 600 pcm）相比，可以认为可燃毒物在寿期内基本被消耗。

2.3.3　控制棒的反应性分析

控制棒是中子的强吸收体，通常由热中子和超热中子吸收截面大的物质（如 B、Ag、In、Cd、Hf 等）构成。控制棒具有反应性价值大，动作灵活、响应快速等优点，被广泛运用在各类反应堆中。在我国在运压水堆核电厂中，比较典型的堆型有 CPR1000 和 VVER 两种，下面分别对其控制棒的反应性特点进行讨论。

（1）CPR1000 机组控制棒的反应性分析

在 CPR1000 机组中，堆芯由 157 个燃料组件组成，其中 61 个燃料组件配置了控制棒组件。为减小堆芯径向功率畸变，控制棒组均采用束棒设计，单个控制棒组件内有 24 根吸收体，大部分吸收体材料为 Ag-In-Cd，其在从热中子到超热中子的较宽能量范围内有很好的中子吸收特性，称为“黑棒”；还有一小部分吸收体材料为不锈钢，其中子吸收能力较弱，称为“灰棒”。

根据控制棒组件中灰棒和黑棒的数量，控制棒可以分为黑棒组件和灰棒组件两种，前者由 24 根黑棒组成，后者由 8 根黑棒和 16 根灰棒组成。

根据功能划分，控制棒可以分为调节棒组和停堆棒组（S 棒），其中调节棒组又分为功率调节棒（G 棒）和温度调节棒（R 棒）。其具体分组见表 2-4。

表 2-4　CPR1000 机组的控制棒组件分组

名称	组别	类型	数量
功率调节棒	G1	灰棒组	4
	G2	灰棒组	8
	N1	黑棒组	8
	N2	黑棒组	8
温度调节棒	R	黑棒组	8
停堆棒	SA	黑棒组	5
	SB	黑棒组	8
	SC	黑棒组	4
	SD	黑棒组	8

控制棒所能提供的反应性称为控制棒价值，通常又将控制棒价值分为积分价值和微分价值。下面以某 CPR1000 机组的设计和实测数据

为例，对控制棒的价值进行分析。

由表 2-5 可以看到，61 束控制棒组件能提供的总的反应性价值大约为10 000 pcm～11 000 pcm，远大于停堆后由燃料和慢化剂温度效应引入的正反应性（约 3 000 pcm）。实际上，即使在充分考虑卡棒等不确定因素的情况下，控制棒落棒提供的负反应性也是足以使堆芯达到规定的停堆深度的。这也是反应堆设计中的基本要求。

表 2-5　某压水堆控制棒组件的反应性价值

控制棒价值	首循环	平衡循环 L0	平衡循环 S0
61 束控制棒总价值/pcm	11 018	10 464	10 284
最大卡棒价值/pcm	2 462	1 410	1 489
棒微分价值/（pcm/步）	根据位置不同约为 2～10		

表 2-6 显示的是某压水堆平衡循环时，在零功率物理试验中控制棒价值的实测值和计算值的比较。关于控制棒价值的测量方法本书将在第 3 章的 3.1 节中介绍，这里仅对表 2-6 中的数值特点进行分析。观察表中数据会发现：控制棒组中单组价值最大的棒并不是停堆棒，而是用于温度调节的 R 棒；全是黑棒的 N2 棒的反应性价值反而比全是灰棒的 G2 棒低。这与预测结果是不一致的，要解释这两个问题，需要综合考虑控制棒在堆芯内的分布情况、堆芯燃耗和燃料分区布置情况、堆内可燃毒物布置情况等因素。图 2-4 为某 CPR1000 机组平衡循环时的控制棒布置图，从图中可以看出，R 棒所处的位置并不如 SD 棒更靠近中心，但 R 棒价值却比 SD 棒更大，这就需要比较两者所处位置的燃料装载和燃耗情况；另一个问题就相对直观一些，8 束 N2 棒均被布置在堆芯边缘区域，而 8 束 G2 棒则布置在堆芯径向半径的二分之一位置处；正常运行时 G2 棒所处的区域相对中子通量密度更高，导致灰棒束组成的 G2 棒实际的控制棒价值反而比黑棒束组成的 N2 棒高。

表 2-6　某压水堆第九循环零功率物理试验的控制棒价值

棒组名称	控制棒价值计算值/pcm	控制棒价值实测值/pcm	偏差
SA	585	570.7	−2.4%
SB	724	693.6	−4.2%
SC	460	431.8	−6.1%
SD	796	856.7	+7.63%
G1	263	257.9	−1.9%
G2	528	521.7	−1.2%
N1	969	995	+2.68%
N2	430	398.2	−7.4%
R	1 111	1 138.5	+2.5%

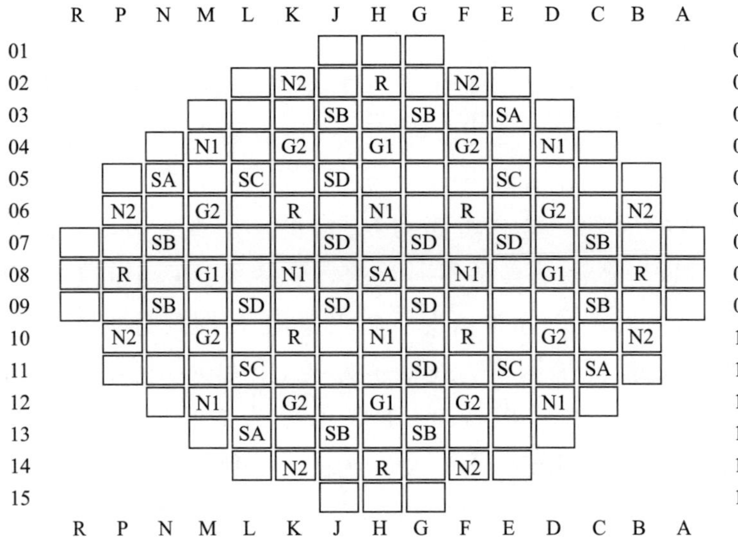

控制棒名称，数量：G1，4；G2，8；N1，8；N2，8；R，8；
SA，5；SB，8；SC，4；SD，8

图 2-4　某压水堆平衡循环控制棒布置图

当然，作为操纵人员平时并不需要清楚地知道堆内各组控制棒的具体价值，这里只是希望通过一些简单的罗列和分析，来增进操纵人员对控制棒价值的感性认识。

最后补充说明一个问题，细心的读者可能已经发现，表 2-5 中 61 束控制棒的总价值（约 10 000～11 000 pcm），远大于表 2-6 中所有控制棒价值之和（约 6 000 pcm）。这里并不是选取了两个不同堆芯的数据，而是两表中的反应性价值所处的测量环境不同。表 2-5 中的总反应性价值，是针对停堆裕量进行计算的，考虑的是满功率停堆时控制棒引入的总反应性，此时堆芯温度和中子通量密度较高，控制棒价值较大。表 2-6 是在零功率物理试验时，所有控制棒提出堆外的情况下，单独测量每一组控制棒的价值，此时堆芯的硼浓度很高，控制棒价值较低。

（2）VVER 机组控制棒的反应性分析

VVER 机组由于堆芯设计的原因，其控制棒设计与 CPR1000 机组有很大差异。其堆芯由 163 个六边形的燃料组件构成，其中装载有控制棒的数量分别为 85 束（首循环）和 103 束（第二循环起）。首循环中有 18 个控制棒的位置被可燃吸收棒代替。

由于 VVER 堆芯燃料组件的六边形设计，控制棒束的形状相应也有 6 个分支，每个分支上有 3 根呈三角形排列的吸收体，如图 2-5 所示。

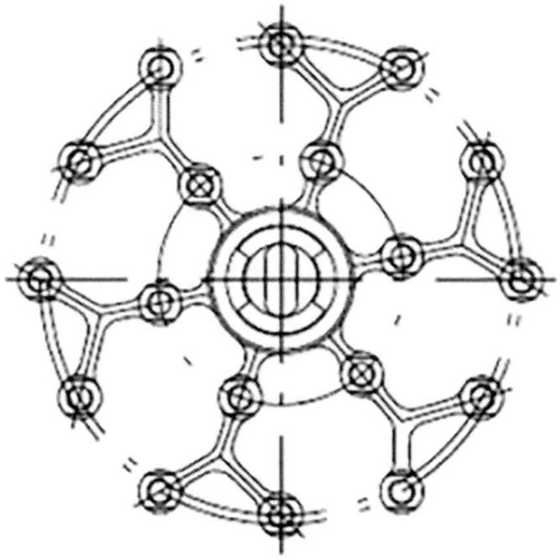

图 2-5 控制棒束形状

吸收体的材料柱高度为 3.5 m，其中主体为碳化硼（B_4C），高度为3.2 m；吸收体底部为钛酸镝（Dy_2O_3 TiO_3），高度仅 0.3 m。^{10}B 对热中子有很大的吸收截面，能提供控制棒足够的反应性价值，另一方面，较大的热中子吸收截面，会使控制棒中的^{10}B消耗过快，导致控制棒的使用寿期较短；因此，吸收元件底部材料采用钛酸镝，可以避免控制棒中的^{10}B消耗过快，延长控制棒吸收体的使用寿期，保持紧急保护系统充分的有效性。

VVER 机组根据功能的不同将控制棒分为 10 组，其中 1～7 组为停堆棒组，8～10 组为调节棒组，其 10 组又称工作棒组或主调节棒组。

根据 VVER 机组的核设计参数，堆芯内 10 组控制棒的反应性总价值见表 2-7。

表 2-7　VVER 机组不同循环所有 CPS AR 都插入堆芯的总价值

所有 CPS AR 都插入堆芯的总价值	首循环	第二循环	平衡循环
寿期初/（$\%\Delta\rho$）	9.2	11.7	12.4
寿期末/（$\%\Delta\rho$）	10.2	12.6	13.4

这里对表 2-7 中的数据进行简单分析，可以得出两点结论：第一，各循环中寿期末控制棒价值均大于寿期初；第二，在相同寿期阶段的情况下，首循环的控制棒反应性价值最小，第二循环次之，平衡循环最大。第一点的原因是显而易见的，由于控制棒的主要吸收体是碳化硼，而寿期初堆芯硼浓度远高于寿期末的硼浓度，由于硼的竞争吸收，寿期初的控制棒价值较小。关于第二点结论，有以下两个原因：一是首循环堆芯中堆芯装载了 18 束可燃毒物棒，导致控制棒束较少（85 束），而后续循环的控制棒束均为 103 束，所以首循环控制棒的反应性总价值最小，且与第二循环的差异较大；二是堆芯内燃料组件的燃耗逐渐加深，满功率时堆内平均中子通量密度随燃耗加深而增高，控制棒价值也随之增加。

下面重点对第 8、9、10 组调节棒的微分价值和积分价值进行介绍。

图 2-6 为平衡循环中，第 10、9、8 组控制棒在重叠 50%的情况下顺序移动的微分价值变化（$\partial\rho/\partial H$ pcm/cm）。可以看出，在寿期初，控制棒在重叠 50%下的微分价值约在 1～8 pcm/cm 区间，其价值最高处在堆芯下半部，在堆顶微分价值取到最小，这与寿期初轴向功率峰

在堆芯下部有一定关系；而在寿期末，微分价值约在 2～8 pcm/cm 区间，其价值最高处仍然在堆芯下半部，但堆顶处的微分价值有所提高。

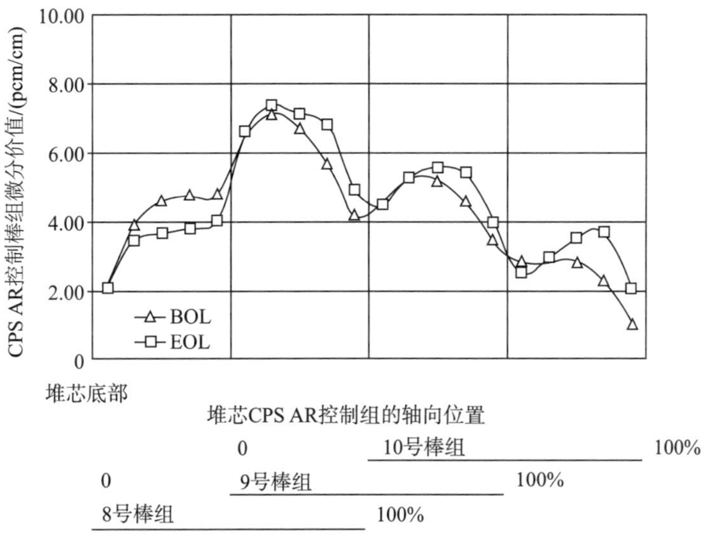

10 号、9 号和 8 号 CPS AR 棒组在重叠 50%的情况下顺序移动的微分价值变化

($\partial\rho/\partial H$ pcm/cm)，(平衡燃料循环)

图 2-6　VVER 第 8、9、10 组控制棒微分价值

图 2-7 为平衡循环中，第 10、9、8 组控制棒在重叠情况下顺序移动的反应性积分价值（$\partial\rho\times10^{-2}$）。可见，寿期内重叠情况下第 8、9、10 三组棒的总积分价值约 3 000 pcm，在寿期末略大于寿期初。

2.3.4　氙和钐的反应性分析

在反应堆裂变产物中，氙和钐是特别重要的两种核素，它们不仅具有很大的热中子吸收截面，而且其先驱核还具有较大的产额。关于氙毒和钐毒的反应性特点，各类教材已经有了很成熟的分析，这里不再赘述，仅将其主要结论列举如下。

通过表 2-8 可知，与氙毒相比，钐毒的毒性较小且变化周期较长，在正常功率运行阶段不会对堆芯反应性造成太大的影响。对钐毒的考虑，主要体现在长时间停堆后的重新达临界计算中。因此，本节后续主要讨论氙毒的瞬态效应以及控制。

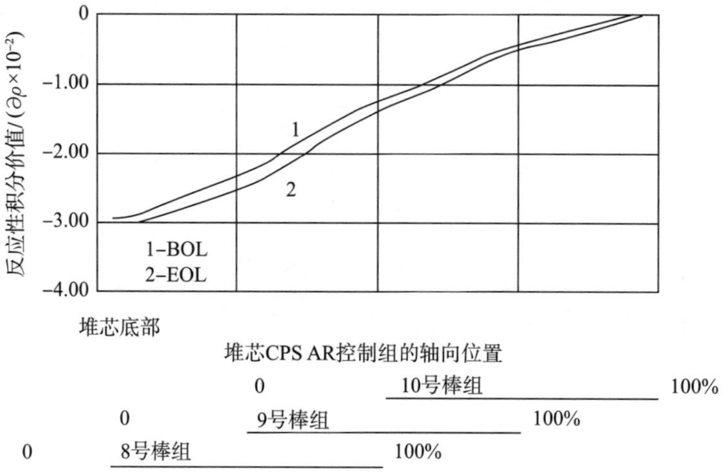

10 号、9 号和 8 号 CPS AR 棒组在重叠的情况下顺序移动时反应性（平衡燃料循环）

图 2-7　VVER 第 8、9、10 组控制棒积分价值

表 2-8　氙和钐的反应性特点

毒物	产生途径	消失途径	平衡毒性（满功率）/pcm	最大毒性/pcm	特点
^{135}Xe	^{135}I 衰变产生；直接裂变产生	自身衰变消失；俘获中子消失	≈2 900	≈6 000	升谷降峰；停堆 3 d 后消失
^{149}Sm	^{149}Pm 衰变产生	俘获中子消失	≈600	≈1 200	升谷降峰；停堆后增加并保持

在实际工作中，操纵人员要经常应对功率升降过程中由于氙浓度变化而引起的堆芯反应性波动，或是由氙振荡引起的轴向功率控制等问题。关于氙振荡的讨论本书将在第 3 章中进行，这里仅对功率升降过程中氙的反应性变化速率，以及对推荐的控制手段进行分析。

在反应堆物理教材中对氙毒变化的描述，是假设在功率突变工况下，从理论计算的角度来给出氙毒毒性随时间变化的曲线。图 2-8 即为反应堆 3 种降功率工况下的氙毒变化曲线。

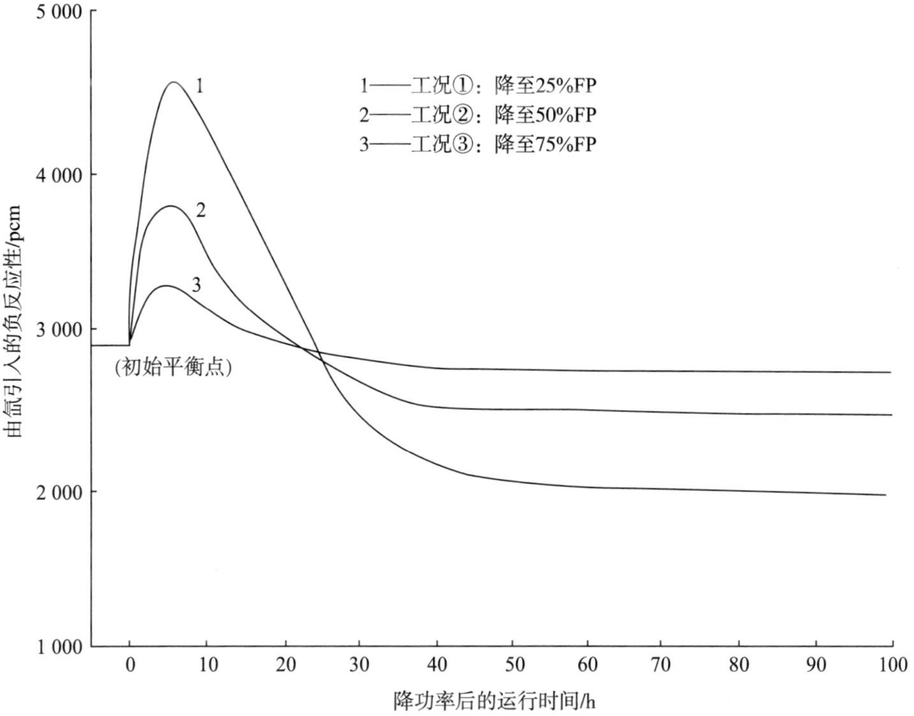

图 2-8　反应堆 3 种降功率工况下的氙毒变化

然而在实际的反应堆中，大部分功率改变的情况是缓慢进行的（紧急停堆除外），导致在实际运行中，氙毒变化的速率并没有如图 2-8 中曲线所示的迅速，幅值也相应较小。因此，操纵人员不能以上述曲线中的氙毒变化情况作为实际操作的参考。在真实机组上，操纵人员控制氙毒的方法，主要是在正确判断氙毒变化趋势的基础上，根据调节棒动作趋势，进行适度的稀释或硼化。

下面将先以某 CPR1000 机组从零功率快速升至满功率（100%FP）的假想工况为例，通过理论计算，对上述“适度地稀释或硼化”进行说明。随后会在对假想工况计算的基础上，结合实际运行，给出合理的氙毒控制思路。

讨论方法按以下三步进行：

第一步，估算此工况下氙毒随时间变化的具体数值；

第二步，查找并列举典型反应堆中寿期初和寿期末的调节棒价值及硼价值；

第三步，分析讨论“适度”的稀释或硼化速率。

对相关假设和估算的说明：氙毒变化数值结合公式计算和曲线比较，给出符合大部分压水堆氙毒变化规律的总体趋势，并假设氙毒变化规律在整个寿期内保持不变；调节棒的价值根据参考电厂运行图册估算；寿期初和寿期末硼微分价值假设均为－11 pcm/ppm（本章第6节将解释此假设的理论基础）。

第一步：氙毒变化情况分析。

根据碘和氙的中子平衡方程，可以分别解出：

反应堆启动时的氙浓度 N_{Xe} 随时间变化为：

$$N_{Xe}(t)=\frac{(\gamma_I+\gamma_{Xe})\Sigma_f\varphi}{\lambda_{Xe}+\sigma_a^{Xe}\varphi}\{1-\exp[-(\lambda_{Xe}+\sigma_a^{Xe}\varphi)t]\}+\frac{\gamma_I\Sigma_f\varphi}{\lambda_{Xe}+\sigma_a^{Xe}\varphi-\lambda_I}\{\exp[-(\lambda_{Xe}+\sigma_a^{Xe}\varphi)t]-\exp(-\lambda_I t)\} \tag{2-19}$$

式中，γ_I为碘的裂变产额；γ_{Xe}为氙的裂变产额；λ_{Xe}为氙的衰变常数；σ_a^{Xe} 为氙的热中子吸收截面，m^2；φ 为中子通量密度，1/（m^2 · s）。

根据氙浓度与氙毒的关系，$\rho_{Xe}=-q_{Xe}=-\frac{\sigma_{Xe}^{a}N_{Xe}}{\Sigma_a}$（其中，$\rho_{Xe}$为氙毒负反应性；$q_{Xe}$为氙毒所引起的反应性变化；$\Sigma_a$ 为氙热中子吸收截面，m^2），并结合参考堆芯的实际数据，对氙毒反应性大小进行估算，得到如表 2-9 所示数据。

表 2-9　举例工况下氙毒随时间变化

时间/h	估算的氙毒数值/pcm
	0～100％FP
0	0
2	300
4	590
6	880
8	1 160
10	1 440

续　表

时间/h	估算的氙毒数值/pcm
	0～100%FP
12	1 710
14	1 930
16	2 090
18	2 200
20	2 300
25	2 460
30	2 540
35	2 580
40	2 615

根据表 2-9，可以得出不同时间段内的氙毒变化量，如表 2-10 所示。

表 2-10　各工况下不同时间段内的氙毒变化量

时间/h	估算的氙毒数值/pcm
	0～100%FP
0～2	＋300
2～4	＋290
4～6	＋290
6～8	＋280
8～10	＋280
10～12	＋270
12～14	＋220
14～16	＋160
16～18	＋110
18～20	＋100
20～25	＋160
25～30	＋80
30～35	＋40

续 表

时间/h	估算的氙毒数值/pcm
	0～100%FP
35～40	+35
0～40 h 总变化	+2 615

第二步：反应堆内调节棒和硼价值分析。

对于 CPR1000 机组而言，正常功率运行时堆内的调节棒指的是 R 棒。其寿期初和寿期末的价值曲线如图 2-9 所示。

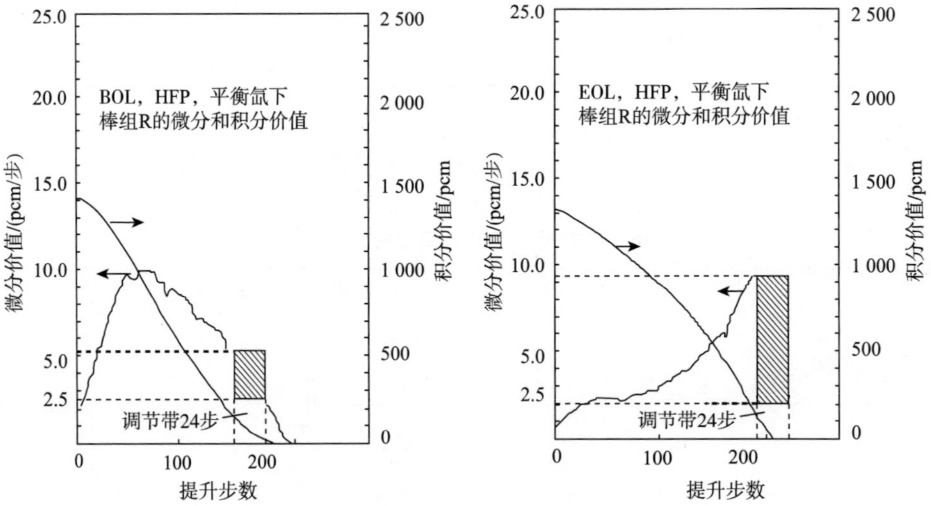

图 2-9　寿期初和寿期末 R 棒调节带价值

根据图 2-9 可以估算出如表 2-11 所示数据。

表 2-11　寿期初和寿期末时 R 棒调节带内微积分价值

寿期	BOL	EOL
R 棒调节带内微分价值/(pcm/步)	调节带上限：2.5	调节带上限：2.5
	调节带下限：5.2	调节带下限：9.8

续　表

寿期	BOL	EOL
R 棒调节带内积分价值/pcm	总积分价值：92.4	总积分价值：170
	上限至中部价值：38.1	上限至中部价值：57
	中部至下限价值：54.3	中部至下限价值：113

注：表中数据由如下估算而得：寿期初调节带内微分价值变化近似直线，利用梯形面积的算法进行积分价值计算；寿期末则是利用积分价值曲线进行总积分价值估算，再对上限至中部进行梯形面积计算积分价值。

对于硼价值的讨论，前面已经假设寿期初和寿期末硼微分价值假设均为－11 pcm/ppm，然而实际操作中对硼浓度的改变是通过硼化稀释进行的，还需考虑的参数有：堆芯初始硼浓度，一回路水装量，硼化或稀释的速率等。本节对寿期初和寿期末分别给出如表 2-12 所列规定。

表 2-12　BOL/EOL 时硼相关因素的选取

寿期	BOL	EOL
堆芯初始硼浓度/ppm	1 200（无氙）	400（无氙）
一回路水装量/t	200	
硼微分价值/（pcm/ppm）	－11	
最大硼化/稀释流量/（t/h）	20	27.2
补给液体的硼浓度/ppm	硼化补给硼水浓度为 7 000 ppm，稀释为清水	

第三步：分析讨论“适度”的稀释速率。

为了讨论“适度”的稀释速率，这里将讨论两种极端情况下的氙毒补偿方式，对氙毒毒性、调节棒价值和硼价值进行综合分析。

两种极端的氙毒补偿方式分别为：

方式一：保持 R 棒在调节带中部，完全通过少量多次的调硼进行氙毒补偿；

方式二：主要依靠 R 棒进行补偿，当 R 棒到达上限（或下限）时通过调硼使其回到调节带下限（或上限）。

关于两种方式的说明：

(1) 少量多次的定义：对于“少量”，在实际操作过程中，一般选取每次稀释（或硼化）一定体积的溶液，寿期初分别选取 100、200 和 500 L 来计算，寿期末分别选取 1、2 和 5 t 来计算；对于“多次”，考虑两次稀释之间的时间间隔不宜太短或太长，避免频繁操作或者遗忘，建议时间间隔为10～20 min。

(2) 初始时假设 R 棒处在调节棒中带，R 棒的积分价值参照表 2-11 进行计算。不考虑 R 棒的死区。

从 0％FP 快速升至 100％FP 的假想工况，反应堆从零功率快速升至满功率后的 0～2 h 内，氙毒增加 300 pcm，对应的硼浓度需稀释到：

$$\Delta C_{\mathrm{B}}=\frac{300}{-11}\ \mathrm{ppm}=-27.2\ \mathrm{ppm} \tag{2-20}$$

2 h 内总共需稀释的水量为：

$$m_{\mathrm{BOL}}=M_t\ln\frac{C_{\mathrm{B0}}^{\mathrm{BOL}}}{C_{\mathrm{B0}}^{\mathrm{BOL}}+\Delta C_{\mathrm{B}}}=200\ \mathrm{t}\times\ln\frac{1\ 200}{1\ 200-27.2}=4.586\ \mathrm{t} \tag{2-21}$$

$$m_{\mathrm{EOL}}=M_t\ln\frac{C_{\mathrm{B0}}^{\mathrm{EOL}}}{C_{\mathrm{B0}}^{\mathrm{EOL}}+\Delta C_{\mathrm{B}}}=200\ \mathrm{t}\times\ln\frac{400}{400-27.2}=14.08\ \mathrm{t} \tag{2-22}$$

式中，ΔC_{B} 为硼浓度变化量，ppm；m_{BOL} 为寿期初需要的稀释水量，kg；m_{EOL} 为寿期末需要的稀释水量，kg；M_t 为一回路水总装量，kg；φ 为中子通量密度，1/（$\mathrm{m}^2\cdot\mathrm{s}$）；$C_{\mathrm{B0}}^{\mathrm{BOL}}$ 为寿期初初始硼浓度，ppm。

同样，可以计算出 2～4 h、4～6 h 等时间间隔内需稀释的水量。

因此，可以分别得出寿期初和寿期末工况的氙毒补偿频率，见表 2-13和 2-14。

表 2-13　采用方式一的氙毒补偿频率（BOL）

时间段/h	硼变化/ppm	总水量/t	每次稀释 100 L		每次稀释 200 L		每次稀释 500 L	
			稀释次数	稀释间隔/min	稀释次数	稀释间隔/min	稀释次数	稀释间隔/min
0～2	−27.2	4.586	46	2.6	23	5.2	9	13.3
2～4	−26.4	4.553	46	2.6	23	5.2	9	13.3
4～6	−26.4	4.662	47	2.6	23	5.2	9	13.3
6～8	−25.5	4.608	46	2.6	23	5.2	9	13.3

续　表

时间段/h	硼变化/ppm	总水量/t	每次稀释 100 L		每次稀释 200 L		每次稀释 500 L	
			稀释次数	稀释间隔/min	稀释次数	稀释间隔/min	稀释次数	稀释间隔/min
8～10	－25.5	4.717	47	2.6	24	5.0	9	13.3
10～12	－24.5	4.639	46	2.6	23	5.2	9	13.3
12～14	－20	3.867	39	3.1	19	6.3	8	15
14～16	－14.5	2.851	29	4.1	14	8.6	6	20
16～18	－10	1.990	20	6	10	12	4	30
18～20	－9.1	1.828	18	6.7	9	13.3	4	30
20～25	－14.5	2.948	29	10.3	15	20	6	50
25～30	－7.3	1.501	15	20	8	37.5	3	100
30～35	－3.6	0.744	7	42.9	4	75	2	150
35～40	－3.2	0.664	7	42.9	3	100	1	300
总计	－237.7	44.15	442		221		88.3	

注：表中阴影部分为较为合理的稀释间隔。

表 2-14　采用方式一的氙毒补偿频率（EOL）

时间段/h	硼变化/ppm	总水量/t	每次稀释 1 t		每次稀释 2 t		每次稀释 5 t	
			稀释次数	稀释间隔/min	稀释次数	稀释间隔/min	稀释次数	稀释间隔/min
0～2	－27.2	14.08	14	8.6	7	17.1	3	40
2～4	－26.4	14.69	15	8	7	17.1	3	40
4～6	－26.4	15.85	16	7.5	8	15	3	40
6～8	－25.5	16.61	17	7.1	8	15	3	40
8～10	－25.5	18.11	18	6.7	9	13.3	4	30
10～12	－24.5	19.10	19	6.3	10	12	4	30
12～14	－20	17.07	17	7	9	13.3	3	40
14～16	－14.5	13.35	13	9.2	7	17.1	3	40
16～18	－10	9.76	10	12	5	24	2	60
18～20	－9.1	9.31	9	13.3	5	24	2	60
20～25	－14.5	15.8	16	18.8	8	37.5	3	100

续 表

时间段/h	硼变化/ppm	总水量/t	每次稀释 1 t		每次稀释 2 t		每次稀释 5 t	
			稀释次数	稀释间隔/min	稀释次数	稀释间隔/min	稀释次数	稀释间隔/min
25～30	−7.3	8.45	8	37.5	4	75	2	150
30～35	−3.6	4.3	4	75	2	150	1	300
35～40	−3.2	3.9	4	75	2	150	1	300
总计	−237.7	180.4	180		90		36	

注：表中阴影部分为较为合理的稀释间隔。

根据表 2-13 和 2-14 可以看出，对于反应堆从 0%FP 快速升至 100%FP 的假想工况，若尽量保持 R 棒位置不变，利用少量多次的稀释补偿方法，在寿期初硼浓度较高时，保持每 10～20 min 稀释一次的频率，在前 10 h 内约每次稀释 500 L，在 10～20 h 内，约每次稀释 200 L，在 20 h 以后，每次稀释 100 L 即可。而在寿期末硼浓度较低时，保持每 10～20 min 稀释一次的频率，在前 16 h 内约每次稀释 2 t，在 16～25 h 内，约每次稀释 1 t，在 25 h 以后，可放低稀释频率或者降低稀释量。

接下来用方式二的方法进行计算：

对于反应堆从 0%FP 快速升至 100%FP 的假想工况，氙毒逐渐积累，引入负反应性，R 棒会逐渐上提。考虑初始时 R 棒在调节带中部，每次 R 棒提升至调节带上限时进行稀释，将 R 棒下插到调节带下限的极限情况，计算需要稀释的频率和每次稀释的量。

首次稀释时间区间为 R 棒从中间位置首次提到上限处的时间范围内，稀释水量等于 R 棒在调节带上下限之间总价值 ρ_R 对应的 ΔC_B 所需要的水量。此后每个氙毒增长 ρ_R 的区间，稀释引起等量 ΔC_B 改变的水量（每次稀释的水量随硼浓度降低而增加）。

根据表 2-11，寿期初和寿期末，R 棒从上限到下限的总价值：92.4 pcm/170 pcm；

对应的硼浓度改变量：

$$\Delta C_B = \frac{92.4(\text{或}\ 170)}{-11} = -8.4\ \text{ppm 或} -15.5\ \text{ppm} \tag{2-23}$$

首次稀释对应的水量：

$$m_{BOL} = M_t \ln \frac{C_{B0}^{BOL}}{C_{B0}^{BOL} + \Delta C_B} = 200\ \text{t} \times \ln \frac{1\ 200}{1\ 200 - 8.4} = 1.40\ \text{t} \tag{2-24}$$

$$m_{EOL} = M_t \ln \frac{C_{B0}^{EOL}}{C_{B0}^{EOL} + \Delta C_B} = 200\ \text{t} \times \ln \frac{400}{400 - 15.5} = 7.9\ \text{t} \tag{2-25}$$

继续对后续进行计算，可以得到表 2-15。

表 2-15　工况①（降至 25%FP）采用方式二的氙毒补偿频率

BOL				EOL			
氙毒累计/pcm	初始硼浓度/ppm	稀释间隔/min	稀释水量/t	氙毒累计pcm	初始硼浓度/ppm	稀释间隔/min	稀释水量/t
38.1	1 200	14	1.40	57	400	21	7.9
130.5	1 191.6	36	1.41	227	384.5	69	8.23
222.9	1 183.2	36	1.42	397	369	69	8.58
315.3	1 174.8	37	1.44	567	353.5	70	8.97
407.7	1 166.4	37	1.45	737	338	71	9.39
500.1	1 158	38	1.46	907	322.5	72	9.85
592.5	1 149.6	38	1.47	1 077	307	73	10.36
684.9	1 141.2	38	1.48	1 247	291.5	75	10.93
777.3	1 132.8	39	1.49	1 417	276	78	11.56
869.7	1 124.4	39	1.50	1 587	260.5	82	12.27
962.1	1 116	39	1.51	1 757	245	90	13.07
1 054.5	1 107.6	40	1.52	1 927	229.5	100	13.99
1 146.9	1 099.2	40	1.54	2 097	214	120	15.04
1 239.3	1 090.8	40	1.55	2 267	198.5	200	16.26
1 331.7	1 082.4	41	1.56	2 437	183	400	17.70
1 424.1	1 074	41	1.57	2 607	167.5	900	19.42
1 516.5	1 065.6	41	1.58	2 777	152	1 800	22.35
1 608.9	1 057.2	42	1.59	…	…	…	…

续 表

BOL				EOL			
氙毒累计/pcm	初始硼浓度/ppm	稀释间隔/min	稀释水量/t	氙毒累计pcm	初始硼浓度/ppm	稀释间隔/min	稀释水量/t
1 701.3	1 048.8	46	1.61				
1 793.7	1 040.4	52	1.62				
1 886.1	1 032	60	1.63				
1 978.5	1 023.6	70	1.65				
2 070.9	1 015.2	82	1.66				
2 163.3	1 006.8	98	1.67				
2 255.7	998.4	118	1.68				
2 348.1	990	140	1.70				
2 440.5	981.6	160	1.72				
2 532.9	973.2	300	1.74				
2 625.3	964.8	700	1.75				
…	…	…	…				

从表 2-15 可以看出，对于反应堆从零功率升至满功率后的氙毒增长工况，完全利用 R 棒在上下限之间的价值来补偿氙毒的方式在理论上是可行的。然而，在实际操作中一般不会一次稀释大量的清水使 R 棒直接从上限插到下限，避免对反应堆造成较大的扰动。方式二计算的目的，是给出仅依靠 R 棒来补偿氙毒变化的极限时间区间，指导操纵人员在 R 棒从下限上升到上限之前采取必要的稀释操作。

对于寿期初，由于 R 棒调节带内的积分价值较小，稀释的最长时间间隔会低于寿期末。总体来看，在氙毒变化最快的前 10 h，寿期初的最长稀释间隔应低于 40 min，每个时间间隔内稀释约 1.5 t 清水；寿期末的最长稀释间隔应低于 70 min，每个时间间隔内稀释约 7～10 t 清水。在 10 h 之后，稀释时间间隔越来越长。

结合方式一和方式二，对从 0%FP 快速升至 100%FP 的假想工况的氙毒补偿可以得出如下结论：

在寿期初硼浓度较高时，在前 10 h 内，可以 10～20 min 的频率，每次稀释约 500 L 的清水，保持 40 min 内的稀释总量约 1.5 t，使 R 棒在调节带中带附近；对于 10～20 h，则将每次稀释量降至 200 L；在 20 h 之后，可根据 R 棒情况酌情微调。

在寿期末硼浓度较低时，由于 R 棒价值较大，稀释的间隔相比寿期初较为灵活；在前 16 h 内，可以保持 10～20 min 的频率，每次稀释约 2 t 的清水，保持 70 min 内的稀释总量约 7～10 t；对于 16～25 h 内，则将每次稀释量降至 1 t；在 25 h 之后，可根据 R 棒情况酌情微调。

回到实际工况，机组功率变化通常是缓慢进行的，对氙毒的控制主要把握以下要点：

①根据功率变动情况，对氙毒变化速率和趋势进行判断：可参考技术部门提供的氙毒变化时序图，估计氙毒在后续数小时内将分别变化多少 pcm。

②计算当前硼浓度下，稀释或硼化 1 ppm 所需的水量或硼酸溶液的量，并结合硼微分价值，对应氙毒变化估算后续数小时内需要稀释或硼化的水量，然后选择合适补给速率；另外，还要适当考虑调硼的延迟。

③通过一回路冷热和 R 棒趋势，结合氙毒变化趋势提前响应；参考 R 棒微分及积分价值，估算调硼对应的“赶棒”效果。

2.3.5　燃料温度效应的反应性分析

燃料温度升高，由于多普勒效应以及燃料的空间自屏效应，^{238}U 的共振吸收会增多，堆芯将引入负反应性，这被称为燃料的温度效应。这里本节不会过多地讨论燃料温度效应的机理，只希望借助某典型反应堆的核设计参数（表 2-16），尝试定量地给出反应堆在正常运行时由燃料温度效应造成的反应性影响。

表 2-16　某压水堆首循环核设计参数（部分）

反应性系数	设计限值	最佳估算值	
		BOL	EOL
多普勒功率系数/(pcm/%FP)	上限（最大反馈）：−18.30～−13.60 下限（最小反馈）：−7.20～−5.60	−12.008 −9.195	−9.762 −7.943
多普勒温度系数/(pcm/℃)	−4.65～−1.80	−2.35	−2.88

表 2-16 中的“最佳估计值”是反应堆在正常功率运行范围内的加权平均值。根据上述多普勒功率系数和多普勒温度系数的最佳估算值，本节可以进行如下简要分析：

多普勒功率亏损：−919.5～−1 200.8 pcm（BOL）/−794.3～−976.2 pcm（EOL）

用上述功率亏损，除以多普勒温度系数的最佳估算值，可以估算从零功率到 100% FP 燃料温度的平均升幅：391.3～511.0 ℃（BOL）/275.8～339.0 ℃（EOL）。

本节取零功率时燃料的平均温度为 291.4 ℃，可知，寿期初和寿期末满功率时燃料的平均温度的范围分别为：682.7～802.4 ℃（BOL）/567.2～630.4 ℃（EOL）。

可见，在寿期初满功率时的燃料平均温度高于寿期末，这与燃料芯块肿胀导致气隙消失，寿期末燃料传热变好的理论是一致的。

从表 2-16 中，我们还可以发现，寿期初的多普勒温度系数的最佳估计值比寿期末负的较少。这主要基于以下两个原因：一是寿期初燃料平均温度更高，由于多普勒展宽在温度升高会出现“钝化”现象，多普勒温度系数会负得较少；二是寿期末燃料中积累了较多的 ^{240}Pu，其具有很大的共振吸收截面，导致寿期末多普勒温度系数负得更多。综上，多普勒温度系数的最佳估计值相比寿期末时会负得较少。图 2-10 为某压水堆多普勒温度系数与燃料温度的关系的设计曲线。

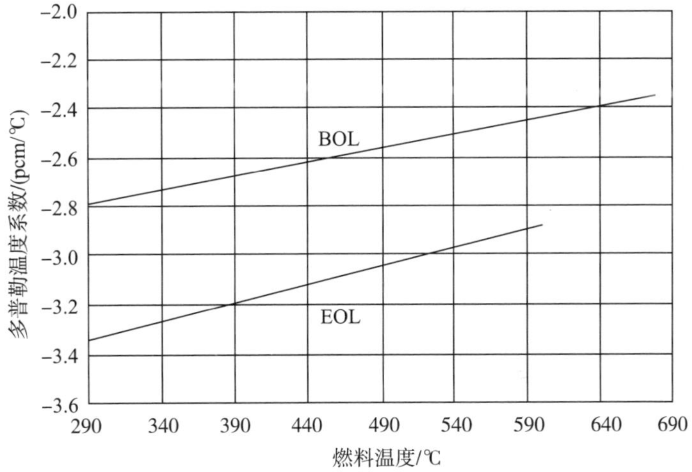

图 2-10 多普勒温度系数随燃料温度的变化曲线

在上面的讨论中，本节只考虑了从零功率到 100%FP 区间（即功率运行区间）的燃料温度效应，而没有涉及从冷态（20 ℃）到热态零功率（291.4 ℃）时的燃料温度效应。实际上，在燃料温度较低的20～291.4 ℃区间内，多普勒温度系数会负得更多，约在－4 pcm/℃～－2.8 pcm/℃范围内。本节作简单估算，根据图 2-10 延伸到 20～291.4 ℃区间，可分别计算出寿期初和寿期末多普勒温度系数在该区间的平均值：－2.92 pcm/℃（BOL）和－3.55 pcm/℃（EOL）。那么从冷态到热态，燃料的温度效应引入的负反应性约为：

BOL：－2.92 pcm/℃×(291.4 ℃－20 ℃)＝－792.5 pcm

EOL：－3.55 pcm/℃×(291.4 ℃－20 ℃)＝－963.5 pcm

综上讨论，可以给出如表 2-17 所列数据。

表 2-17 燃料温度效应的估算数据

燃料温度效应	BOL	EOL
冷态到热态零功率引入的反应性/pcm	≈－792.5	≈－963.5
从零功率到满功率引入的反应性/pcm	－919.5～－1 200.8	－794.3～－976.2
正常功率运行时总的反应性引入/pcm	－1 712～－1 993.3	－1 757.8～－1 939.7
从零功率到满功率燃料平均温升/℃	391.3～511.0	275.8～339.0

续　表

燃料温度效应	BOL	EOL
满功率运行时的燃料平均温度/℃	682.7～802.4	567.2～630.4

表 2-17 中数据并不完全科学严谨，可以作为一个参考，在燃料温度效应带来的反应性影响方面给操纵人员一个直观印象，具有一定的积极意义。

2.3.6　慢化剂温度效应的反应性分析

慢化剂温度效应主要是由温度改变后的慢化剂密度变化和中子能谱变化引起的。当慢化剂中添加可溶硼后，慢化剂温度效应还会受硼浓度的影响。同上述对燃料温度效应的分析，这里也不过多讨论慢化剂温度效应的物理机理，只结合实际反应堆的设计和测量数据，定量地给出慢化剂温度效应在反应堆正常运行期间的反应性影响。

表 2-18 数据对应的压水堆，其零功率和满功率对应的慢化剂平均温度分别为：291.4 ℃和 310 ℃；可分别计算其寿期初和寿期末由慢化剂温度效应引入的功率亏损：

慢化剂功率亏损（BOL）：$-9.098\times(310-291.4)=-169.2$ pcm

慢化剂功率亏损（EOL）：$-57.763\times(310-291.4)=-1\ 074.4$ pcm

表 2-18　某压水堆首循环核设计参数（部分）

反应性系数	设计限值	最佳估算值	
		BOL	EOL
慢化剂温度系数/(pcm/℃)	≤0	−9.098	−57.763

可见寿期初由慢化剂引起的功率亏损很小（−169.2 pcm），远低于寿期初由燃料温度效应引入的功率亏损（−919.5～−1 200.8 pcm）。下面本节对其合理性进行考证。在反应堆中，影响慢化剂温度系数的主要因素是慢化剂温度和硼浓度。随慢化剂温度上升，慢化剂温度系数负得越来越多；随硼浓度上升，慢化剂温度系数负得越来越少，甚

至可能变正。图 2-11 为某压水堆实测的慢化剂温度系数随硼浓度变化曲线。

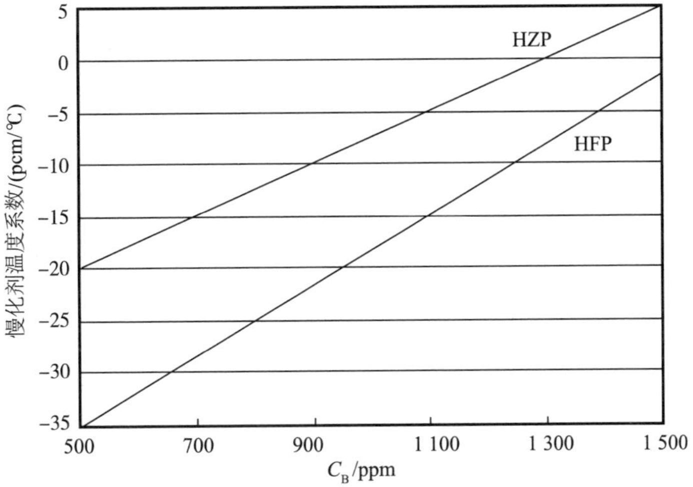

图 2-11　某压水堆慢化剂温度系数与硼浓度的对应关系

对于一般压水堆，其寿期初的堆芯临界硼浓度基本在 1 100 ppm 左右。从图 2-11 可以看出，在热态零功率（HZP）到热态满功率（HFP）的温度区间内，硼浓度为 1 100 ppm 时对应的慢化剂温度系数约在－5～－15 pcm/℃之间，其平均值基本符合表 2-18 中 BOL 时慢化剂温度系数的最佳估计值（－9.098 pcm/℃）。

在寿期末时，计算出的由慢化剂引起的功率亏损约为－1 074.4 pcm/℃，略大于此时燃料引起的功率亏损（－794.3～－976.2 pcm）。这主要是由于寿期末堆芯内硼浓度很低，慢化剂温度系数负得较多，其最负大约可以达到－70 pcm/℃。

本节将简单讨论从冷态（20 ℃）到热态零功率（291.4 ℃）区间内的慢化剂温度效应。在实际压水堆中，对于热态零功率以下的工况，为保证堆芯有足够的次临界度，堆芯内硼浓度一般很高（普遍高于 2 100 ppm）；除换料冷停堆和维修冷停堆时控制棒全部插入堆芯外，正常冷停堆和中间停堆工况均需将安全棒提出堆芯来保留一定的负反应性储备。由于硼浓度和控制棒位置均能影响慢化剂温度系数，而在冷态到热态零功率区间内堆芯硼浓度和控制棒位置又具有变化，想要

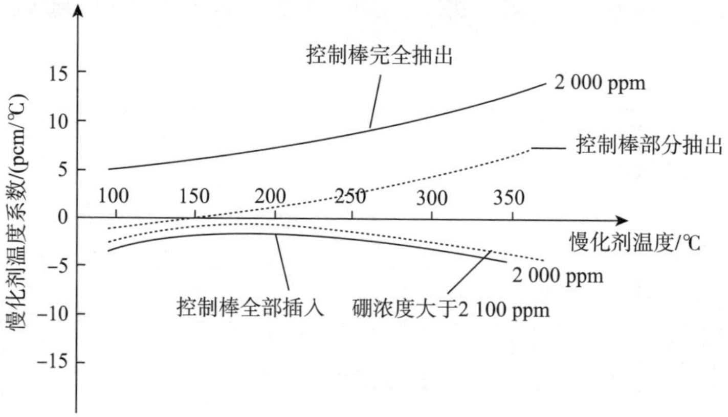

图 2-12　控制棒在堆内外的慢化剂温度系数对比曲线

定量地计算此过程中的慢化剂温度效应是有困难的。这里仅在合理的范围内作一些的推导。

图 2-12 中的实线分别为典型压水堆硼浓度为 2 000 ppm 时，控制棒完全抽出和全部插入情况下的慢化剂温度系数变化曲线。对于实际堆芯中，考虑硼浓度大于 2 100 ppm，实际曲线应该在图 2-12 中实线的基础上向正方向偏移；考虑控制棒部分抽出的情况，实际曲线应该在图中“控制棒完全抽出”曲线的基础上向负方向偏移。综合考虑起来，在实际堆芯中的冷态到热态零功率区间，慢化剂温度系数的取值区间应该近似在图中两虚线之间。由此可以得到以下推论：在堆芯保持高硼浓度的 20～291.4 ℃区间内，慢化剂温度系数为－3～3 pcm/℃；在温度较高且控制棒部分抽出的情况下，慢化剂温度系数极可能为正。因此，考虑堆芯从冷态（20 ℃）升温到热态零功率（291.4 ℃）的过程，慢化剂温度系数最可能的变化趋势为：在低温且控制棒全部插入时微负，随温度上升以及部分控制棒的抽出而向正方向变化。

综上所述，在实际堆芯中从冷态到热态零功率的温度区间内，慢化剂温度效应引入的反应性是较小的，而且有可能引入正反应性。操作员也无需担心升温过程会导致堆芯的次临界度下降，升温过程中的燃料温度效应已经足以补偿慢化剂温度效应引入的正反应性（前面提到在升温过程中多普勒温度系数为－4～－2.8 pcm/℃）。

至此，结合燃料温度效应和慢化剂温度效应，本节可以对反应堆正常运行温度区间内总的反应性效应作如下总结，见表 2-19。

表 2-19　堆芯温度效应的反应性影响

正常运行区间	反应性效应	BOL	EOL
冷态至热态零功率（20～291.4 ℃）	燃料温度效应/pcm	≈−792.5	≈−963.5
	慢化剂温度效应/pcm	受硼浓度和控制棒位置影响的较小值，可能为正	
零功率至满功率（291.4～310 ℃）	燃料温度效应/pcm	−919.5～−1 200.8	−794.3～−976.2
	慢化剂温度效应/pcm	−169.2	−1 074.4
	功率亏损/pcm	−1 088.7～−1 370	−1 868.7～−2 050.6

2.3.7　可溶硼的反应性分析

在压水反应堆中，除控制棒外，通常还会采用可溶硼来进行反应性控制，来补偿燃料的过剩反应性。这种化学补偿的控制方法其优点是毒物分布均匀，易于调节；缺点是向冷却剂增加或减小毒物量的速度十分缓慢，所以反应性引入速率比较慢。因此，化学补偿控制只能补偿由于燃耗、中毒和慢化剂温度变化等引起的反应性变化。

对堆芯内可溶硼的反应性效应进行分析，需要知道堆芯的实际硼浓度（C_B）和堆芯在当前燃耗下的硼微分价值（w_B）。下面对这两个量逐一进行分析。

显然，堆芯实际硼浓度是容易得到的，其在堆芯设计时就已经基本确定。表 2-20 为某压水堆首循环关于硼浓度的设计参数：

表 2-20　首循环不同工况下的硼浓度最佳估计值

不同工况下的设计硼浓度	最佳估计值	
	BOL	EOL
设计基准换料硼浓度，控制棒组件插入，k_{eff} = 0.817 56	2 300	
零功率，k_{eff} = 0.99，冷态，控制棒组件插入	729	
零功率，k_{eff} = 0.95，冷态，控制棒组件插入	1 033	487.86
零功率，k_{eff} = 1.00，热态，控制棒组件抽出，无氙	1 172	
满功率，k_{eff} = 1.00，热态，控制棒组件抽出，无氙	1 070	
满功率，k_{eff} = 1.00，热态，控制棒组件抽出，平衡氙	768	10

由表 2-20 可见，在首循环寿期初冷态、控制棒组件插入的情况下，当硼浓度为 1 033 ppm 时已经满足技术规范的要求（次临界度大于 5 000 pcm），当硼浓度为 2 300 ppm 时，堆芯的停堆深度可达到近 20 000 pcm，可见实际运行时保留有足够的安全裕量。由于首循环堆芯装载了大量的可燃毒物，所以堆芯寿期初的临界硼浓度并不高，零功率无氙、满功率无氙和满功率平衡氙时的临界硼浓度分别为 1 172 ppm、1 070 pcm和 768 pcm。由图 2-11 可知，在此硼浓度区间内，慢化剂温度系数在－10～－25 pcm/℃范围内，避免了出现正温度系数的可能。根据表 2-20 中临界硼浓度的差值，结合寿期初的功率亏损（－1 088.7～－1 370 pcm）和平衡氙毒毒性（约 2 900 pcm），这里可以简单估算寿期初从零功率到满功率（291.4～310 ℃）和寿期初满功率（无氙到平衡氙）时的硼微分价值平均值：

从零功率到满功率：

$$\frac{-1\ 088.7\ \text{pcm} \sim -1\ 370\ \text{pcm}}{1\ 172\ \text{ppm} - 1\ 070\ \text{ppm}} = -10.7\ \text{pcm/ppm} \sim -13.4\ \text{pcm/ppm}$$

满功率（无氙到平衡氙）：

$$\frac{-2\ 900\ \text{pcm}}{1\ 070\ \text{ppm} - 768\ \text{ppm}} = -9.67\ \text{pcm/ppm}$$

这里暂不对上述数值进行讨论，待分析完硼微分价值的影响因素后再对上述结果的合理性进行分析。

接下来本节讨论硼微分价值的大小和影响因素。图 2-13 为典型压水堆首循环寿期初和寿期末的硼微分价值和硼浓度的关系曲线。

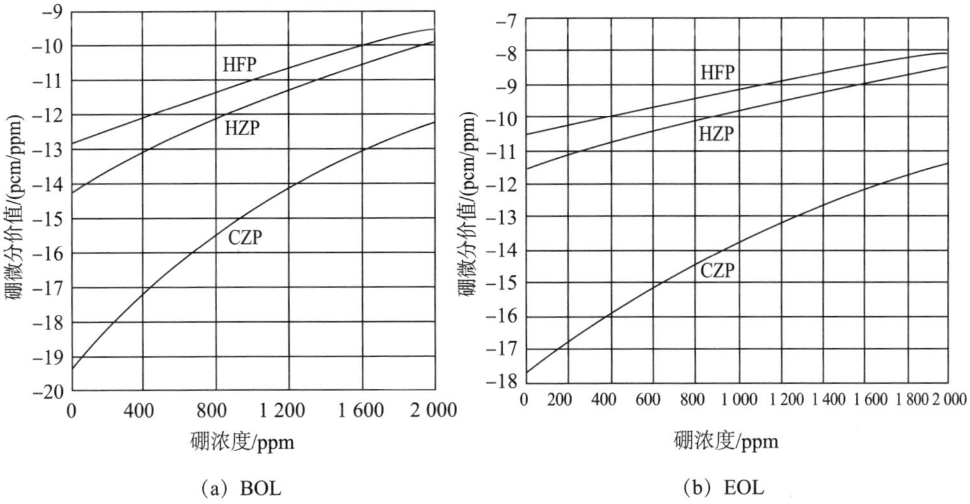

图 2-13　首循环硼微分价值随硼浓度的变化

结合图 2-13，可以得到以下结论：

定性地看，硼浓度、慢化剂温度和燃耗均对硼微分价值有影响，影响趋势分别为：硼微分价值随硼浓度升高而负得较少；硼微分价值随慢化剂平均温度上升而负得较少；硼微分价值随燃耗加深（裂变毒物累积）而负的较少；

定量地看，在寿期初热态，硼微分价值在－11 pcm/ppm～－14 pcm/ppm 范围；在正常功率运行的硼浓度范围（从 1 100 ppm 到 10 ppm）内，硼微分价值变化约为 2 pcm/ppm；寿期末与寿期初相比，在相同慢化剂温度和相同硼浓度下，寿期末的硼微分价值的绝对值要比寿期初小 2 pcm/ppm。

综上所述，可得到图 2-14。

由此曲线可以看出，由于反应堆内随燃耗加深，硼浓度也逐渐降低，前者使硼微分价值绝对值减小，后者使硼微分价值绝对值增大，两者共同作用，导致硼微分价值在整个寿期内变化不大，热态满功率时基本在－12 pcm/ppm～－14 pcm/ppm 范围内。对于冷态的情况，反应堆正常运行时冷态的堆芯硼浓度通常在 2 000 ppm 以上，此时的硼

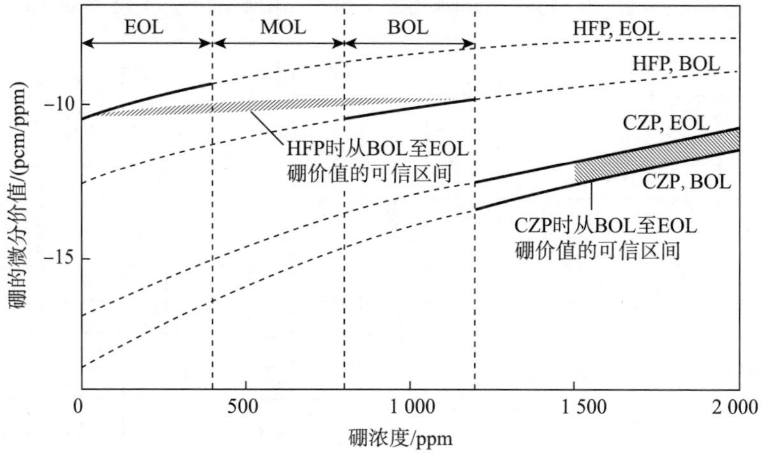

图 2-14　BOL 和 EOL 硼微分价值对比曲线

微分价值也基本在－12 pcm/ppm 附近。综上所述，反应堆正常运行的范围内，硼微分价值可以近似地认为在－12 pcm/ppm～－10 pcm/ppm 范围内。

最后，再对根据表 2-20 估算出的硼微分价值进行合理性分析。从零功率到满功率的过程，硼微分价值计算值为－10.7 pcm/ppm～－13.4 pcm/ppm，此数值与图 2-14符合。从满功率无氙到满功率平衡性，硼微分价值计算值为－9.67 pcm/ppm，其数值偏小，主要原因是氙毒的积累造成中子能谱硬化，硼微分价值减小。

2.4　重水堆堆芯反应性特点

与常规轻水压水堆相比，重水压水堆 CANDU-6 具有诸多不同：反应堆为卧式布置；没有压力容器，采用压力管和排管容器分隔冷却剂和慢化剂，冷却剂和慢化剂分别在各自系统独立运行；由于重水慢化中子效率高，故使用天然铀作为燃料（^{235}U 原子百分含量 0.72%）；由于使用非富集铀燃料，堆芯过剩反应性较小，需要通过不停堆换料来补偿反应性减少；慢化剂和冷却剂温度系数为正，尤其是空泡系数为正；停堆后要求的停堆深度较大等。这些差异性也决定了重水堆和轻水压水堆在堆芯反应性上有众多不同，本节将讨论重水堆反应性特点。

影响 CANDU-6 堆芯反应性的主要因素如表 2-21 所列。

表 2-21　堆芯反应性影响因素

反应性影响因素	监测情况
不停堆换料	可估算
控制棒	可测量
Xe 毒	可计算
燃料温度	可估算
慢化剂温度	可测量
液体区域控制系统	可测量
慢化剂毒物（硼或钆）浓度	可测量
冷却剂空泡	可估算
冷却剂和慢化剂纯度	可测量

CANDU-6 反应堆主要通过不停堆换料和反应性控制装置实现反应性的变化和功率分布的控制，大致分工为：

（1）堆芯燃耗引起的长期慢反应性下降——主要由带功率不停堆换料控制。

（2）堆芯总体和区域的短时快速小反应性变化——主要由 14 个轻水区域控制装置控制。

（3）氙毒和换料机不可用情况下的反应性补偿——主要由 21 根不锈钢调节棒控制。

（4）快速降功率产生的附加反应性和负燃料温度效应——由 4 根镉机械吸收棒控制。

（5）初始过剩反应性和长期停堆产生的氙衰变——由慢化剂毒物（硼或钆）补偿。

下面分别介绍这些反应性影响因素。

2.4.1　不停堆换料反应性分析

由于燃料外堆内构件的低中子寄生吸收使其具有较高的中子经济

性，故 CANDU-6 堆可以使用天然铀作为燃料，低中子寄生吸收性的原因有如下两点：

(a) 使用重水作为慢化剂，并在堆内材料中大量使用锆合金，这两种材料的中子吸收截面都很小；

(b) 采用不停堆换料方式，消除了为平衡后备反应性而需要引入的可燃毒物吸收棒的必要。

天然铀中相对较低的 ^{235}U 浓度直接导致了易裂变钚的产额较高。在整个反应堆寿期中，在整个燃料循环中，可裂变钚的生成几乎可以抵消 ^{235}U 的消耗，约有 1/2 的能量由钚裂变产生，在这个过程中，天然铀燃料中的可裂变物质几乎保持恒定，反应性的下降大多来自于裂变产物的积累。

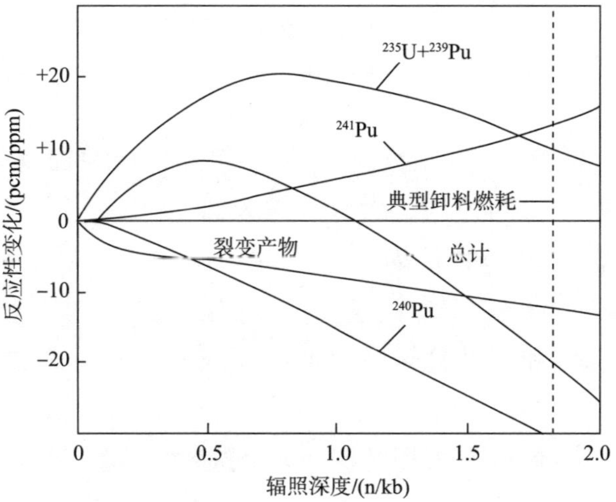

图 2-15　燃料中各组分反应性随辐照的变化曲线

从新燃料开始，可裂变钚的产生要大于 ^{235}U 消耗和裂变产物的形成。因此，堆芯反应性在约 40～50 EFPD 内有一个净增长。由于初期持续的净增长，该堆芯状态有一个最大的过剩反应性，这种堆芯状态称为“钚峰（Pu-Peak）”堆芯，一般只在事故条件下进行分析。此后，堆芯剩余反应性随着燃耗的加深而逐渐下降，图 2-16 展示了该过程。

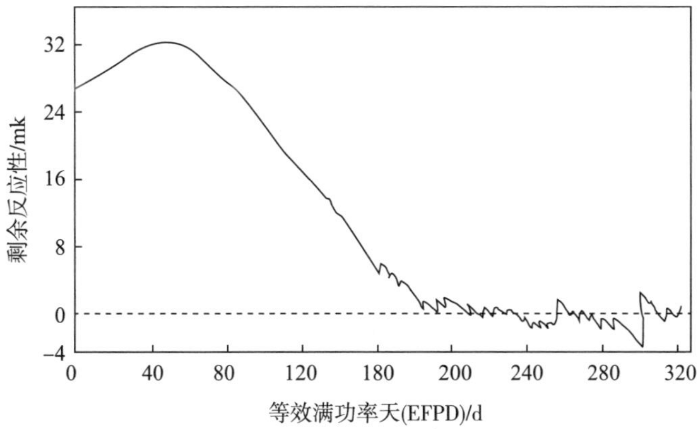

图 2-16　堆芯剩余反应性随燃耗的变化曲线

尽管有很低的寄生吸收性，CANDU-6 的最大后备反应性依然只有约 9%（90 mk），这个值对应于在室温下所有控制棒提出堆外且无硼的情况。其中约 5.5%用于补偿负的反应性反馈变化，这些负反应性反馈来自于燃料温度系数、裂变产物吸收、反应性控制需要的后备反应性和补偿氙毒反应性，剩下的 3.5%用于维持裂变反应。新堆的后备反应性由中子毒物硼和钆以及乏燃料抵消，对于平衡堆芯，其后备反应性接近于零。日常运行的反应性减少由不停堆换料和 LZC 的水位调节补偿。

与堆芯剩余反应性变化相匹配，CANDU-6 机组在运行寿期内可从燃料管理的角度被分为 3 个阶段：

（1）初始燃料装载至开始换料阶段（0～120 EFPD）；

（2）开始换料至平衡堆芯过渡阶段（120～450 EFPD）；

（3）平衡堆芯阶段（450 EFPD 以后）。

换料开始的一段时间内（120～200 EFPD），换料速率较高（约 18 通道/周），但很快（200 EFPD 以后）达到平衡值（约 14 通道/周）。换料速率尽管很快就达到平衡，但平衡燃耗和功率分布要在 450 EFPD 以后才能达到，这时堆芯平均特性（燃耗和功率分布）基本不随时间变化。平衡换料后，燃料的消耗速率约为 0.37 mk/EFPD，每周需约 14～15 个换料通道。每个换料通道典型反应性增加值为 0.1 mk～0.3 mk。为保证电站高的负荷因子，必须维持堆芯约 1 mk～2 mk 的最小过剩反应性裕量，以保证在换料机短时间不可用情况下能维持电站满功率运行。对标准 8 棒束换料方案而言，每一个通道的换料反应性增量表示在图 2-17 中。

在换料机预计长时间不可用的情况下，可提前增加换料速率，增加堆芯过剩反应性，但最大不能超过 5 mk。而在换料机非预计长时间不可用的情况下，可维持约 10 EFPD 的满功率运行，以后必须提出调节棒，并降功率运行，可再维持电站约 50 EFPD 的功率运行。

	1	2	3	4	5	6	7	8	9	10	11	12	13	14	15	16	17	18	19	20	21	22
A									71	75	78	78	75	71								
B						59	79	100	113	123	126	126	122	113	100	79	59					
C					71	95	124	149	167	177	177	177	177	167	149	124	95	71				
D				76	104	139	173	198	213	220	216	216	220	213	198	173	139	104	76			
E			71	104	141	177	207	225	222	225	229	229	224	222	225	207	177	141	104	91		
F			98	124	195	205	222	232	272	269	265	265	269	272	231	222	205	174	134	98		
G		88	124	170	198	221	280	283	270	266	267	267	266	269	283	280	221	198	169	124	80	
H		104	152	197	217	232	285	283	269	266	268	268	266	269	283	284	231	217	196	151	100	
J	73	120	174	216	226	281	275	272	266	262	261	261	262	266	272	275	281	226	213	174	116	70
K	80	135	191	229	225	273	272	269	262	257	251	251	259	262	269	272	273	225	229	191	120	77
L	86	143	201	229	225	283	277	269	261	253	243	243	252	261	270	277	283	235	229	201	138	83
M	85	143	202	242	240	290	281	272	262	252	242	242	253	262	272	281	290	240	242	202	138	82
N	73	134	194	237	241	294	285	275	265	258	249	249	258	265	275	285	294	241	237	194	120	75
O	71	120	170	225	244	203	288	279	270	265	264	264	265	270	279	288	202	244	225	178	.116	68
P		104	151	200	224	229	291	288	273	270	273	273	271	273	288	291	239	224	200	152	100	
Q		82	122	167	196	219	279	284	272	271	275	275	271	272	284	279	219	196	166	122	79	
R			93	120	163	194	216	229	273	274	275	275	274	273	229	216	194	163	120	93		
S			65	95	120	165	200	224	236	241	237	237	241	236	224	200	165	128	95	65		
T				64	91	126	162	291	211	221	219	219	221	211	191	163	126	91	64			
U					47	67	92	115	132	143	144	144	143	132	115	92	67	47				
V						32	47	62	75	84	88	88	84	75	62	47	32					
W									18	21	23	23	21	18								

图 2-17　平衡堆芯下不同通道的反应性增量

2.4.2　控制棒反应性分析

（1）调节棒（ADJ）

长期的堆芯功率分布控制——通过调节堆芯各区域的换料速率和在堆芯中心区垂直插入 21 根调节棒来实现。

21 根不锈钢管调节棒按照一定的优化布置，垂直地插入堆芯的慢化剂中，并根据优化的插入顺序被分成了 7 组。它能在功率降低的变工况运行情况下顺序拔出，以补偿氙毒增加引起的负反应性增量。CANDU-6 反应堆正常满功率运行情况下，堆芯过剩反应性约为 2 mk（仅可维持 5 EFPD 运行），所以在换料机故障维修期间，调节棒的拔出可补充一定的反应性，以维持反应堆功率约在 30 EFPD 运行。

CANDU-6 堆芯设计中，在反应堆额定状态运行下，所有调节棒组是完全插入堆芯的，它具有很强的展平功率分布功能，同时还可以提供一定的反应性（约 15 mk），在氙中毒停堆情况下克服氙毒负反应性的作用，并在换料机不可用情况下延长反应堆一段时间功率运行。但在调节棒组拔出堆芯的非标准模式运行下（Xenon Override Mode 和 Shim Mode），堆芯功率分布必定发生很大变化，必然造成功率分布的畸变和安全裕量的下降，典型为堆中心功率升高，因此为确保通道和棒束功率运行限值不被超过，《运行技术规格书》对此状态运行下的反应堆总功率进行了限制，参见表 2-22 和 2-23。

在功率调节系统（RRS）正常运行情况下，用最大速率同时提出两组最高价值的调节棒为堆芯引入的正反应性速率约为 0.1 mk/s。

表 2-22 压氙调节运行下反应堆总功率限值

拔出调节棒组数	反应堆总功率限值/%FP
1	85.7
2	78.4
3	73.0
4	67.0
5	63.7
6	62.9
7	55.6

注：如果要求，反应堆功率必须比以上功率限值降低更多，以维持区域功率（ROP）最小 7% 的裕量。

表 2-23 换料机不可用补偿运行下反应堆总功率限值

拔出调节棒组数	反应堆总功率限值/%FP
1	92.7
2	89.1
3	85.7
4	78.9
5	77.1

续　表

拔出调节棒组数	反应堆总功率限值/%FP
6	75.3
7	63.9

（2）机械吸收棒（MCA）

4组机械吸收棒用于快速降功率和新堆条件下抵消停堆时的燃料温度正反应性。每根棒是一个直径113 mm的圆柱管。中子吸收材料采用5 400 mm长的镉层，它被密封在不锈钢内外管之间，镉的厚度为0.914 mm。通常，控制吸收棒位于堆芯外部。机械吸收棒的布置如图2-18所示。

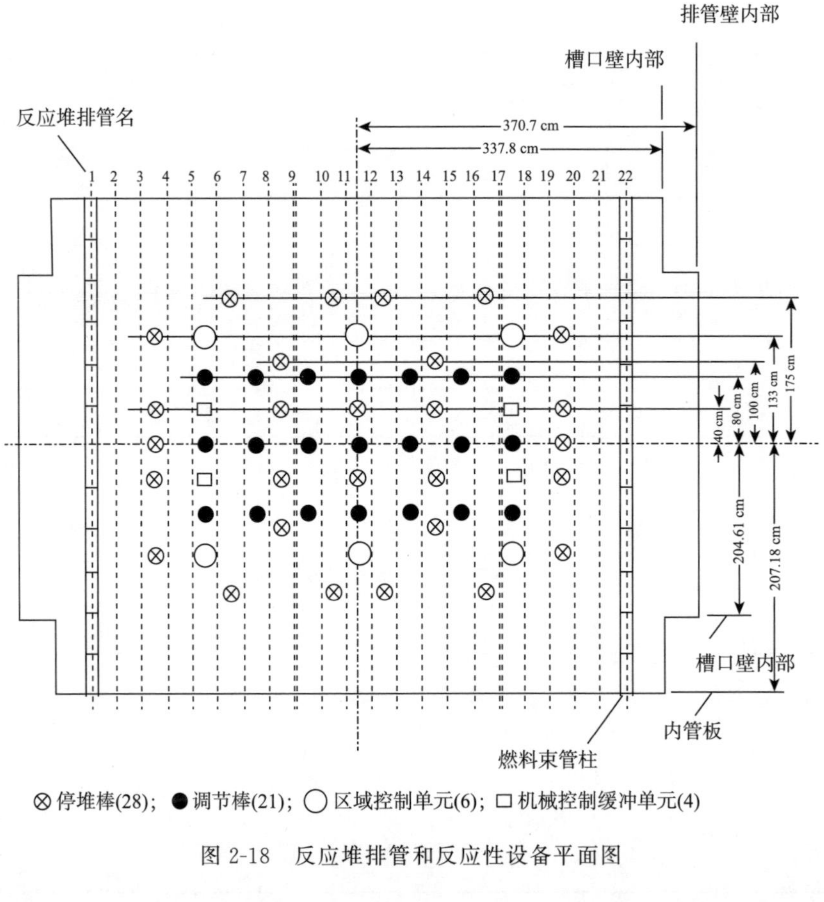

图2-18　反应堆排管和反应性设备平面图

MCA 最大可以引入的总的反应性价值为 10 mk 或 1.0%。当使用驱动机构移动时，最大可引起的反应性变化速率为±0.075 mk/s，当自动落棒时为−3.5 mk/s。

因为随着功率下降而引入的反应性增加通常很迅速，区域控制系统和调节棒没有足够的能力适应此时的反应性变化，特别是针对新堆满功率热停堆（燃料温度从热态满功率温度降到冷却剂温度）的情况，此时反应性的增加速度是最快的。在这种情况下，MCA 用于补偿反应性增加。

MCA 通常是两根一组同时插入堆芯，但也可以单独插入。插入的速率取决于功率下降程度。最佳插棒速度主要由控制系统决定。

总的来说，RRS 的反应性控制设备向堆芯引入反应性的速率在 MCA 的 0.075 mk/s 和液体区域控制单元（ZCU）的 0.14 mk/s 之间。停堆系统设计用于保证在任何单个反应性控制系统失效的情况下，燃料的运行限值都不会被突破。

（3）停堆棒（SOR）

一号停堆系统有 28 根停堆棒。停堆棒是一个空心的镉圆柱体，外包不锈钢，分为 2 组，每组 14 根。其中，18 根停堆棒（长棒）长度为 5.46 m，10 根停堆棒（短棒）长度为 4.94 m（位于外侧）。全部 28 根停堆棒插入堆芯后所引入的负反应性约为−80 mk；如果 2 根最大价值的停堆棒卡在顶部，则其他剩余的 26 根停堆棒全部插入堆芯所引入的负反应性约为−50 mk。

当某一最严重事故中需要保护时可提供快速反应性引入。图 2-19 示出 CANDU-6 反应堆停堆棒的反应性与时间的关系。注意：停堆棒在 2 s 内已引入大于−60 mk 的反应性。紧急停堆后停堆棒可以尽快恢复（约 3 min 后可提棒）。

在假定平衡堆芯缓发中子先驱核分布与堆芯中子通量密度分布相同的情况下，计算静态反应性方为有效，静态反应性价值用于计算停堆深度。

为了评估停堆系统在瞬态事故情况下的性能，需要进行适当的三维时空计算。这样的计算产生了动态反应性特性，其特性一般大于静

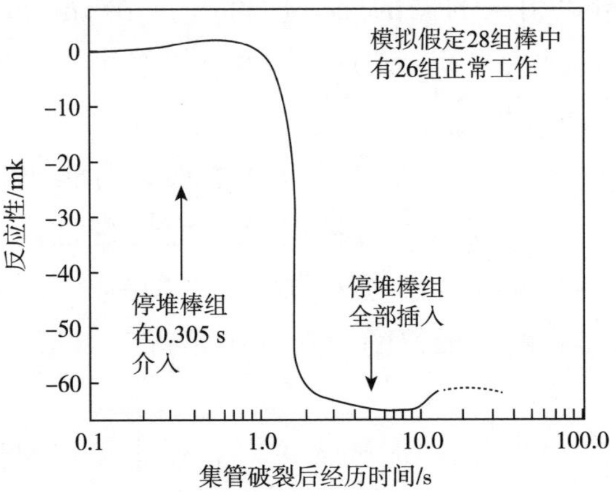

图 2-19　停堆棒插入之后的反应性瞬态

（所示的初始反应性增加是由于计算是从集管破裂引起反应性增加开始的）

态反应特性。

28 组停堆棒可以在反应堆停堆后一起拔出，由此引入的静态反应性速率（总拔棒时间的平均值）为每秒增加 0.57 mk。停堆棒拔棒一般在反应堆处于亚临界状态之后。

2.4.3　氙毒和钐毒反应性分析

（1）氙毒

当反应堆已经停堆很长时间（或从未运行），则没有氙存在。反应堆启动后，氙慢慢累积到一个平衡水平，这取决于反应堆的稳态功率。图 2-20 是各种功率水平氙毒反应性与时间曲线。在 CANDU-6 反应堆中，满功率氙毒反应性在 50 h 内将累积到约－28 mk。平衡浓度在 50％FP 到 100％FP 范围内随功率变化不明显。

这个负反应性（－28 mk）总是存在于正常稳定的运行中，启动后初始几小时除外。反应堆设计了足够的过剩的正反应性以补偿－28 mk 氙毒反应性。当氙不存在时，运行的前几个小时该过剩反应性会发生运行问题。

启动时为补偿氙的缺乏，必须在反应堆中添加相应的负反应性，可把可溶毒物（硼或钆）加入慢化剂。当氙水平增加时，该毒物通过燃耗或离子交换净化而被消除。

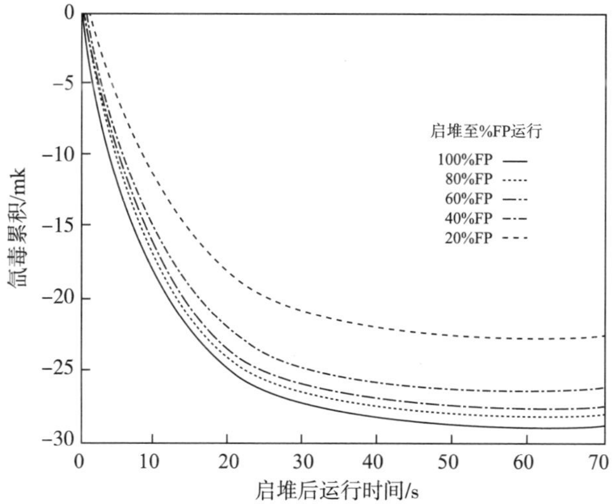

图 2-20　启堆后氙毒积累到平衡曲线

CANDU-6 反应堆抽出全部调节棒可达到最大剩余正反应性（约 15 mk）。如果氙引起的负反应性超过该值，则反应堆将处于次临界状态，无法再启动，称为反应堆“中毒”。图 2-21 显示氙瞬态反应性和可获得的最大反应性。

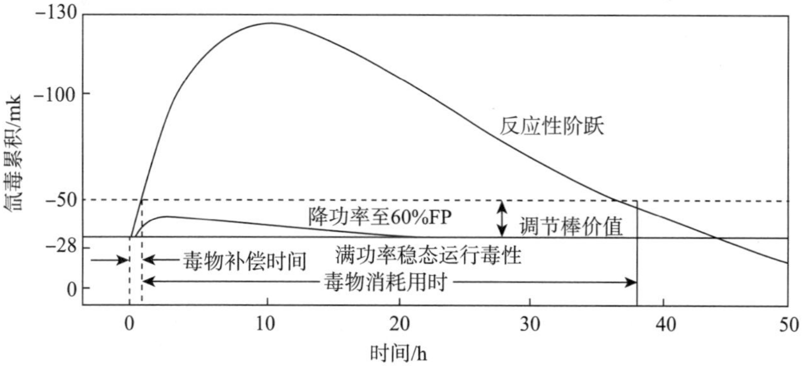

图 2-21　瞬态氙反应性

紧急停堆后氙载荷的上升速率也是紧急停堆前平衡状态的函数。在 CANDU-6 反应堆中，从满功率紧急停堆后，氙载荷的上升速率典型值为24 mk/h。如果反应堆具有最大可利用的反应性，如 15 mk，必须在 30 min（毒物控制时间）内返回高功率来燃耗氙（通过增加中子吸收)，否则直到氙瞬态已通过最大中毒量并衰变之后才可再启动。发生这种情况时，可认为反应堆已中毒结束，中毒结束时长可达 36 h。

提供氙中毒所需正反应性的常用方法是把一直插在堆芯的调节棒抽出。使用抽出调节棒的形式也可达到的减少燃料燃耗带来不良后果，所以对维持堆芯必需的最小反应性起鼓励作用。实际上，就产生能量而言，通常对提供剩余反应性的成本作最佳化，即调节棒全部抽出时所引入的正反应性将抵消燃耗和氙中毒所引入的负反应性，否则在中毒期间内将不能产生能量。

任何程度的功率下降都会使氙达到峰值；然而功率降低愈小，氙峰值愈小。例如，功率从 100％降至 60％，仍有较大的中子通量密度可以利用，通过燃耗氙降低氙峰值。图 2-21 显示了快速落棒降功率至 60％时典型的反应性变化。

汽轮机跳闸时，经济且正确的操作是把蒸汽排放到大气或冷凝器中，以维持反应堆功率大于 60％，从而阻止中毒。这种运行模式被称为“防止中毒模式”。

低功率稳定运行之后功率提升时（例如从 60％到 100％)，会发生反向效应。氙快速燃耗，而由碘衰变产生氙速率很低，反应性增加，控制系统必须添加负反应性以作补偿。

接下来研究一下反应堆满功率运行较长时间后，停堆时会发生的情况。由于在 1 min 左右的时间内，中子通量密度 φ 跌近零值，故氙产生的速率下跌 5％，但是最初它的总产生速率仍保持在稳定状态值的 95％。然而，对于丧失项，当燃耗跌至零时，丧失了氙的总消除量的 90％，只剩下辐射衰变项。由此，停堆后去除速率立即跌至稳定状态值的 10％，而产生速率仍维持在稳定状态值的 95％。其结果是氙浓度开始迅速上升，如图 2-21 所示。但这不可能无限地持续进行，因为堆芯中的碘量有限，且反应堆一旦停堆就不会再生成碘。因此停堆后约 10 h，氙达到峰值，随着正在提供氙的碘衰变，氙逐渐减少。

停堆后，氙的产生速率与平衡碘浓度成正比。如前所述，这也与停堆前通量密度成正比，氙最大载荷的大小与通量密度水平密切相关。CANDU-6 反应堆最大中毒量约高于平衡中毒量 100 mk，如图 2-21 所示。

至此，我们讨论了从满功率平衡状态下停堆后所发生的氙瞬态。在实际反应堆运行中，从小于满功率下停堆后和功率阶跃下降后的氙瞬态也值得被研究。

图 2-22 示出功率从初始满功率分别以 20%、40%、50%、80%和 100%下降时的氙瞬态。如下降 40%时，由于中子俘获造成的氙消除也从它的满功率值下降 40%，但由于氙一直在被消除，氙瞬态不会达到其停堆峰值。从图 2-22 可以看到，下降 40%时，约 10 mk 的可利用剩余反应性足以完全控制整个瞬态。最终恢复平衡，氙载荷相当于满功率通量密度的 60%。从图 2-22 还可看出，下降 60%时，氙的增长速率比 100%下降时小，因此毒物控制时间更长。

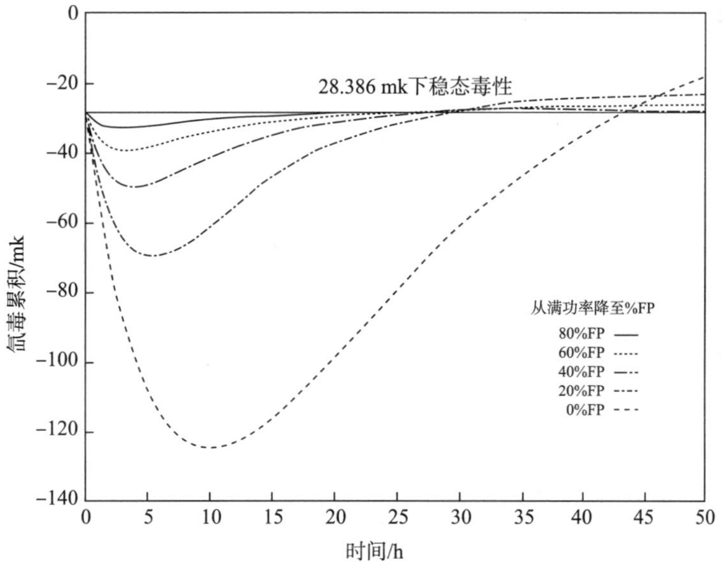

图 2-22　功率从初始 100%FP 阶跃下降后的氙瞬态

（假定氙开始时处于稳定状态，假定燃料处于平衡辐照状态）

图 2-22 中的曲线倒转也适用。例如，反应堆运行功率为 70%FP（平衡态），后升到 100%FP，会立即发生由于氙燃耗增加促使反应性增加。同时，将产生更多碘，直到后来额外的氙产生时碘将不会再出现。因此氙曲线经过最小值，然后由于衰变的碘数量增加，氙的产量也将上升。最终，氙浓度达到与运行在 100%FP 功率相对应的新的平衡值。图 2-23 粗略地示意了整个过程，通常不会出现任何运行问题。

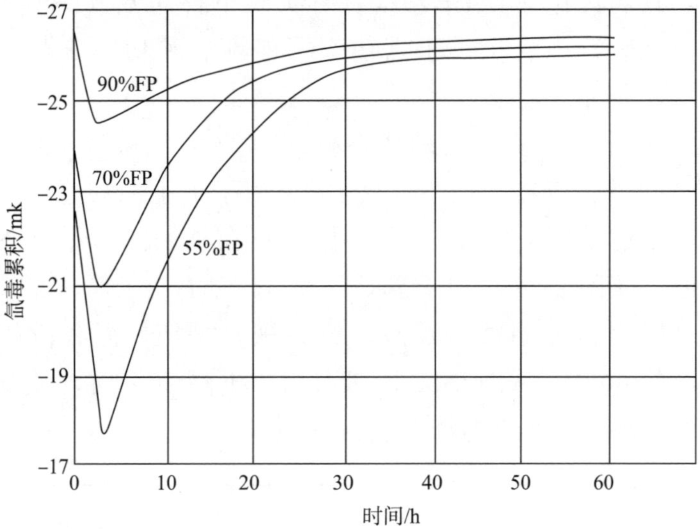

图 2-23　功率从各初始值%FP 增加至 100%FP 时氙载荷的变化

(2) 钐毒

对于反应性值约为−5 mk 时，在运行约 300 d 后钐浓度将达到平衡。达到平衡所需时间是通量密度水平的函数，但平衡钐浓度与通量密度无关。

与氙的情况相同，停堆后钐浓度会增大。由于钷的衰变继续产生钐，但当通量密度消失时中子俘获造成的钐的燃耗也将停止。停堆后的最大钐载荷取决于停堆前钷的载荷。对于 CANDU-6 反应堆，最大钐载荷约为 12 mk～15 mk。

钐累积示于图 2-24。

尽管反应堆设计必须考虑到平衡钐载荷，但停堆载荷不会产生任何问题。其中有两个原因：

(a) 由图 2-24 中的时间标度可知：直至氙瞬态过去很长时间，才会出现最大钐载荷，此时，将有大量可利用的反应性用来应对钐的增加。还可看到在氙毒物控制时间内载荷的增加极其微小，因此不会出现问题。

(b) 停堆后钐形成的速率受 ^{149}Pm 的 53 h 半衰期的支配，碰巧，它几乎与 ^{239}Np 的半衰期（56 h）相同。停堆后 ^{239}Pu 开始增加，超过它

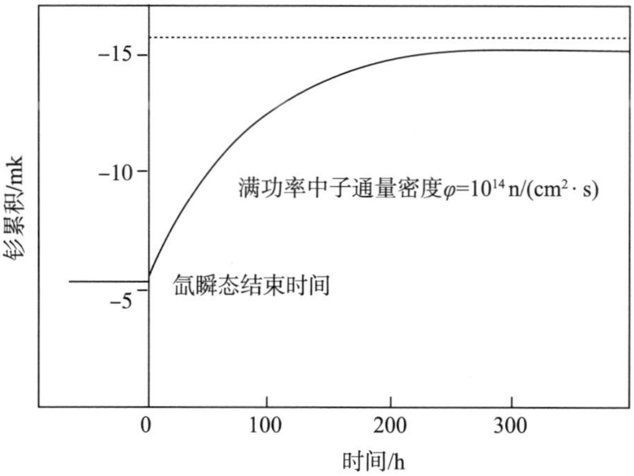

图 2-24　停堆后钐载荷的增加

在停堆前的值，因为^{239}Np 的衰变不断地形成^{239}Pu，不再通过中子吸收而燃耗。结果是从^{239}Pu 生成增加的反应性大于因^{149}Sm 增加而使反应性损失的补偿。两种作用合起来的净结果是反应性增加几个 mk。这就意味着重新启动时，反应堆达到临界比预期的早一些。那时，作为返回到平衡的条件是通过消除毒物或换料来补偿剩余反应性的损失。

2.4.4　温度反应性分析

（1）燃料温度系数

燃料温度系数主要由两个因素产生的：一个是多普勒效应，另一个是由于燃料温度增加，中子能谱略有变硬的影响。对于新燃料来说，来自 p（逃脱共振吸收概率）和 η（热中子增殖因子）变化的贡献都是负的，占主导地位的因素是由于多普勒效应致使 p 减小。对于平衡燃料来说，负值大的多普勒效应由于^{239}Pu 的存在，使 η 为正值而被部分补偿。在典型的 CANDU-6 反应堆中燃料温度系数的计算得到下列值：

新燃料：燃料温度系数＝－15 μk/℃

平衡燃料：燃料温度系数＝－4 μk/℃

图 2-25 分别展示了在典型辐照强度下，新堆芯和平衡堆芯的燃料温度系数和燃料反应性随温度变化的情况（从燃料实际温度 687 ℃开始）。对于新堆芯，燃料温度系数为－1.4×10^{-2} mk/℃，它随着辐照

深度增加而增加，并且在 1.7 n/kb 时由负值变为正值，尽管如此，堆芯的燃料温度系数依然是负的，因为堆芯平均辐照深度一般只能达到约 1.0 n/kb。

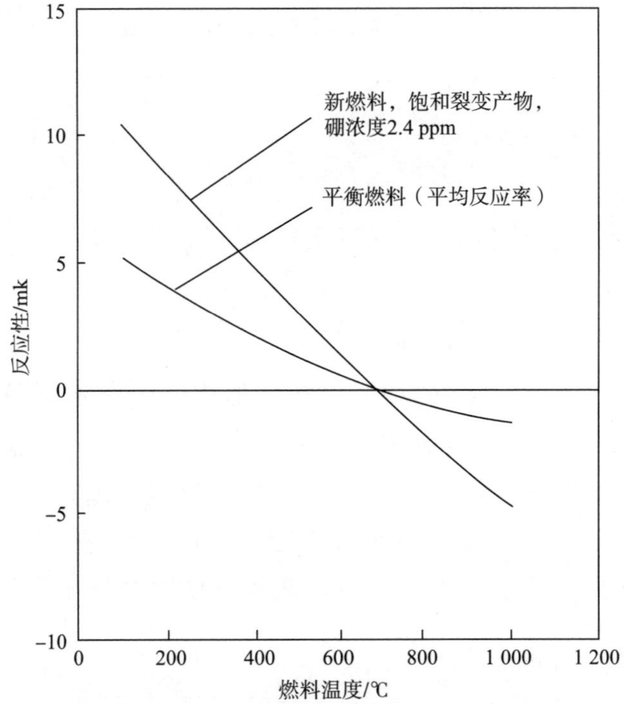

图 2-25　燃料温度连续变化导致的反应性变化曲线

(2) 慢化剂温度系数

加热慢化剂产生的主要影响是：降低慢化剂密度和增加平均中子能量。慢化剂温度对中子温度的影响比燃料或冷却剂温度的影响大得多，因为慢化剂对热化中子一开始就起主要作用。

对于新燃料和平衡燃料两者，计算结果均显示 p 随慢化剂温度增加而减少（温度增加会降低慢化剂密度，所以在中子慢化时增加中子移动的距离）。快中子和热中子泄漏都因同样原因而增加。热中子的利用做出正贡献，这因为在较低的慢化密度时慢化剂的吸收减少。新燃料和平衡燃料情况之间的重要区别在于新燃料的 η 肯定是负，而平衡燃料则肯定是正。结果是，对于新燃料慢化剂温度系数是很大的负值，而对平衡燃料其系数则为正的。对图 2-26 中新燃料（无硼）和平衡燃料曲线进行比较就可看到这一点（系数由各曲线的斜率给出）。然而应当注意，对新装料的堆芯的计算不包括硼引起的影响，实际上必须在慢化剂中加入硼才能抑制新堆芯的反应性。

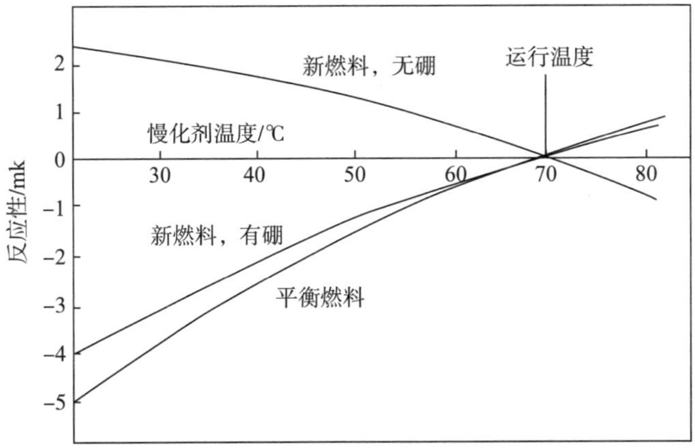

图 2-26　慢化剂反应性随慢化剂温度的变化

当慢化剂被加热时，含有毒物的慢化剂的密度降低会使热中子的利用大大增加。这个增加的贡献足以使总的慢化剂系数的符号从负变到正。这个作用在图 2-26 中的平衡燃料曲线表示。慢化剂系数的近似值（40～70 ℃范围内）为：

新燃料：（慢化剂中无硼）＝－15 μk/℃

新燃料：（含有毒物的慢化剂）＝70 μk/℃

平衡燃料：＝90 μk/℃

（3）冷却剂温度系数

与冷却剂温度变化有关的反应性影响在其组成上比前文已讨论过的其他两个系数更复杂，所以这里不详细讨论。图 2-27 显示 CANDU-6 反应堆中，所计算的反应性随冷却剂温度变化的影响。平衡燃料在整个温度范围内这个系数均为正，但由于其原因太过复杂这里不作解释；新燃料的冷却剂系数开始是负的，当冷却剂温度约为 250 ℃时变为正的（该系数也由曲线上任一点的斜率来给出）。

通过对反应堆进行测量来确定冷却剂系数是存在困难的，因为如果不能不同时改变燃料温度，则不能改变冷却剂温度。当冷却剂和燃

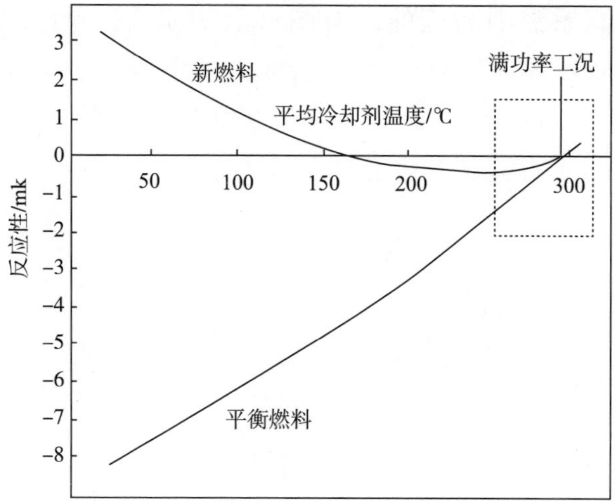

图 2-27　反应性随冷却剂温度变化的曲线（CANDU-6 反应堆的计算值）

料同时加热时测量反应性，才有可能对这种计算方法作全面核对。图 2-28 示出了 CANDU-6 反应堆的理论值和测量值的比较。运转主泵加热热传输系统，而反应堆保持在低功率临界状态。由于加热发生得很慢，可以假定燃料温度保持与冷却剂一致，因此计算结果是燃料和冷却剂系数的综合。可以看到计算得到的和测量出的反应性变化非常一致。

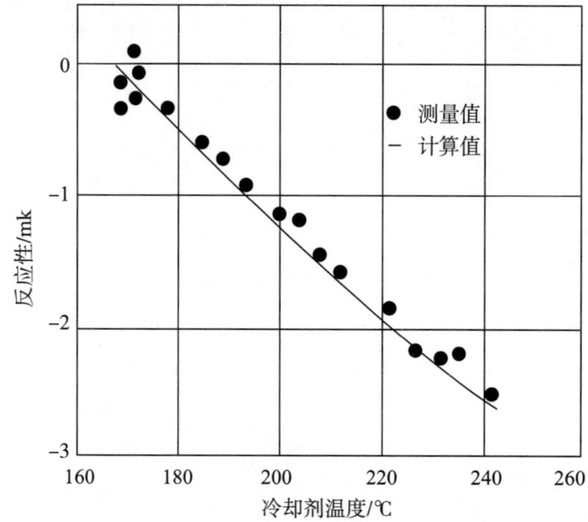

图 2-28　CANDU-6 反应堆（新燃料）中燃料和冷却剂温度变化而引起反应性变化的测量和计算结果的比较

冷却剂反应性系数考虑在整个运行范围（20～300 ℃）内的变化。计算依然假定整个堆芯处于同一个平均温度下，这些计算中包含了恒压下冷却剂温度变化导致密度变化的影响。图 2-29 和图 2-30 分别显示当温度从一个典型的平均工作温度（288 ℃）变化到特定值时，考虑到密度变化对冷却剂温度系数产生影响（密度效应）时，冷却剂温度系数的变化情况。此时在整个燃料寿期的正常运行温度中，冷却剂温度系数均为正，并且随辐照深度增加而增大。

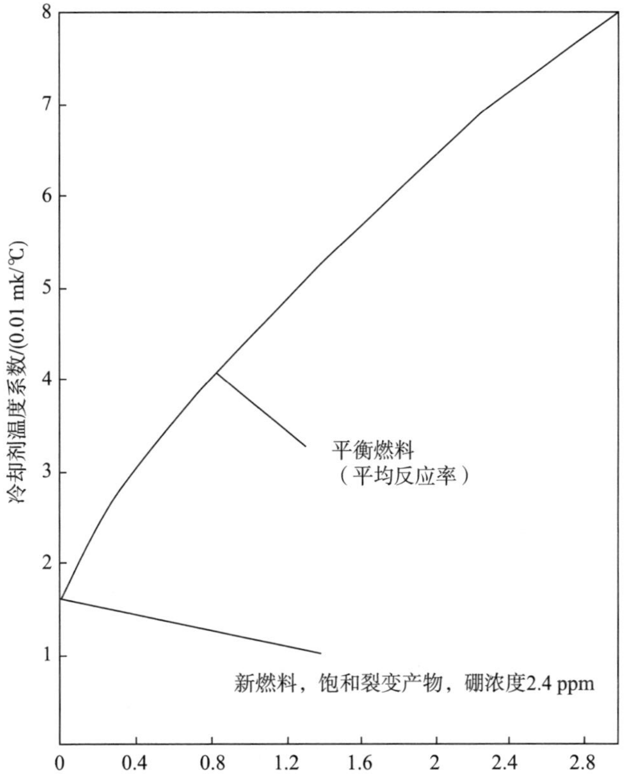

图 2-29　冷却剂温度系数

（4）反应性随温度变化的实际情况

通过前面的分析可知，温度系数为负是合乎需要的，它具有自调节特性。然而除必须考虑 3 个温度系数之外，还有两个非常重要的因素是：

(a) 给定功率情况下，每个组分温度变化的值；
(b) 每个组分加热所耗费的时间。

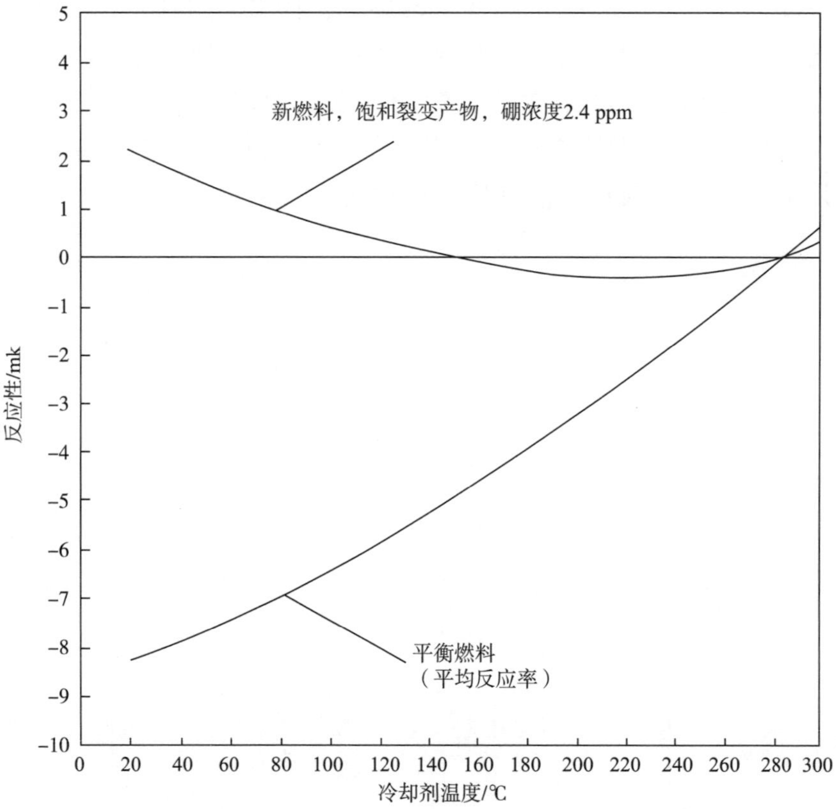

图 2-30 反应性随冷却剂温度变化曲线（含冷却剂密度影响）

表 2-24 提供了反应堆组分在 3 个“标准”工况下的典型温度。图 2-31 解释了 CANDU-6 反应堆从冷停堆到满功率时，在新燃料和平衡燃料情况下，发生的总反应性的变化。在平衡燃料的情况，反应堆从冷停堆到满功率时，反应性净变化小于 2 mk。然而在新燃料情况，从冷停堆到热停堆时，反应性损失约 8.5 mk，从热停堆到满功率时，进一步损失 6.5 mk。由于反应堆再次关闭时会重新得到这个反应性，所以当估算必须引入负反应性总量以使系统即使在完全冷却后也能保持安全次临界时，必须留出容差。平衡堆芯时从冷停堆变为热停堆的情况也必须注意，因为在该变化期间发生的反应性增量约为 3 mk。

表 2-24　反应堆组分的典型温度　　℃

组分	冷停堆	热停堆	满功率
燃料	25	288	687
冷却剂	25	265	290
慢化剂	25	69	69

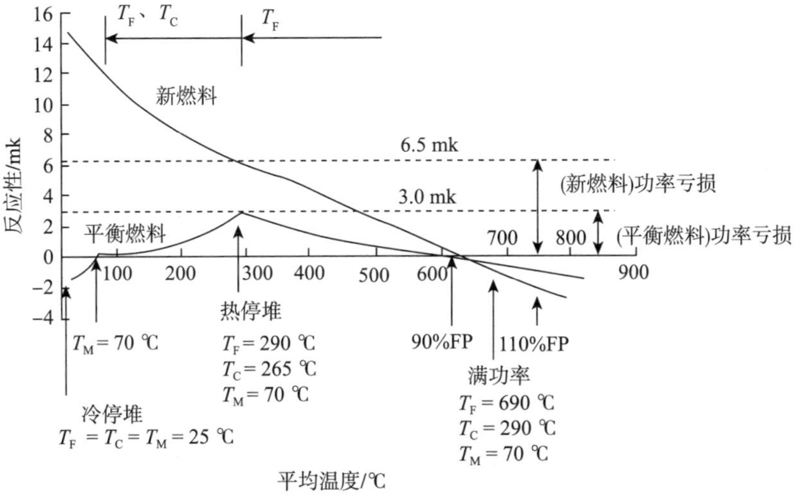

图 2-31　反应堆组分的反应性随温度的变化

从热停堆到 100%FP 状态所包含的反应性变化称为功率系数，该系数是两个状态之间的总反应性变化，而不像前面讨论的其他系数是每摄氏度的反应性变化。还要注意，功率系数只包括温度变化的反应性影响，不包括由于裂变产物形成而引起的任何反应性损失。因此 CANDU-6 反应堆功率系数的量值一般是在−3 mk～−6 mk 量级。

如果能提供每个组分的温度系数和温度变化，则很容易计算出反应堆从一个状态进到另一状态时总反应性的变化。例如，估算新燃料时反应堆从冷停堆到满功率时反应性的损失，所涉及的 3 个温度系数的值在适当温度范围内平均，假定为：

燃料系数：−15 μk/℃

冷却剂系数：−30 μk/℃

慢化剂系数：$+75\ \mu k/℃$

以表 2-24 中温度值为例，把每个系数乘以合理的温度变化，再求和就可计算出从冷停堆到满功率时预期的反应性变化，其计算过程为：

$$
\begin{aligned}
\Delta\rho &= (-15\times665)+(-30\times265)+(+75\times45)\ \mu k \\
&= (-10.0-8.0+3.4)\times10^{3}\ \mu k \\
&= -14.6\ mk
\end{aligned}
\tag{2-26}
$$

这个结果与图 2-31 所示曲线非常吻合。

在功率瞬态过程中，燃料的温度上升会比冷却剂温度上升大得多，而且发生得快得多。事实上，燃料温度几乎是同时变化的，而冷却剂的温度变化滞后于功率变化几秒钟。因此拥有负的燃料温度系数仅仅能达到所希望的自调节，所幸的是，新燃料和平衡燃料都是这种情况。

2.4.5 液体区域控制系统反应性分析

CANDU-6 反应堆使用 14 个区域来控制。每个区域都有通量密度探测器，它通过数控计算机来控制液体区域控制舱室内的轻水水位。

电站计算机自动控制下的 14 个轻水区域控制装置通过调节容器内的轻水水位，既可进行电站总功率控制（功率水平的精细调节），也可进行区域功率分布控制（各区域功率畸变或小的反应性扰动），如换料引起的反应性扰动和区域功率变化。这种调节在某一区域变化的同时，其他区域也发生相应的响应，目的是使各区域的功率分布逐渐接近名义值，以保证电站功率分布控制最优化。在所有液区单元同时排水的情况下，LZC 可以引入的最大正反应性为 0.14 mk/s，如图 2-32 所示。

以某一液体区域控制轻水水位为例（图 2-33），假定只有两个区域，通量密度倾斜正在加剧，这样区域Ⅰ中的通量密度正在上升，而区域Ⅱ中的通量密度正在下降。通过升高区域Ⅰ控制舱室中水位使更多的中子被吸收。相反，降低区域Ⅱ控制舱室中的水位以减少对应区域的中子吸收。这样，两个区域控制舱室的动作使通量密度返回到正常的平坦分布。

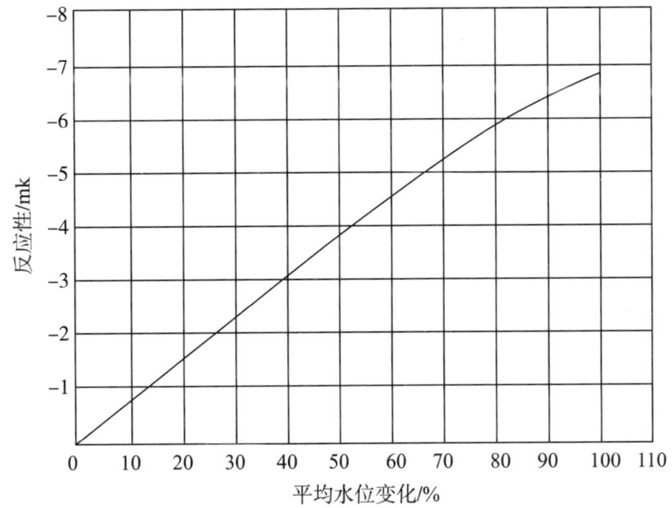

图 2-32　LZC 平均水位变化与反应性关系曲线

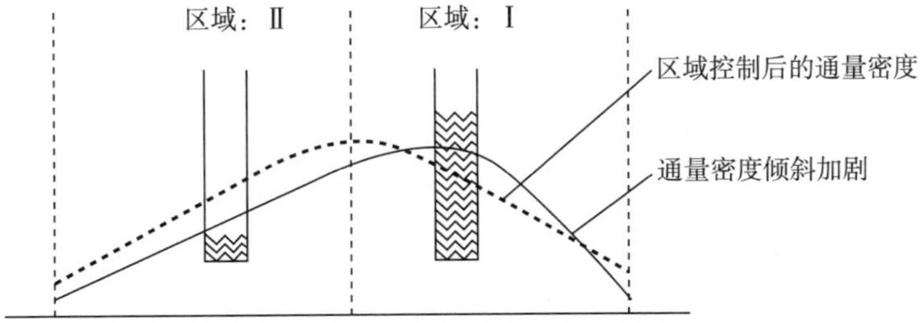

图 2-33　液体区域控制系统示意图

2.4.6　慢化剂毒物（硼或钆）浓度反应性分析

目前所用的长期反应性控制方法是把可溶解的毒物加入到慢化剂中。虽然固体控制棒可用于此目的，但可溶毒物系统更经济，且不会引起任何通量畸变。然而，毒物加入慢化剂会使到达电离室的通量降低较多，以致在毒物存在时必须对来自堆芯外电离室的功率读数做修正。

所用的毒物是硼（硼酸形式）和钆（硝酸钆形式）。天然形式的硼和钆分别有 2 种和 7 种同位素。这些同位素的大多数对热中子而言，有相对较小的吸收截面，但硼有一种强吸收同位素（^{10}B），钆有 2 种（^{155}Gd 和 ^{157}Gd），相关数据列于表 2-25 中。

表 2-25　硼和钆的强吸收同位素

同位素	天然丰度/%	热中子吸收截面/b
^{10}B	19.8	3 840
^{155}Gd	14.8	6.1×10^{4}
^{157}Gd	15.65	2.55×10^{5}

液态毒物以可控方式加入到慢化剂中，并通过在中子通量密度中燃耗或通过离子交换被消除。每种毒物的燃耗率与其截面成正比。由于硼的截面比钆小，更适合于应付长期反应性变化，如与新燃料燃耗有关的变化。另一方面，钆可用于对中期反应性变化的补偿，如氙瞬态。表 2-26 概括地列出所用每种毒物的情况。

硼的缺点是它使用离子交换消除的速度比钆慢得多且成本高，因为它的消除要消耗相当多的离子交换树脂。钆的缺点是它干扰了重水（D_2O）辐射分解产生的 D_2 和 O_2 的水状再结合，导致在覆盖气体中生成 D_2 和 O_2。

表 2-26　毒物的应用场景及原因

应用场景	毒物	选择依据	添加毒物的原因
当电厂装有新燃料时，在初始启动之前和初始运行期间新燃料燃耗模拟	硼	减慢中子通量密度中硼燃耗速率，减慢离子交换硼的去除速率，与慢的燃料燃耗速率十分匹配，减慢燃料裂变产物的生成	为补偿新燃料的过剩反应性；由于缺少较长寿命的裂变产物中毒，并为补偿新燃料中钚峰值
装料期间	硼	硼的燃耗速率和去除速率更加与新燃料的反应性变化相匹配	为补偿新的未燃耗过的棒束的过剩反应性；部分是由于没有较长寿命的裂变产物中毒
过度装料期间（换料机反应性补偿控制）	硼	硼的燃耗速率和去除速率更加与新燃料的反应性变化相匹配	为补偿过多燃料的过剩反应性
延长停堆期间（保证停堆）	钆	离子交换去除速率较快，钆比硼更容易溶解，每溶解 1 ppm 具有较高的负的 mk 价值	为使反应堆深度次临界；为补偿氙损失和其他反应性效应

续　表

应用场景	毒物	选择依据	添加毒物的原因
毒物停堆后（氙瞬态）紧接着的启动	钆	氙生成的速率几乎与钆在中子通量密度中燃耗的速率相同。若有些不匹配可以通过从钆储存箱中加钆或用离子交换柱移去钆来补偿	为补偿毒物停堆后氙的短缺
在较低功率水平持续运行，接着大幅度提升功率后	钆	钆燃耗速率几乎与氙生成速率相同	持续低功率运行后大幅度提升功率，由于中子通量密度增加，起初会降低氙水平；如果需要，毒物会补偿氙的损耗；在一段时间内，氙会增加到较高的平衡浓度

慢化剂中硼或钆的浓度可通过化学取样来测量。然而，一旦毒物已经受到功率运行时的辐照，由于较大截面的同位素消耗，它的反应性不再与其浓度成正比，它们的燃耗比毒物的快。硼和钆的情况不同，解释如下：

^{10}B 被去除的过程是 $^{10}B(n,\alpha)\rightarrow{}^{7}Li$ 蜕变反应。化学取样只能测量到剩余的硼浓度，不能指示出剩余 ^{10}B 的比例。结果，总的反应性价值不能确定，因为我们不能确定硼浓度的减少中，多少是由于燃耗引起的，多少是离子交换柱的净化引起的。

钆的情况则不同，因为 ^{155}Gd 和 ^{157}Gd 的中子吸收只导致 ^{156}Gd 和 ^{158}Gd 的生成。因此，总的钆浓度不随瞬态辐照变化。然而，由于高吸收同位素优先燃耗，反应性价值仍会下降。同样，毒物的总反应性价值仍不能确定，这是因为不能确定有多少 ^{155}Gd 和 ^{157}Gd 已被燃耗。

一般只考虑硼浓度在 0～12 ppm 范围内时，由于慢化剂毒物（天然硼）的变化而产生的反应性效应。图 2-34 显示了在辐照下典型的不同浓度硼反应性系数变化。当然，这个系数总是负值，它的大小并不强烈地依赖于反应堆中所期望的范围内的硼浓度。

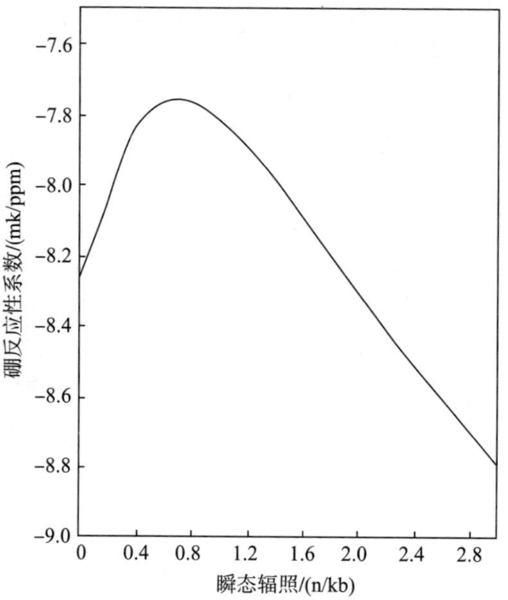

图 2-34　随着辐照增加的硼反应性变化

钆用作慢化剂毒物其每 1 ppm 的钆反应性效应大约相当于 3.4 ppm～3.6 ppm 的天然硼。

对于 SDS＃2 停堆系统而言，其毒物罐中的钆浓度为不低于 8 000 mg/kg D_2O，在初始注入瞬变过程中，毒物射流中有相当大的中子自屏蔽，因此初始反应性对初始毒物浓度不是很敏感。当注入的钆在慢化剂中均匀混合时，初始浓度为 8 000 ppm 的钆会产生超过－400 mk 的反应性。

SDS＃2 触发时，毒物（钆）在高压下注入慢化剂中，会引起热中子利用的大量降低。这种反应性快速引入，会形成很大的停堆深度。图 2-35 示出 CANDU-6 毒物注射系统的反应性与时间的关系。注意：3 s 内约输入－95 mk的负反应性。

2.4.7　冷却剂空泡反应性分析

如果慢化剂或热传输系统流体沸腾会形成空泡。在冷却剂中比在慢化剂中更容易形成空泡，所以这里的讨论仅限于冷却剂损失的影响。

因为反应性随液态冷却剂的减少而增加，了解这个影响的大小对

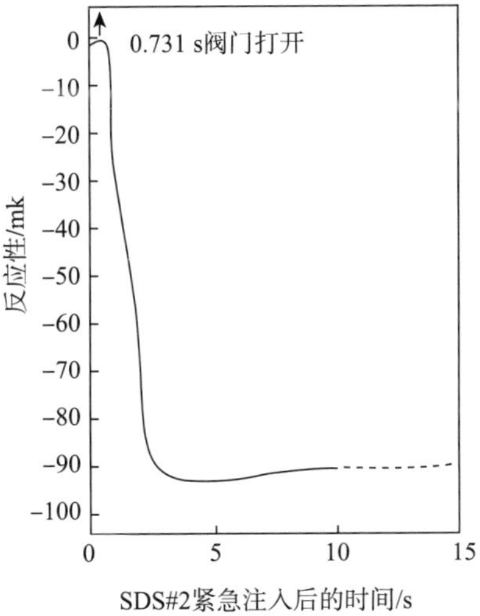

图 2-35　集管破裂后引发 SDS＃2 紧急注入后的反应性瞬态

于安全运行是很重要的。冷却剂沸腾的可能起因是：

（a）低压（管道破裂，稳压系统失效）；

（b）低流量（堵塞，管道破裂，泵失效）；

（c）超功率（通量畸变，调节系统失效）。

在这些情况下，冷却剂逐渐被蒸汽取代，最终通道中的液态冷却剂将全部被耗尽，通常称为通道排空。

燃料通道排空会使直接相邻的燃料元件中的中子慢化减少。在图 2-36 中，可以看到在一个燃料元件（例如元件 A）中生成的中子通常经过某些冷却剂才到达下一个燃料组件（元件 B），冷却剂提供一定程度慢化。当通道被排空，没有慢化剂，此时具有较高能量的中子会与元件 B 中的燃料相互作用。

这有两个主要影响，都与燃料中 ^{238}U 的含量有关。由于裂变中子从一个燃料元件移到另一个燃料元件时遭受非常少的能量损失，因此我们主要对高能 ^{238}U 的截面进行讨论。图 2-37 显示辐射俘获和 ^{238}U 的裂变截面如何随中子能量而变化。

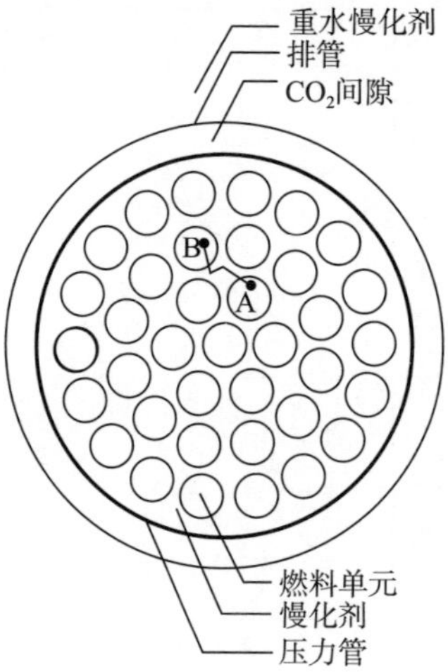

图 2-36 环绕燃料棒束的慢化剂和冷却剂布置

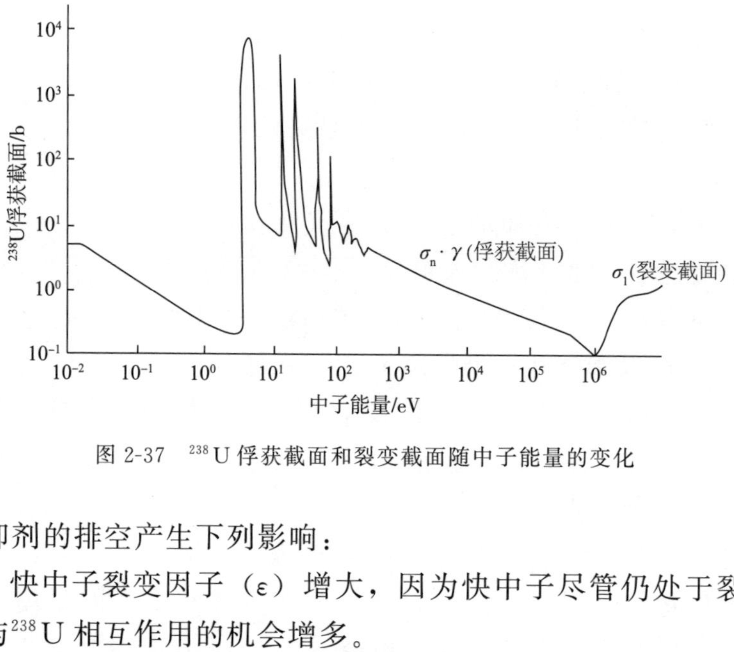

图 2-37 ^{238}U 俘获截面和裂变截面随中子能量的变化

冷却剂的排空产生下列影响：

(a) 快中子裂变因子（ε）增大，因为快中子尽管仍处于裂变阈能之上但与^{238}U 相互作用的机会增多。

(b) 逃脱共振俘获概率（p）增加，因为在它们从燃料棒束逃脱之前几乎没有裂变中子被慢化进入^{238}U 共振区。

另外一个影响，没有上述的重要，是由热中子能谱变化引起的。热的冷却剂排出，使热中子温度降低，结果是 η 发生变化。在这种情况下，由于中子温度降低，因此空泡反应性的贡献，新燃料为正，平衡燃料为负。

排空冷却剂总的效应是导致正反应性，对于新燃料的影响最大。对于全堆芯排空时总反应性变化一般在 7 mk～13 mk 范围内，它取决于燃料燃耗的程度。

冷却剂排空也减少了反应堆中吸收材料的总量；然而对于重水冷却剂来说，只要冷却剂重水纯度很高，这种减少是非常小的。实际上，对重水纯度有一个下限以防止排空时过分大的反应性变化。这个下限通常在 97％～97.5％范围内。

如果可能的话，应避免过大的正或负空泡反应性变化。在空泡形成期间，过大的正反应性将会引起功率大幅波动，如果保护系统响应不够快，很可能使反应堆引起严重损坏。

另一方面，在空泡形成时，过大的负反应性变化会使功率快速下降，调节系统力图以增加反应性来补偿。然后当空泡消失时，功率再次波动。

冷却剂密度反应性是通过计算正常运行条件下密度微小变化时是如何影响反应性的。空泡反应性则是计算通道完全排空时所引入的总的反应性变化。图 2-38 和图 2-39 分别显示了典型燃耗下的冷却剂密度反应性和空泡反应性变化。在所有情况下，冷却剂密度反应性系数随辐照增加而减小，但总为负。定义为通道完全排空的空泡反应性系数则在整个堆芯寿期中总为正。

2.4.8　冷却剂和慢化剂纯度反应性分析

(1) 慢化剂纯度

正常运行时，慢化剂 D_2O 的纯度为 99.85％（质量分数），其余为 0.15％（质量分数）的 H_2O，由于轻水的吸收截面远远大于 D_2O，所以即使很少的 H_2O 增加也会为堆芯引入很大的负反应性。

图 2-40 显示了改变慢化剂纯度引起的反应性变化。对于平衡堆芯与新堆芯，当慢化剂的纯度从 99.0％atom 到 99.9％atom 变动时，慢化剂纯度反应性系数百分比从 34.3 mk/atom 变化到 32.1 mk/atom。

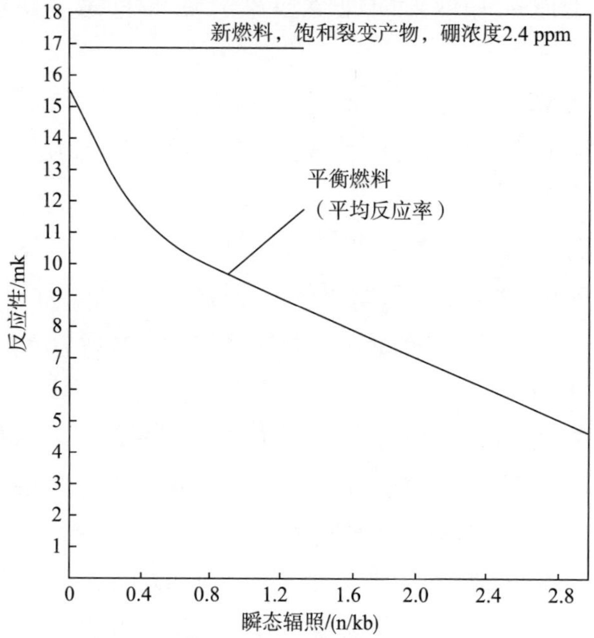

图 2-38　满功率下冷却剂空泡反应性变化

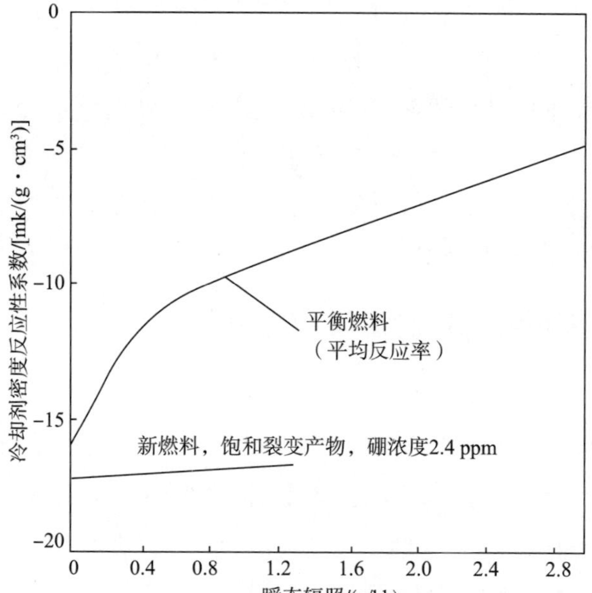

图 2-39　满功率下冷却剂密度反应性系数变化

当慢化剂纯度变低时，慢化剂纯度反应性系数略增大，必须指出的是这是在无限大栅格中的计算结果。在实际的反应堆中，堆芯外部由于中子反射层的存在，这一部分慢化剂的纯度反应性系数与堆芯中的有差别。此外，调节棒的插拔也会影响慢化剂纯度反应性系数。通过对实际堆芯的模拟，系统慢化剂纯度反应性系数比理想计算值大约 10%。

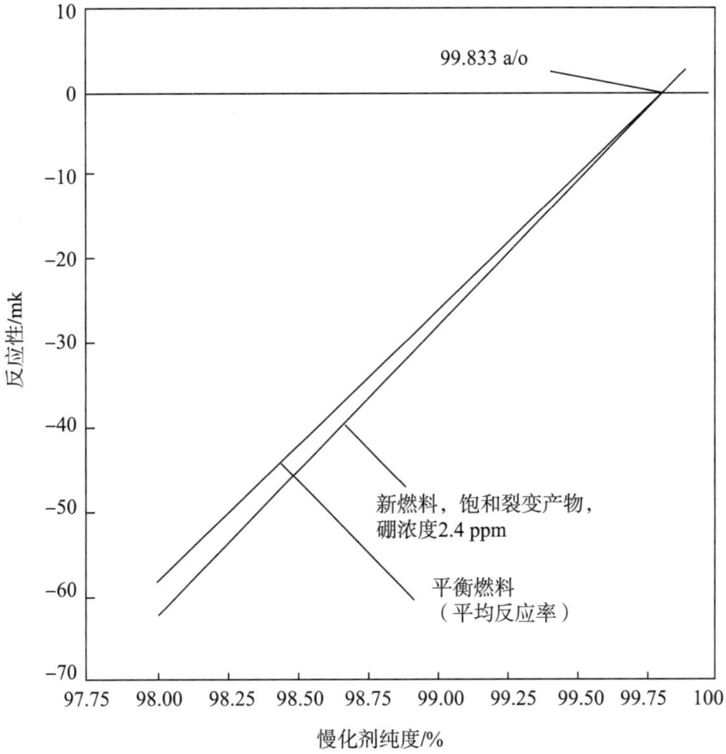

图 2-40　慢化剂纯度对反应性的影响

（2）冷却剂纯度

冷却剂纯度对反应性的影响与慢化类似，但由于堆芯中冷却剂装量远远小于慢化剂，所以冷却剂纯度反应性系数也远远小于慢化剂。图 2-41 显示了典型的冷却剂纯度反应性系数随冷却剂纯度变化的情况(由 POWDERPUFS-V 程序预测)。假定在正常栅格计算条件下，平衡堆芯和新堆芯中，当冷却剂纯度从 98.5%atom 到 99.5%atom 变动时，冷却剂纯度反应性系数百分比从 1.08 mk/atom 变化到 0.58 mk/atom。

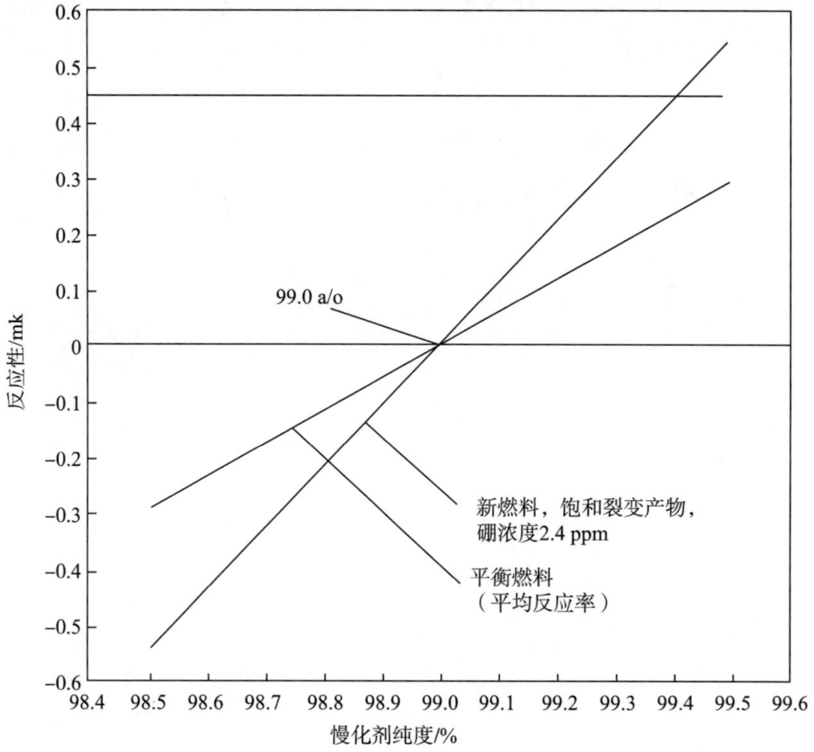

图 2-41　冷却剂纯度对反应性的影响

第3章　典型反应性问题探讨

本章将对反应堆操纵人员在实际工作常见的典型反应性问题进行分析探讨。主要分为4个小节：启动达临界定量分析、启动物理试验的反应性测量、氙振荡和ΔI控制以及重水堆相关问题的特点。

3.1　启动达临界定量分析

启动达临界是反应堆操纵人员的基本技能，必须非常熟练掌握。本节将结合反应堆的启动达临界规程，从反应性的角度定量地分析达临界过程中堆芯反应性的变化过程。根据压水反应堆有无外中子源，启动达临界分为有外中子源启动（M310堆型）和无外中子源启动（VVER堆型）两种。

3.1.1　有外中子源启动

我国大部分核电厂都是采用有源启动来进行达临界。有源启动的反应堆内装有附加的强中子源，通过次临界增殖使堆芯在次临界状态下也有可观的中子通量密度水平，中子探测器的盲区较小，启动过程中能有效地对堆芯中子通量密度水平进行监测，并可以通过中子计数率倒数外推法达临界。

M310堆型的达临界规程为S-COR规程，图3-1为其逼近临界方案。

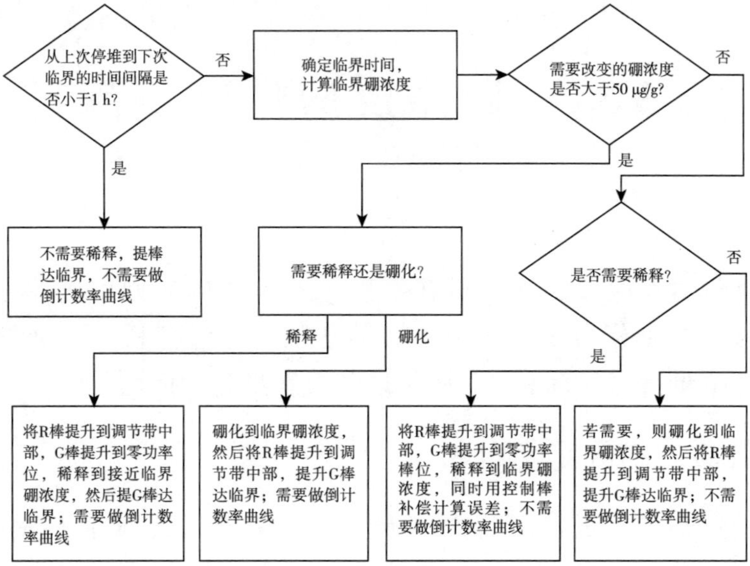

图 3-1　有源启动逼近临界方案

本节先对上述逼近临界方案从反应性的角度展开讨论。根据其临界方案，有源启动的反应堆达临界共分为下列 5 种情况：

情况①：停堆后 1 h 内达临界。

达临界策略为：直接提棒达临界，不作倒计数率（$1/M$）曲线。采取此方式达临界的考虑因素如下：

(a) 堆芯硼浓度未做较大改变：停堆后 1 h 内就计划启动的反应堆，一回路硼浓度势必没有较大调整，否则也不会下达启动指令。

(b) 毒物积累引入的负反应性 $\Delta\rho_{Xe}$ 小于反应堆功率亏损 $\Delta\rho_P$：从反应性的角度考虑，反应堆满功率停堆前 G 棒在堆外，R 棒在调节带中部；若重新达临界时堆内毒物无变化，则临界棒位则刚好为 G 棒在零功率棒位，R 棒在调节带中部；由于停堆后出现了毒物累积，G 棒实际的临界棒位应高于零功率棒位，其临界棒位与零功率棒位的差值对应的 G 棒价值即毒物积累引入的反应性价值。由于在标准状态下，G 棒在堆外与零功率棒位之间的价值等于功率亏损，即毒物累积不能大于反应堆的功率亏损，否则 G 棒全提也无法临界，必须提 R 棒或稀释来达临界。实际上，在停堆 1 h 以内，氙毒变化 $\Delta\rho_{Xe}\leqslant 1\ 000$ pcm

（满功率停堆后 2 h 氙毒增长为 1 732 pcm），钐毒变化基本可以忽略（满功率停堆后 50 h 钐毒增长 261 pcm），而功率亏损 $\Delta\rho_P$＝1 230 pcm（BOL）/1 960 pcm（EOL）（详见第 2 章）。所以停堆后 1 h 内，依靠 G 棒提升完全足以补偿毒物增长引入的负反应性。

（c）需尽快达临界并提升功率进行消毒，不作倒计数率曲线：停堆后氙毒正快速累积，每小时增长几百 pcm，在不进行稀释的情况下，需尽快达临界并提升功率进行消毒，防止 G 棒提出堆芯仍不能克服氙毒增长的情况。

提棒达临界的具体做法为：先将停堆棒提出堆芯，随后将 R 棒提至调节带中部，然后开始提升 G 棒，要求每提升 50 步或者计数率增加一倍时稍停片刻，倍增周期大于 18 s。当控制棒保证不动而反应堆拥有稳定的正周期时，反应堆达到临界。

从堆芯总的反应性角度来看，在开始提 G 棒时，堆芯的次临界水平为：

初始次临界度＝G 棒总价值（ρ_G）－功率亏损（$\Delta\rho_P$）＋氙毒增量 $\Delta\rho_{Xe}$　（3-1）

图 3-2 分别为寿期初和寿期末的 G 棒叠步价值曲线。

假设氙毒增长引入的负反应性 $\Delta\rho_{Xe}$＝500 pcm，结合图 3-2 中信息，可以得出表 3-1 所列数据。

表 3-1　提 G 棒达临界的相关反应性参数

	BOL	EOL
G 棒总叠步价值/pcm	4 000	4 200
功率亏损/pcm	1 230	1 960
氙毒增长/pcm	假定为 500	
G 棒在 5 步时的次临界度/pcm	3 270	2 740
G 棒微分价值/（pcm/步）	2～13	2～14
G 棒提 50 步价值/pcm	200～600	200～650

根据表 3-1，我们可以判断，从 G 棒开始提升，到计数率增长到原

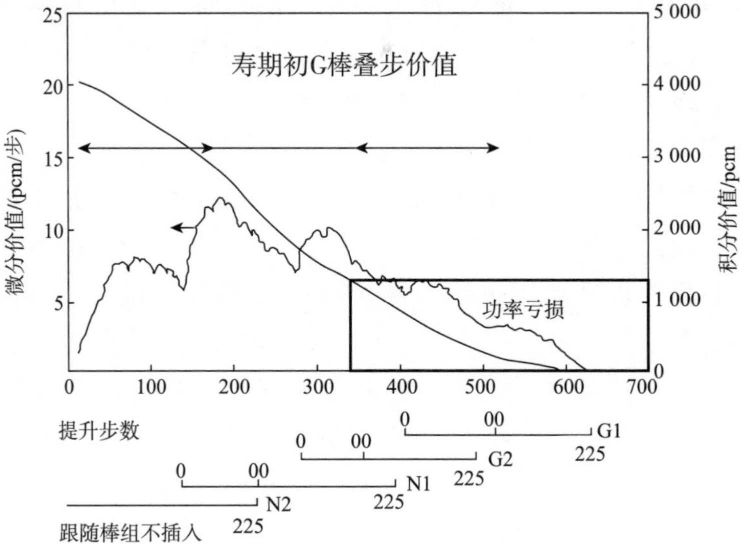

（a）寿期初

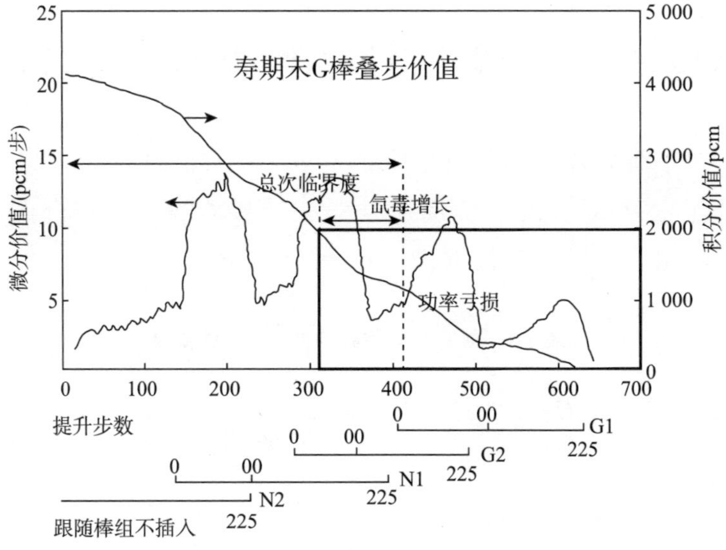

（b）寿期末

图 3-2　G 棒叠步价值曲线

来 10 倍左右时，堆芯的次临界度将还剩 300～200 pcm，此时 G 棒距离临界棒位大约还有 30～40 步。此后再提升 G 棒，经过 3～4 次计数率翻倍后，堆芯已经很接近临界。操作员需谨记计数率翻倍意味着次临界度减半的次临界增殖原理。

以上是停堆 1 h 内达临界的情况，停堆超过 1 h 后达临界则必须要进行反应性平衡计算。原因在于，停堆超过 1 h，氙毒变化较复杂，根据情况①中的分析，氙毒增长可能大于功率亏损，只提棒不一定能使反应堆达到临界，必须通过反应性平衡计算来确定新的临界方案。

根据计算得出的临界硼浓度不同，可以分为以下②～⑤4 种情况：

情况②：停堆超过 1 h 后达临界，需要硼化但 $\Delta C_B \leqslant 50$ ppm。

达临界策略为：先对反应堆进行硼化，然后直接提棒达临界，不作倒计数率曲线。采取此方式考虑的因素有：

（a）G 棒临界棒位不能低于零功率棒位：临界硼浓度计算是以 G 棒在零功率棒位，R 棒在调节带中部为参考计算的，得出需要硼化，则说明当前堆芯的临界棒位低于零功率棒位，需要先进行硼化，使临界棒位上移，以满足技术规范要求。

（b）在堆芯反应性变化不大的前提下争取时间：$\Delta C_B \leqslant 50$ ppm，参考硼微分价值，可以判断堆芯毒物的反应性变化不大（小于 600 pcm），这样，与情况①类似，G 棒有足够的反应性裕度使堆芯达到临界，为了争取时间，选择不作倒计数率曲线而直接提棒达临界。

情况②具体的做法与情况①类似，唯一区别在于需先对堆芯进行加硼，后续提棒的操作一致。

情况②的堆芯总反应性分析：反应堆通过反应性平衡计算确定了临界硼浓度和堆芯的停堆深度，在停堆棒全部提出堆芯，G 棒 R 棒在 5 步。尚未进行硼化的情况下，反应堆的停堆深度即：G 棒总价值－功率亏损＋R 棒从 5 步到调节带中部的价值－需硼化引入的反应性。在完成了硼化操作，且 R 棒已提到调节带中部后，堆芯的次临界度仅剩：G 棒总价值－功率亏损，参考情况①中的数据约为2 770 pcm（BOL）/ 2 240 pcm（EOL）。

情况③：停堆超过 1 h 后达临界，需要稀释到 $\Delta C_B \leqslant 50$ ppm。

达临界策略为：先将停堆棒提出，R 棒提到调节带中部，G 棒提到零功率棒位，然后稀释到距离临界硼浓度约 30 ppm，再提 G 棒达临界，不作倒计数率曲线。采取此方式考虑的因素有：

(a) 防止G棒临界棒位高于上限：需要稀释到$\Delta C_B \leqslant 50$ ppm，说明堆芯反应性变化不大，实际只提G棒就足以就使反应堆达到临界。稀释的目的是防止硼浓度高且控制棒棒位高时出现正的慢化剂温度系数。

(b) 保留一定裕量的前提下争取时间：通过快稀释将硼浓度调整到距离临界硼浓度30 ppm，保留了约300 pcm的反应性裕量，防止计算上的偏差。后续采用提G棒达临界，比稀释达临界更快速准确；同时为了争取时间，选择不作倒计数率曲线而直接提棒达临界。

情况③的堆芯总反应性分析：反应堆通过反应性平衡计算，确定了临界硼浓度低于当前的硼浓度。若计算无误，反应堆在R棒提至调节带中部，G棒提至零功率棒位时，堆芯的次临界度仅剩$\Delta\rho = \Delta C_B \times \alpha_B \leqslant 50$ ppm×12 pcm/ppm=600 pcm。随后进行稀释到$\Delta C_B \approx 30$ ppm（也可能原本$\Delta C_B \leqslant 30$ ppm而不需稀释），堆芯次临界度还有约300 pcm。再进行G棒的提升，使计数率翻倍的G棒提升步数基本等于距离临界的步数。

当然，此过程也可能存在初始计算错误的情形，这就要求在最初提升R棒和G棒时就密切关注计数率水平和反应堆周期。

情况④：停堆超过1 h后达临界，需要硼化且$\Delta C_B > 50$ ppm。

达临界策略为：先对反应堆进行硼化，然后提棒达临界，作倒计数率曲线。采取此方式考虑的因素有：

(a) G棒临界棒位不能低于零功率棒位：临界硼浓度计算是以G棒在零功率棒位，R棒在调节带中部为参考计算的，得出需要硼化，则说明当前堆芯的临界棒位低于零功率棒位，需要先进行硼化，使临界棒位上移，以满足技术规范要求。

(b) 堆芯反应性变化较大，避免盲目性：计算出的堆芯临界硼浓度与当前硼浓度差距较大，说明停堆期间堆芯反应性变化较大，在重新达临界时需采取保守方式，作倒计数率曲线外推临界，避免盲目性。

情况④的具体做法如下：

a) 先硼化到预计的临界硼浓度，等待硼浓度均匀（10 min）；

b) 停堆棒组提升到225步，将稳定后的中子计数率作为初始值C_0

（R 棒在 5 步位置）；

c）提升 R 棒到调节带中部，每提升 50 步测量一次中子计数率 C_1，计算 C_0/C_1，并作棒位置函数的曲线图；

d）R 棒提升到调节带中部后，按增量不大于 50 步的方式继续提升 G 棒组，并测定每个位置的计数率；

e）若 $1/M$ 值降至 0.1 以下，应确定新的 C_0 值，以便增加操作的精确度；

f）此后提升 G 棒组每次不超过 3 步，当不需移动棒就能观测到稳定的倍增周期时，反应堆就达到超临界。

堆芯总反应性分析：若反应性平衡计算的临界硼浓度无误，则初始记录 C_0 时，堆芯的次临界度为：G 棒从 5 步到零功率棒位的价值加上 R 棒从 5 步到调节带中部的价值。从数值上看，同情况②分析，G 棒从 5 步到零功率棒位的价值 2 770 pcm（BOL）/2 240 pcm（EOL）；由第 2.3.3 节中的图 2-6 可知，R 棒从 5 步到调节带中部的价值约 1 200 pcm～1 300 pcm。因此，初始记录 C_0 时堆芯的次临界度约 4 000 pcm（BOL）/3 500 pcm（EOL）；当 $1/M$ 降至 0.1 时，此时堆芯次临界度还有约 400 pcm～350 pcm，随后每次提升 G 棒不能超过 3 步。根据 G 棒的微分价值，在中间区域 3 步 G 棒的价值大约在 20 pcm～40 pcm，故大约经过十几次 G 棒提升，可以达到临界状态。当然，以上分析是建立在反应性平衡计算正确的前提下，实际过程中的堆芯反应性还需根据实际计数率变化来分析。

情况⑤：停堆超过 1 h 后达临界，需要稀释到 $\Delta C_B>50$ ppm。

达临界策略为：先将停堆棒提出，R 棒提到调节带中部，G 棒提到零功率棒位，作倒计数率曲线，取稳定后的中子计数率作为初始 C_0 值，然后稀释到 $1/M<0.08$ 时或距离临界硼浓度约 30 ppm 时停止稀释，再提 G 棒达临界。采取此方式考虑的因素有：

（a）防止 G 棒临界棒位高于上限：需要稀释的量 $\Delta C_B>50$ ppm，只提 G 棒不一定能使反应堆达到临界，而且很可能造成 G 棒棒位过高。所以选取先将 G 棒提升到零功率棒位，然后稀释达临界。

（b）保留足够的裕度：$1/M$ 值 0.08 或硼浓度相差 30 ppm 时停止

稀释，保证了停止稀释时堆芯至少还有约 300 pcm 的次临界度。

情况⑤的具体做法如下：

a）先将停堆棒提出，R 棒提到调节带中部，G 棒提到零功率棒位；

b）在稀释前手动投入所有通/断式加热器，一边增加喷淋，减小堆芯与稳压器之间的硼浓度差别，同时投运第二个下泄孔板，以增加上充流量，保证稀释水全部进入一回路；

c）记录稀释前的中子计数 C_0，并作倒计数率曲线图；

d）按照 1/3 原则进行稀释，堆芯反应性的增加速率要低于 1 000 pcm/h；

e）每隔 15 min 记录一次中子计数率 C_1、硼浓度和已注入的水量，估计临界点；

f）当 $1/M<0.08$ 或者硼浓度小于临界硼浓度估计值 30 ppm 时停止稀释，等待硼浓度均匀（10 min）之后，提升 G 棒，达到临界。

情况⑤的堆芯总反应性分析：在计算无误的情况下，初始记录时的堆芯次临界度为：(堆芯当前硼浓度 C_{B0} －临界硼浓度计算值 $C_{B临}$) × 硼微分价值 α_B。具体值需根据实际情况而定，不过可以判断的是，由于稀释的量 $\Delta C_B>50$ ppm，初始次临界度至少大于 500 pcm（取硼微分价值 10 pcm/ppm～12 pcm/ppm）。当 $1/M<0.08$ 时，堆芯次临界度降低至初始值的 0.08 倍以下。

S-COR 规程上规定当 $1/M<0.08$ 或者硼浓度小于临界硼浓度估计值30 ppm 时停止稀释，以先到为准。这里假设硼微分价值为常数，并忽略一回路硼达到均匀的时间，有：当堆芯当前硼浓度 C_{B0} －临界硼浓度计算值 $C_{B临}>\dfrac{30\ \text{ppm}}{0.08}=375$ ppm 时，停止稀释由 $1/M$ 值小于 0.08 的条件触发；反之，初始硼浓度差值小于 375 ppm 时，停止稀释的条件由距临界 30 ppm 触发。

稀释达临界还有一点需要注意的是，有时初始堆芯硼浓度与临界硼浓度差值很大（如比临界硼浓度高 1 000 ppm），堆芯次临界度较深（大于 10 000 pcm）。若此时机械地执行程序，选取开始稀释时的计数率为 C_0，那么达到 $1/M$ 值小于 0.08 时，堆芯还有近 800 pcm 的次临界度，若此后提 G 棒达临界，很可能导致 G 棒棒位高于上限位置，造成不必要的麻烦。因此，对于初始硼浓度差值较大的情况，建议将硼浓度稀释到距临界硼浓度 300 pcm～500 pcm 再取 C_0 点作倒计数率曲线。

以上便是各类启动达临界情况的总体介绍。必须强调的是，上述选取的具体数值仅为参考机组 BOL 和 EOL 的理论数据，操纵人员在实际操作中切勿生搬硬套，而是需在掌握方法的前提下，结合机组实际参数和工况，进行灵活运用。

3.1.2　无外中子源启动

我国目前的压水堆中，田湾 VVER 机组的启动达临界就是采用的是无外中子源的启动方式。与有源启动相比，无源启动主要有以下几点不同：

（a）有源启动的目的是寻找确切的初始临界点；而无源启动时，是通过连续引入小的正反应性，使反应堆越过初始临界点，以便观察反应堆在超临界后的功率增长过程，并在此增长过程中最后使反应堆在最低可监控功率水平下达到临界状态；

（b）无源启动时，中子计数率倒数外推法只能作为一种辅助的监测手段，反应性仪和反应堆周期测量设备才是主要的监测手段；

（c）在有外源的情况下，强中子源经过次临界增殖，中子探测器可以较早地进入到能有效探测中子的区域，盲区较小；而无外源启动时，自发裂变中子源强度很弱，即使经反应堆次临界增殖，中子探测器的盲区仍然较大，需要采用灵敏度更高的仪表系统。

下面对无外中子源的反应堆启动达临界过程进行简单介绍：

（a）反应堆初始状态：一回路压力在 15.4～16.0 MPa 之间，一回路冷却剂温度在 280～282 ℃之间，控制棒组位置：H1～7 控制棒组 100％提出堆芯，H8～10 控制棒组 5％提出堆芯；

（b）大修后启动，初始硼浓度 16 g H_3BO_3/kg H_2O（1 g H_3BO_3/kg H_2O≈174.83 ppm）；

（c）先将第 8、9 组控制棒提到堆顶，将第 10 组控制棒提升至 60％；

（d）根据经验，设置一个启动区间：如计算得到的临界硼浓度为 $C_{临界,计算}$，则启动区间的硼浓度范围为：（$C_{临界,计算}+1$）～$C_{临界,计算}$；

(e) 启动大流量稀释及搅混，在 $C_B>(C_{临界,计算}+1)$ 时，KBA 转到上充工况，以 11.1 kg/s 的流量进行一回路换水操作；

(f) 根据硼酸浓度取样结果推算出堆芯硼酸浓度接近启动区间时，建议停止一回路换水操作，进行一回路搅混，记录共注入的水量；当稳压器、反应堆、除气器中的硼酸浓度差不大于 0.5 g/kg 时，停止搅混；

(g) 设定 2 kg/s 的小流量稀释及达临界；根据反应堆加速声光信号计数速度增加、反应堆中子功率增加、反应堆周期稳定或减少（最低到 100 s 左右）和反应性的变化来判断临界状态；

(h) 在 NFME 源量程的中子功率达到 $1\times10^{-6}\%N_{nom}$ 时，停止向一回路注清水（主要靠反应性来判断），监视停止稀释后的清水输送滞后效果引起的反应堆功率增加；

(i) 最后通过改变第 10 组控制棒的位置将反应堆功率水平稳定在 $5\times10^{-3}\sim1.0\%N_{nom}$ 范围内。

接下来本节对达临界过程中堆芯反应性状态进行分析。为了便于计算，假设计算的临界硼浓度为 $C_{临界,计算}=7.0$ g H_3BO_3/kg H_2O；记平均硼微分价值 $\alpha_B=2.0\%$/g H_3BO_3/kg H_2O；记 $\beta_{eff}=0.007$；记一回路总水量为 280 t。

初始次临界度：$\rho_0=(16-7)\times2\%=16\ 000$ pcm（约 $22.8\beta_{eff}$）

小流量稀释时的次临界度：$\rho'_0=(8-7)\times2\%=2\ 000$ pcm（约 $2.85\beta_{eff}$）

小流量稀释（2 kg/s）时的平均反应性引入速率。先求出硼浓度从 $C_{临界,计算}+1$ 稀释到 $C_{临界,计算}$ 需要的水量，求出总时间，再用总反应性改变除以时间，得到平均反应性引入速率为：$0.915\times10^{-2}\beta_{eff}$/min（满足正反应性添加速率不超过 $1.0\times10^{-2}\beta_{eff}$/min）

反应堆周期为 100 s 时，堆芯反应性约为：

$$\rho=\frac{\Lambda}{T}+\frac{\beta_{eff}}{1+\lambda T}=0.11\beta_{eff} \tag{3-2}$$

所以，从以 2 kg/s 小流量稀释开始，到反应堆大约有 100 s 的正周期，需要约 $\frac{2.85\beta_{eff}+0.11\beta_{eff}}{0.915\times10^{-2}\beta_{eff}/\text{min}}=323.5\ \text{min}$。其中，从临界状态到

100 s 正周期的时间为 $\dfrac{0.11\beta_{eff}}{0.915\times10^{-2}\beta_{eff}/\text{min}}=12\ \text{min}$。

可见，小流量稀释下，堆芯反应性变化速率较慢，操纵人员有足够的时间根据中子计数率和反应性仪的变化，来判断堆芯的状态。

3.2　启动物理试验的反应性测量

反应堆的启动物理试验是检验堆芯核设计参数是否符合设计准则和安全准则的重要环节。在核电厂中，启动物理试验通常由技术支持部门来负责实施，但具体的反应性操作还是由操纵人员进行。因此，作为一个合格的操纵人员，必须对启动物理试验中的反应性测量原理有清晰的认识，做到知其然而知其所以然，在进行反应性操作时能够心中有预期，杜绝盲目操作。

不同压水堆（如 CPR1000 和 VVER）的启动物理试验的试验目的和基本原理上是一致的，但在具体方法和操作上可能存在一定的差异。本节将先以 CPR1000 机组为例，重点对启动物理试验中与反应性测量有关的基本原理和操作进行详细分析，主要分为 5 个小节：反应性仪原理、临界硼浓度的测量、等温温度系数的测量、稀释法刻棒、交替法刻棒。在本节最后的 3.2.6 节，会对目前我国核电机组积极推广的新型启动物理试验方法（动态刻棒法）进行介绍。

3.2.1　反应性仪原理

电厂数字式反应性仪的一般原理，是根据反应堆核功率测量探测器测得的中子通量密度水平，用数值的方法实时地求解逆点堆中子动力学方程得到反应堆的反应性数值。

根据点堆模型的中子动力学方程：

$$\begin{cases}\dfrac{\mathrm{d}n}{\mathrm{d}t}=\dfrac{\rho-\beta}{\Lambda}\cdot n+\sum\limits_{i=1}^{6}\lambda_iC_i+s\\[2ex]\dfrac{\mathrm{d}C_i}{\mathrm{d}t}=\dfrac{\beta_i}{\Lambda}\cdot n-\lambda_iC_i\quad(i=1,\ 2,\ \cdots,\ 6)\end{cases}\tag{3-3}$$

式中：n ——中子通量密度，n/cm^3；

ρ ——反应性，pcm；

Λ ——瞬发中子平均寿期，s；

β ——缓发中子份额；

β_i ——第 i 组缓发中子份额；

λ_i ——第 i 组缓发中子先驱核衰变常数，1/s；

C_i ——第 i 组缓发中子先驱核浓度，p/cm^3；

s ——中子源强度，$n/(cm^3 \cdot s)$。

根据式（3-2），可以推导得到逆点堆中子动力学方程：

$$\rho = \beta + \frac{\Lambda}{n}\left(\frac{dn}{dt} - \sum_{i=1}^{6}\lambda_i C_i - s\right) \tag{3-4}$$

其中，

$$\sum_{i=1}^{6}\lambda_i C_i = \sum_{i=1}^{6}\left(\frac{\beta_i}{\Lambda}\cdot n - \frac{dC_i}{dt}\right) \tag{3-5}$$

由于中子通量密度与探测器的输出信号是成比例的，因而将探测器的输出经过放大后取样，由已知的初始条件，对上述方程求解，得到反应性数值。

3.2.2 临界硼浓度的测量

在启动物理试验中，会进行多个状态下的临界硼浓度测量，包括 ARO 状态、Rin 状态和 R＋G1in 状态。这里将简单介绍 ARO 状态下临界硼浓度测量的过程，重点对其测量原理进行分析。

ARO 状态下临界硼浓度测量的基本过程如下：

初始条件：

（1）反应堆处于稳定的临界状态，中子通量密度在零功率试验范围之内；

（2）R 棒位于 225^{+0}_{-20}（保证 R 棒在堆内的反应性价值小于 50 pcm），其余棒都在 225 步，所有控制棒均为手动控制模式；

（3）一回路冷却剂温度在 291.4^{+2}_{-1} ℃；

（4）稳压器压力控制处于自动状态。

试验步骤：

（1）连续 3 次测量回路、稳压器中的硼浓度，每次间隔 15 min。判断是否均匀；

（2）通过移动 R 棒调整中子通量密度，维持通量处于一个较低的水平；

（3）快速把 R 棒从目前位置提升到 225 步，通过反应性仪测量 R 棒全提后的堆芯反应性；

（4）回插 R 棒，稳定中子通量密度在物理试验范围的中间位置，调整 R 棒位置，使反应堆处于临界附近；

（5）计算临界硼浓度。

测量原理分析：

回顾整个试验过程，初始条件为临界，测量数据只有两个：一是 R 棒在堆内时的硼浓度 C_{B0}，二是 R 棒在堆内的反应性价值 $\Delta\rho$。

假设堆芯其他条件不变，那么根据反应性平衡可以很简单地得到，ARO 条件下的临界硼浓度 C_{BARO} 满足：

$$(C_{BARO} - C_{B0}) \times |w_B| = \Delta\rho \tag{3-6}$$

式中，$|w_B|$ 为硼微分价值的绝对值。

在实际测量过程中，一回路平均温度 T_{avg} 可能并不等于 ARO 临界状态下的一回路参考温度 T_{ref}，所以在计算时需要进行补偿，式（3-6）变为：

$$(C_{BARO} - C_{B0}) \times |w_B| = \Delta\rho + \alpha_{iso} \times (T_{ref} - T_{avg}) \tag{3-7}$$

式中，α_{iso} 为等温温度系数。

综合起来，ARO 状态下的临界硼浓度计算公式为：

$$C_{BARO} = C_{B0} + \frac{\Delta\rho + \alpha_{iso} \times (T_{ref} - T_{avg})}{|w_B|} \tag{3-8}$$

式中，C_{B0} 由一回路取样直接测得；$\Delta\rho$ 由反应性仪测得；α_{iso} 由堆芯设计文件给出或堆芯物理试验测得；$|w_B|$ 由堆芯设计文件给出；T_{avg} 为试验时的实测温度；T_{ref} 为标准状态下的参考温度。

3.2.3　等温温度系数的测量

与上述临界硼浓度一样，在启动物理试验中，会分别在 ARO 状态、Rin 状态和 R+G1in 状态下进行等温温度系数的测量。本节同样以 ARO 状态下的等温温度系数测量为例，来介绍测量过程，并重点对其测量过程中的反应性变化进行分析。

ARO 状态下等温温度系数测量的基本过程如下：

初始条件：

(1) 反应堆化学容积控制系统（RCV）容控箱水位最高（1.7 m）；如果 RCV 水位下降并触发“低位”报警，停止降温以阻止达到低限；

(2) 两个 RCV 下泄孔板在线；

(3) RCV 无补水操作；

(4) 稳压器的全部加热器投入；

(5) 反应性变化率小于 5 pcm/h。

试验步骤：

(1) 测量开始前：投入一个 RCV 下泄孔板；RCV 补水选择器在“OFF”位置；隔离 RCV 除盐床；如果 RCP 硼浓度不均匀（稳压与一回路硼浓度相差大于 10 ppm），将稳压器水位控制转换到“手动”控制模式；否则将其置于自动控制模式。

(2) 通过移动控制棒调整中子通量密度水平到零功率物理试验范围的低限（等温温度系数 $\alpha_{iso} < 0$）；如果 α_{iso} 接近零时，调整到零功率物理试验范围的中间。

(3) 以通过 GCT 向大气排放的方式建立 4～6 ℃/h 的降温速率，堆芯物理试验工程师检查 T_{avg} 的降温速率；限定 T_{avg} 降低 1 ℃。

(4) 以通过 GCT 向大气排放的方式建立 4～6 ℃/h 的升温速率，堆芯物理试验工程师检查 T_{avg} 的升温速率；限定 T_{avg} 升高 1 ℃。

(5) 在数字反应性仪上，保存测量文件，并进行数据处理。

测量原理分析：

本试验的准备工作均是为了消除测量期间的硼浓度变化干扰。在硼浓度保持不变的条件下，进行降温和升温操作，利用反应性仪记录整个过程，绘制反应性随温度变化的曲线 $\rho = f(T_{avg})$。

由等温温度系数的定义，

$$\alpha_{iso} = \frac{\partial \rho}{\partial T_{avg}} = \frac{\mathrm{d} f(T_{avg})}{\mathrm{d} T_{avg}} \tag{3-9}$$

式（3-9）中偏导数直接取全导数是基于试验过程中反应性仪温度

影响，不受硼浓度干扰的假设。

因此，可以从 $\rho=f(T_{avg})$ 曲线中线性部分的斜率或者随时间的变化情况推断得出等温温度系数 α_{iso} 。图 3-3 为某反应堆反应性随温度变化的曲线。

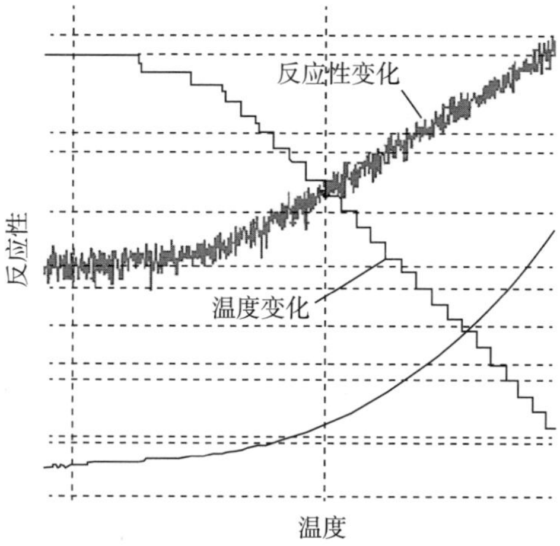

图 3-3　反应性随温度变化的曲线

值得注意的是，最终的测量系数是升温和降温的平均值。如果升/降温过程的等温温度系数之间的差别小于 2 pcm/℃，则试验结果是可接受的，否则重复升/降温过程直到结果满足 2 pcm/℃的标准。

3.2.4　稀释法刻棒

启动物理试验中一项重要的内容就是测量控制棒的微积分价值，使用的方法主要有稀释法（或硼化法）和交替法，接下来本节将一一介绍。

本节先对稀释法进行讨论。在零功率物理试验中，会使用稀释法分别测量 R 棒微积分价值、G1 棒微积分价值和功率调节棒从堆顶到零功率棒位之间的价值。这里本节还是以稀释法测量 R 棒微积分价值为例，对稀释法的过程和原理进行介绍。

初始条件：

(1) 反应堆处于稳定的临界状态，中子通量密度水平在零功率试验范围之内；

（2）R 棒位于 225^{+0}_{-20} 步（保证 R 棒在堆内的反应性价值小于 50 pcm），其余棒都在 225 步，所有控制棒均在手动控制模式；

（3）一回路冷却剂温度在 291.4^{+2}_{-1} ℃；

（4）稳压器压力控制处于自动状态。

试验过程：

（1）通过移动 R 棒调整中子通量密度，使处于一个较低的水平。

（2）快速把 R 棒从目前位置提升到 225 步，测量 R 棒的末端价值。

（3）回插 R 棒，稳定中子通量密度在物理试验范围的中间位置。调整 R 棒到上一步骤提棒前的位置，使反应堆处于临界附近。

（4）测量主回路、稳压器硼浓度，并要求每 15 min 记录硼表数值、每 0.5 h 进行主回路硼浓度采样测量。

（5）以一个均匀的稀释速率开始稀释，反应性引入速率约 500 pcm/h，稀释速率由物理试验人员提供。

（6）稀释过程中，通过下插 R 棒，来抵消由于稀释引入的正反应性。下插 R 棒要一步到位。反应性控制在±50 pcm 以内。

（7）当 R 棒插到 5 步后，停止稀释。利用 SB 棒稳定机组并调整通量水平。

测量原理分析：

初始时堆芯处于临界状态，本试验的前 3 步与前面关于等温温度系数的测量是一致的，目的是利用反应性仪来测得 R 棒末端在堆芯内的反应性价值 $\Delta\rho_0$。

随后，进行持续性的稀释，堆芯反应性不断上升，下插 R 棒来平衡堆芯反应性。通常的做法是，当反应性仪显示的堆芯正反应性达到 30 pcm 左右时，快速下插控制棒使堆芯反应性降低到－30 pcm 左右。直到 R 棒下插到 5 步。记录每一次 R 棒下插的步数 n_i 。

反应性仪输出的部分数据记录如图 3-4 所示。

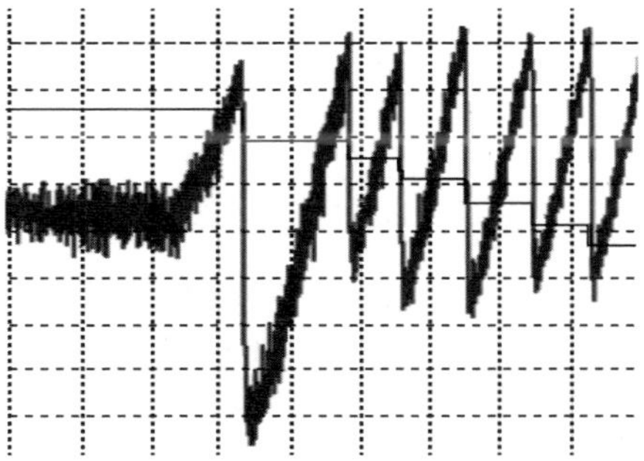

图 3-4　反应性仪表输出数据

根据反应性仪输出的图纸，可以测量得出每一段 R 棒下插引入的反应性 $\Delta\rho_i$，那么，R 棒的积分价值为：$\rho_R = \Delta\rho_0 + \sum \Delta\rho_i$，各段的微分价值为：$w_i = \frac{\Delta\rho_i}{n_i}$。

3.2.5　交替法刻棒

本节对控制棒价值测量中的交替法进行讨论。交替法的基本原理是根据已知价值的控制棒来比照未知价值的控制棒，进行控制棒积分价值的测量。相比稀释法，其避免了换水的工作量和等待时间。在零功率物理试验中，会先使用稀释法测量 R 棒的微积分价值，然后以此为基准，分别对 SA、SB、SC、SD、G1、G2、N1、N2 和 D12＋M12 棒束的积分价值进行测量。这里本节还是以交替法测量 SD 棒积分价值为例，对交替法的过程和原理进行介绍。

初始条件：

（1）反应堆处于稳定的临界状态，中子通量密度水平在零功率试验范围之内；

（2）一回路冷却剂温度在 291.4^{+2}_{-1} ℃；

（3）稳压器压力、水位控制处于自动状态。

试验过程：

（1）通过移动 R 棒调整中子通量密度水平，使处于零功率物理范围上限位置。

（2）下插 SD 棒，上提 R 棒以维持临界，并调整中子通量密度水平。直到，SD 棒插入到 5 步，R 棒停留在堆内某一位置。

（3）如果在堆内 R 棒价值小于 50 pcm，直接执行下一步操作。如果堆内 R 棒价值大于 50 pcm，执行硼化，并提出 R 棒，直到 R 棒在堆内价值小于 50 pcm。

（4）利用 R 棒维持临界，如果 R 棒已经 225 步，则可以提升 SD 棒维持临界。

（5）如果 R 棒在堆内价值小于 50 pcm，快速提升 R 到 225 步；如果 SD 大于 5 步，则需要快速下插 SD 到 5 步。测量堆芯反应性，此价值记为 $\Delta\rho_1$。

（6）使 SD 棒处于 225 步，R 棒在堆内某一位置并维持临界，此时 R 棒在堆内的价值记为 $\Delta\rho_2$。如果堆芯反应性不为零，记为 $\Delta\rho_3$

（7）计算 SD 棒积分价值。

测量原理分析：

由于零功率物理试验的先后顺序，本试验前的状态是 R 棒在反应堆下部或堆底而 SD 棒在堆顶。上述试验步骤的前 4 步，主要目的是将 R 棒提到堆芯上部（堆内价值小于 50 pcm）且 SD 棒基本在堆底的状态，以便于后续测量步骤的开展，与交替法的主要测量原理无关。

交替法的主要步骤是第（5）步和第（6）步，分别对应下列两个状态：

状态一：R 棒在 225 步，SD 棒在 5 步，堆芯反应性为 $\Delta\rho_1$；

状态二：R 棒在×处，堆内价值为 $\Delta\rho_2$；SD 棒在 225 步处；堆芯反应性为 $\Delta\rho_3$。

对比两个状态，根据反应性平衡：

$$-\Delta\rho_2+\Delta\rho_{SD}=\Delta\rho_3-\Delta\rho_1 \tag{3-10}$$

R 棒引入的负反应性＋SD 棒引入的正反应性＝堆芯反应性变化 （3-11）

所以，SD 棒的积分价值为：

$$\Delta\rho_{SD}=\Delta\rho_2+\Delta\rho_3-\Delta\rho_1 \tag{3-12}$$

3.2.6 新型启动物理试验方法介绍

传统启动物理试验中的调硼法和换棒法，由于需要换水或交替提升/下插控制棒，通常耗时较长而且会产生大量的废水。近年来，一种新型的不采用调硼来进行控制棒价值测量的动态刻棒方法（DRWM）逐步发展起来。动态刻棒方法仅通过控制棒快速动作来实现棒价值的测量，大大缩短了启动物理试验时间，且不会产生废水。基于这些优点，目前国内各核电机组均在积极推广使用动态刻棒的新型启动物理试验。下面对动态刻棒方法的由来、基本原理和具体操作进行简单介绍。

1989 年，Glumac 和 Skraba 介绍了一种通过快速插棒同时使用静态计算数据对探测器信号进行空间修正的棒价值测量方法。随后，西屋公司开发了动态棒价值测量方法，并在 1992 年报告了试验结果。之后，DRWM 成为一种成熟的技术在美国很多核电厂得到应用。目前，我国在动态刻棒方法领域的自主研究也较为成熟。秦山第二核电厂 1 号机组第 12 次换料后的启动试验中首次成功应用了我国自主研发的动态刻棒技术；中广核集团研发的反应性仪和动态刻棒技术也在阳江核电厂 3 号机组的首次物理试验上完成了验证，打破了国外同类产品的垄断。

动态刻棒方法的基本原理为：

传统的控制棒价值测量方法基于点堆中子动力学方程。受限于点堆方程本身的近似，堆芯中子通量密度变化不能太快，这是传统棒价值测量方法耗时长的根本原因。动态刻棒通过引入了静态修正因子（SSF）和动态修正因子（DSF）使得棒价值测量可以快速进行。修正因子通过软件模拟启动物理试验过程获得。

静态修正因子是棒位 z 的函数，表征堆芯中子通量密度分布形状与探测器响应之间的对应关系：

$$\mathrm{SSF}(z)=\frac{\text{稳态下棒位为 } z \text{ 时堆外探测器响应}}{\text{棒全提时堆外探测器响应}} \tag{3-13}$$

动态修正因子是棒位 z 和落棒速度 V 的函数，表征的是静态棒价值和逆动态方程求解获得的反应性之间的对应关系：

$$\mathrm{DSF}(z)=\frac{\text{理论棒价值}}{\text{使用修正后的堆外探测器信号求解逆动态方程获得的棒价值}} \tag{3-14}$$

启动物理试验测量棒价值时，首先使用静态修正因子对探测器信号进行修正，将修正后的信号放入逆动态方程中进行求解得到反应性；利用动态修正因子对反应性进行修正获得最终的棒价值。

由于动态刻棒方法在试验过程中引入了理论计算值，获得的测量棒价值和实际棒价值会存在一定的差异，但该方法兼具合理性与保守性，可用于启动物理试验并采用和传统方法相同的验收准则。合理性是指当理论计算没有偏差时，动态刻棒方法获得的测量值会等于实际棒价值。保守性指的是当理论计算存在偏差时，设计值与测量值之间的偏差会大于设计值与真实值之间的偏差。

动态刻棒方法的试验过程如下：

(1) 初始反应堆临界，插入堆芯的控制棒总价值约 6×10^{-4} pcm，堆芯稳定。

(2) 控制棒全提，引入约 6×10^{-4} pcm 的正反应性，堆芯中子通量密度水平上升，接近零功率物理试验的中子通量密度上限。

(3) 待测控制棒以最大许可速度插入堆芯，堆外探测器记录电流变化；先进反应性仪利用事先计算的 SSF 和 DSF 这 2 个因子修正电流信号得到控制棒的积分和微分价值。

(4) 待测控制棒插入堆底后再以最大许可速度提出堆芯，直至堆芯中子通量密度水平再次接近零功率物理试验的中子通量密度。

(5) 重复第 (3) 步测量下一组棒的价值。

(6) 所有控制棒价值测量完成后，控制棒略插入堆芯，稳定堆芯中子通量密度水平，再回到第 (1) 步。

从以上试验过程可以看出，动态刻棒方法具有快速、无需调硼、试验过程简单等优点，可以将大修启动期间的整个控制棒价值测量时间缩短到 2 h 左右，大大节省了大修工期，具有较高的经济价值。

3.3 氙振荡与轴向功率偏差 (ΔI) 控制

氙振荡和 ΔI 控制是操纵人员实际运行中较难掌握的一个问题。从各电厂反馈的运行事件来看，由于氙振荡引起 ΔI 超出运行带的相关事件时有发生。这些事件的原因主要在于操纵人员技能本身，操纵人员对运行区边界和反应堆的控制原则缺乏了解，尤其是在寿期末。因此，深入地、系统地了解反应堆在各种暂态和稳态工况下的物理特性，清楚各安全限值的含义和保护目的，是熟练和精细地操作反应堆安全运行所必备的知识。

不同压水堆的 ΔI 控制具有一定差异，例如 CPR1000 机组采用的是由欧美引进的 ΔI 运行梯形图控制方法，VVER 机组采用由俄罗斯引进的“AO-AO* 图”控制方法，它们在方法描述和控制逻辑上有所不同，但其深层次的反应性基本原理和总体思路是一致的。本节将以 CPR1000 型压水堆为例，对反应堆实际运行中的 ΔI 控制进行讨论。与 3.1 节相似，本节内容将先对 CPR1000 机组的 ΔI 控制进行分析，分为 5 个部分：氙振荡的基本原理和 ΔI 运行梯形图介绍、影响堆芯 ΔI 的因素分析、常用的 ΔI 控制手段、各工况下的 ΔI 控制特点和典型案例讨论。

3.3.1　氙振荡和 ΔI 运行梯形图介绍

在大型反应堆堆芯中，即使堆芯总功率不变，由于控制棒移动、慢化剂密度或燃料温度分布变化等因素，局部区域内中子通量密度的变化会引起局部区域 ^{135}Xe 浓度和局部区域 k_{eff} 的变化。如果与氙碘衰变的时间常数相比，堆芯内功率分布漂移速度较快时，这种功率分布漂移就可能引起振荡。

氙振荡引起的功率振荡包括轴向功率振荡和径向功率振荡。对于轴向功率振荡，由于氙振荡的周期较长，一般是 15～30 h，即局部功率密度变化速率或反应性变化速率并不大，反应堆中的控制棒组完全有能力抑制由于氙浓度变化引起的局部反应性变化，进而抑制氙振荡的发生。对于径向功率振荡，压水堆堆芯在设计时已经保证了径向氙振荡是稳定的，振荡是收敛的，且收敛速度较快。考虑到反应堆的负温度反馈特性，实际的氙振荡振幅还会变小。如果出现径向氙振荡，也可以采取措施（如使慢化剂温度系数变得更负），来增加堆芯的固有稳定性。因此，在实际反应堆运行中，操纵人员只需关注由氙振荡引起的轴向功率分布漂移。

关于轴向氙振荡的机理，在各种反应堆物理教材中均已详细说明，这里不再赘述，仅给出氙振荡机理的示意图（图 3-5）。

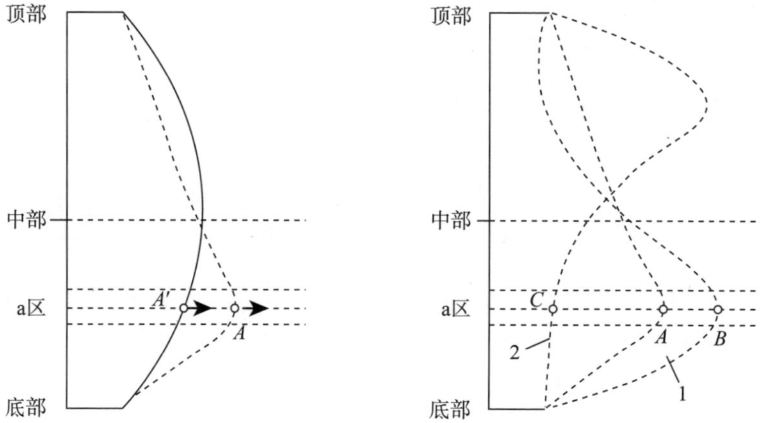

A′—未产生氙振荡时a区的氙浓度；
A—开始产生氙振荡是a区的氙浓度

BA的下一时刻由于中子通量密度下降导致氙浓度升高；
CB的下一时刻由于中子俘获导致的氙浓度下降

(a) 开始产生氙震荡　　(b) 氙振荡发展

图 3-5　氙振荡机理的示意图

运行梯形图表示轴向功率偏差的允许值与相对堆功率的关系。有两类梯形图：一种为正常运行图，源于对工况的安全分析，是操纵人员控制反应堆的主要依据；另一种为超功率保护图，源于对工况的安全分析，是反应堆保护系统设计的依据之一。这里讨论的梯形图指的是正常运行图。

在介绍正常运行梯形图之前，首先认识几个重要的物理概念。

（1）热点因子（F_q）：

堆芯最大线功率密度 $q_{l,max}$ 与堆芯平均线功率密度 $\bar{q}_l$ 之比。

$$F_q = \frac{q_{l,max}}{\bar{q}_l} \tag{3-15}$$

堆芯平均线功率密度 $\bar{q}_l$ 又等于堆芯额定功率运行时的平均线功率密度 $\bar{q}_{av,l}$(约 186 W/cm) 与相对堆功率 P_r 的乘积。式（3-15）可以变换为：

$$F_{q,max} = \frac{q'_{l,max}}{186 \times P_r} = \frac{K}{P_r} \quad （其中\ K = \frac{q'_{l,max}}{186}） \tag{3-16}$$

F_q 是一个不可测的量，为了适应堆功率轴向分布监控的需要，可以通过有效测量的中间量——轴向功率偏差和相对功率水平来监测。这一点将在后面介绍斑点图的时候详细说明。

（2）轴向功率偏移（AO）：

堆芯上部功率 P_H 和堆芯下部功率 P_B 之差与堆芯实际功率（P_H+P_B）之比。

$$AO=\frac{P_H-P_B}{P_H+P_B} \tag{3-17}$$

轴向功率偏移 AO 是轴向功率分布的形状因子，是一个相对量，它不能精确反映燃料所受热应力的情况。对于不同功率水平，尽管 AO 相同，但堆芯上、下部功率水平不同，燃料所处的热应力和机械应力是不同的。

例如：设 $P_H=40\%P_N$（P_N 为额定功率）；$P_B=60\%P_N$，则：

$$AO=\frac{P_H-P_B}{P_H+P_B}=\frac{40-60}{40+60}=-20\% \tag{3-18}$$

再设：$P_H=20\%P_N$，$P_B=30\%P_N$，则：

$$AO=\frac{P_H-P_B}{P_H+P_B}=\frac{20-30}{20+30}=-20\% \tag{3-19}$$

可见两种不同功率水平 AO 值是相同的，但堆芯上、下部功率相差较大。所以还必须引进一个量，以便在一个共同基准下进行比较和反映出轴向功率不对称分布的情况，这就是 ΔI。

（3）轴向功率偏差（ΔI）：

堆芯上部功率 P_H 和堆芯下部功率 P_B 之差与堆芯额定功率 P_N 之比。

$$\Delta I=\frac{P_H-P_B}{P_N} \tag{3-20}$$

相比 AO，轴向功率偏差 ΔI 可以理解成上下部功率差值的绝对量，例如上述两个例子中，对应的 ΔI 分别为：

$$\Delta I_1=\frac{P_H-P_B}{P_N}=\frac{40-60}{100}=-20\% \tag{3-21}$$

$$\Delta I_2=\frac{P_H-P_B}{P_N}=\frac{20-30}{100}=-10\% \tag{3-22}$$

显然，$\Delta I = \mathrm{AO} \cdot \frac{P_H + P_B}{P_N} = \mathrm{AO} \cdot P_r$（$P_r$ 为相对堆功率），因此，在正常功率运行范围内，$0 \leqslant P_r \leqslant 1$，有 $\Delta I \leqslant \mathrm{AO}$；当堆芯发生超功率等危险工况时，$P_r > 1$。

AO 及 ΔI 都是用来描述轴向功率形状的物理量，当 AO 或 ΔI 为正值时，表明轴向功率形状的峰值出现在堆芯上部，或可以认为功率“鼓包”在上部；当 AO 或 ΔI 为负值时，表明轴向功率形状的峰值出现在堆芯下部，或可以认为功率“鼓包”在下部；当 AO 或 ΔI 为零时，表明上、下部功率相等。用 AO 及 ΔI 来描述轴向功率形状，是一种很简单、直观的方法，在反应堆的控制中使用起来也很方便。但 AO 及 ΔI 与轴向功率形状并不是一一对应的关系，即对某一个 AO 和 ΔI 值，从理论上来说可以对应不同的轴向功率形状。

（4）偏离泡核沸腾比（DNBR）：

DNBR 为临界热流密度与该点在相同的热工水力条件下实际热流密度之比。

$$\mathrm{DNBR} = \frac{\text{临界热流密度}}{\text{实际热流密度}} \tag{3-23}$$

（5）反应堆功率限制考虑的准则：

堆芯熔化准则：考虑不确定性裕量，测量误差等因素，燃料芯块中心温度限值为 2 590 ℃，对应的峰值线功率密度为 620 W/cm。

临界热流密度准则：全统计法得出的 DNBR>1.35。

失水事故（LOCA）准则：失水事故时，燃料包壳最高限值温度为 1 204 ℃，对应的线功率密度限值约为 456 W/cm。（上述数据可能因电厂不同而存在一定差异）

（6）F_q-AO 斑点图：

由于用轴向功率分布 AO 对堆芯最大线功率密度（热点因子 F_q）有直接影响。为了防止堆芯熔化，必须遵守上述 3 项准则，确立 AO 和 F_q 之间的关系。对于一个给定的 AO，只要反应堆是运行在一类或二类工况，各种可能的棒位、硼浓度、燃耗、负荷变化给出大量的运行状态点（取 40 000 个点计算），根据这些状态点来确定一条包络线。热点因子总是小于或等于包络线所给定的极限，如果超越这条包络线堆芯性能就要恶化。这种方法确定出的包络线和所有运行状态点所组成的图形，就是所谓的斑点图，如图 3-6a 所示。

这样，可以通过模拟试验和大量计算，得到 F_q − AO 的关系为：

$$\begin{cases} F_q = 2.75 & -18\% < \text{AO} < +14\% \\ F_q = -0.0376\,\text{AO} + 2.08 & \text{AO} < -18\% \\ F_q = 0.0376\,\text{AO} + 2.23 & \text{AO} > +14\% \end{cases} \tag{3-24}$$

为了实际应用，需将 AO 和 F_q 之间的关系，转换成 P_r 和 ΔI 关系式，利用：

$$F_{q,\max} = \frac{K}{P_r} \text{ 和 } \Delta I = P_r \cdot \text{AO} \tag{3-25}$$

可以得到 P_r 和 ΔI 的包络线方程：

$$\begin{cases} P_r = K/2.75 & -\dfrac{K}{2.76} \times 0.18 < \Delta I < \dfrac{K}{2.76} \times 0.14 \\ P_r = 0.0181\,\Delta I + K/2.08 & \Delta I < -\dfrac{K}{2.76} \times 0.18 \\ P_r = -0.0169\,\Delta I + K/2.23 & \Delta I > \dfrac{K}{2.76} \times 0.14 \end{cases} \tag{3-26}$$

按照热工设计准则确立的最大线功率密度来确定 K，并代入式 (3-26)，就得到若干限制线，再加上物理极限线，就得到运行梯形图，如图 3-6b 所示。

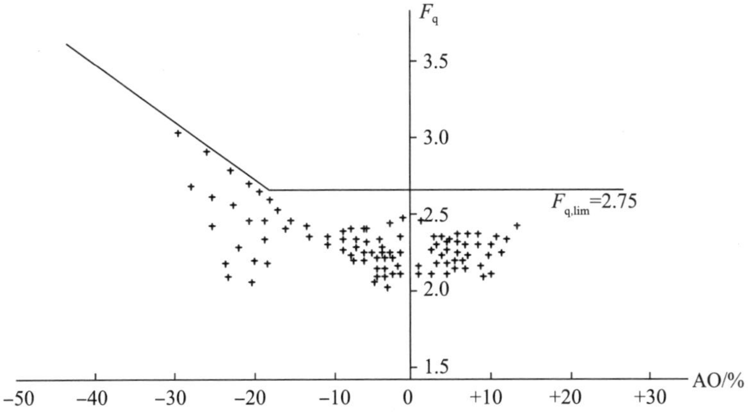

（a）F_q-AO斑点图

图 3-6　斑点图向运行梯形图的转化

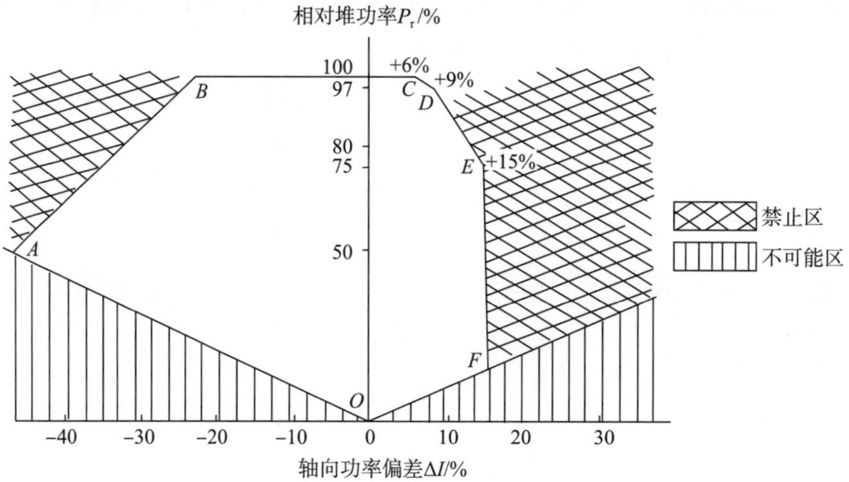

（b）梯形图

图 3-6　斑点图向运行梯形图的转化（续）

当然，梯形图在应用时还要进一步进行区域划分，区域是由内部限制线划分的，这里不再详细描述。

3.3.2　影响 ΔI 控制的因素分析

在反应堆中，影响轴向功率分布的因素有：慢化剂温度效应、燃耗、氙效应、控制棒位、硼浓度。接下来将对轴向功率分布的各个影响因素进行逐一分析。图 3-7 为轴向功率分布示意图。

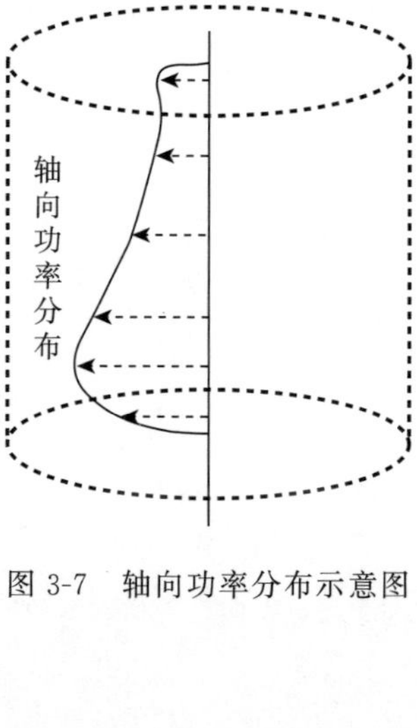

图 3-7　轴向功率分布示意图

（1）慢化剂温度效应对 ΔI 的影响

举首循环的例子来看，在寿期初、热态零功率、控制棒全抽出时，由于是新燃料，沿轴向高度燃耗均为零，因而没有燃耗的影响；又由于是热态零功率状态，此时也没有氙毒；再加上控制棒全抽出，因而只剩下慢化剂温度变化对轴向功率形状产生影响。

在零功率时，入口和出口温度相等，沿轴向高度慢化剂温度是均匀分布的，因而轴向功率形状是一个标准的截断余弦分布，堆芯上、下部的功率低是因为中子泄漏，此时 AO 和 ΔI 等于零。

当功率升至满功率状态，由于堆芯入口、出口及平均温度都是随着功率线性变化的，此时出口温度要比入口温度高得多。由于慢化剂温度的负反馈效应，即负的慢化剂温度系数，将导致出口即堆芯上部的相对功率下降，相应的入口即堆芯下部的相对功率上升，使 AO 为负值。

可见，慢化剂温度变化对轴向功率形状的影响是：当功率上升时，它将使 AO 往负向变化；相反的，当功率下降时，它将使 AO 往正向发展。从计算结果来看，首循环寿期初满功率（BOL、HFP、ARO）的 AO 负值较大，说明慢化剂温度变化对轴向功率形状有较大的影响。

在某个循环寿期内，随着堆芯平均燃耗的逐渐增加，堆芯临界硼浓度下降，慢化剂温度系数将变得越来越负，因而慢化剂温度变化对轴向功率形状的影响作用将加大，即寿期末作用将比寿期初大得多。

（2）燃耗对 ΔI 的影响

随着燃耗的增加，ΔI 逐渐向正的方向偏移。不论是轴向燃耗分布还是径向燃耗分布，燃耗对功率分布都存在一种“自抑制”功能，即当某处的功率高时，燃耗加深的幅度也大，相对较大的燃耗将使该处的相对功率趋向降低；相反的，当某处的功率较低时，燃耗加深的幅度也小，相对较小的燃耗将使该处的相对功率趋向升高。燃耗的这种“自抑制”功能将展平堆芯功率分布，从而也会展平燃耗分布。轴向燃耗分布对功率的这种抑制作用，仍举首循环的例子，比较寿期初、寿期中和寿期末 3 个满功率状态，可见，随着燃耗增加，相对功率的峰值降低，堆芯上、下部的相对功率增加，轴向功率分布被展平，而 AO

也从寿期初很负的值向正向发展，如图 3-8 所示。

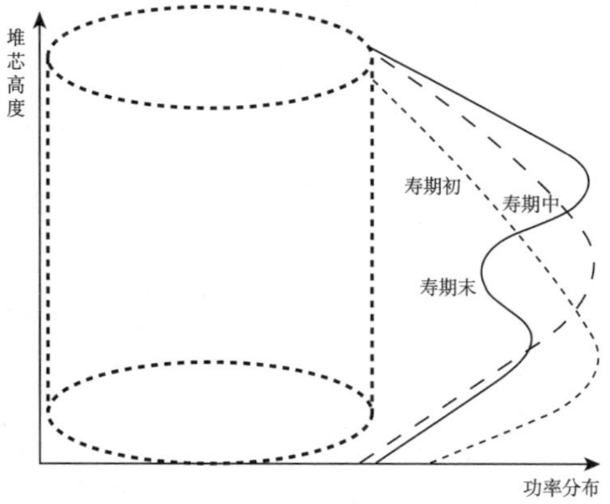

图 3-8　寿期内不同阶段堆芯功率分布图

上面分析了燃耗增加对功率的抑制作用，但在某个具体时刻，对应其特定的轴向燃耗分布，其影响为：当堆芯下部燃耗比上部燃耗浅时，下部的燃料反应性就会比上部高，导致堆芯下部的功率比上部高，由燃耗产生的影响是使 AO 为负；相反的，当堆芯上部燃耗比下部浅时，上部燃料的反应性就会比下部高，导致堆芯上部的功率比下部高，由燃耗产生的影响使 AO 为正。

反映该种现象最典型的例子是在第二循环寿期初，由于在首循环内，AO 在寿期初较负，在寿期末存在双峰，即在整个寿期内，轴向功率分布的“鼓包”都会在堆芯下部出现，这导致在首循环寿期末堆芯下部燃耗比上部要深得多。在第二循环寿期初，由于 1/3 换料使 2/3 的组件从第一循环移过来继续使用，该种轴向燃耗分布特点被保留，故燃耗产生的影响使 AO 偏正。

值得注意的是，在第一循环寿期末，虽然堆芯下部燃耗比上部深得多，但 AO 仍是负值；相反，在第二循环寿期初，尽管只有 2/3 的燃耗过组件被继续使用，另外 1/3 被新组件替换，由于新组件无燃耗，使得从整个堆芯的角度来看，堆芯下部燃耗比上部深的幅度比起第一循环寿期末免有所下降，但 AO 却是正值。产生该种现象是由于在前文中已讲到的慢化剂温度系数的影响。在第一循环寿期末，由于慢化剂负温度系数绝对值很大，慢化剂温度变化效应抑制了燃耗分布效应，使得 AO 为负；在第二循环寿期初，由于慢化剂负温度系数绝对值较小，尽管堆芯下部燃耗比上部深的幅度比起第一循环寿期末来有所下降，但燃耗效应仍然抑制了慢化剂温度变化效应，使得 AO 为较大的正值。

（3）氙效应对 ΔI 的影响

氙效应对轴向功率分布的影响因具体工况的不同而不同。

例如，反应堆长时间停堆后从零功率升到满功率，堆芯从无氙到平衡氙，由于氙浓度与该处的中子通量密度正相关，所以堆芯内轴向功率相对较高的地方氙毒累积也多，轴向功率较低的地方氙毒累积也少。这种特性在一定程度上有利于轴向功率分布的展平。从 ΔI 的角度来看，若无氙时堆芯轴向功率峰在下部，氙毒的累积会使 ΔI 向正方向变化；若无氙时堆芯轴向功率峰在上部，氙毒的累积会使 ΔI 向负方向变化。

对于反应堆内已达到氙平衡，由于扰动引起氙毒分布变化的情况，可能导致轴向氙振荡。例如，控制棒插入使轴向功率峰向堆芯下部移动时，假设堆芯总的功率水平不变，但在堆芯下部，由于轴向功率峰向堆芯下部移动，使堆芯下部相对功率密度提高，氙毒将首先趋向减少，使功率密度更趋增大；而在堆芯上部，相对功率密度减少，氙毒将首先趋向增大，使功率密度更趋下降。但当堆芯下部氙毒减少到最小值再逐渐增大，同时堆芯上部氙毒增大到最大值再逐渐减少，此时堆芯上部功率降低到最小值，而堆芯下部功率增加到最大值，然后，堆芯功率将反向变化，即下部功率密度不断减少，而氙毒不断增大，使下部功率密度更趋减少；上部功率密度不断增大，而氙毒不断减少，使上部功率密度更趋增大。从而，形成了轴向氙振荡，也导致轴向功率形状振荡和 AO 振荡。

当功率从满功率或某个高功率水平降至某个低功率水平并保持该功率水平运行后，由于慢化剂温度变化的影响，将使轴向功率形状的峰值向堆芯上部移动，即使 AO 向正向发展，这种降功率前后的轴向功率形状的改变同样如上所述会产生轴向氙振荡，并进而引起轴向功率形状振荡，使 AO 振荡。

总结一句，当轴向氙振荡产生时，它将使轴向功率形状产生振荡，并使 AO 振荡。氙振荡是导致 ΔI 变化的最主要不确定因素。关于氙振荡，有以下两点基本的结论：

（a）随着燃耗加深，氙振荡能力趋于加强；

（b）随着功率下降，轴向氙振荡能力也下降。

（4）控制棒位对 ΔI 的影响

关于控制棒对轴向功率分布的影响，这里只讨论正常运行中可能会用于调节的 R 棒和 G 棒，不考虑停堆棒对轴向功率分布的影响。图 3-9 给出了控制棒位对 ΔI 的影响。

对于 R 棒和 G 棒对的影响，有以下结论：

（a）R 棒：插入越深 ΔI 越负；

（b）G 棒：全抽出状态下棒刚插入时其价值在上部，使 ΔI 向负变化；当棒插过中平面开始向堆芯下部引入其负反应性时，ΔI 开始向正变化，其微分价值非线性变化。

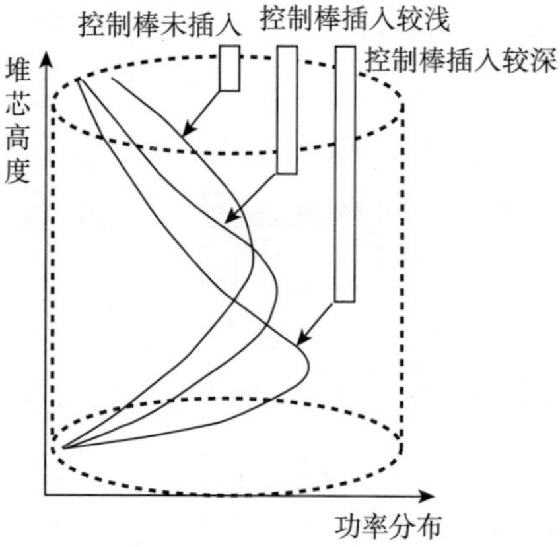

图 3-9　控制棒位对 ΔI 的影响

（5）硼浓度对 ΔI 的影响

关于硼浓度对轴向功率分布的影响，基本可以认为：稀释使 ΔI 向负的方向偏移；硼化使 ΔI 向正的方向偏移。

从慢化剂温度系数和堆芯温度分布考虑：正常功率运行时，从堆芯底部到堆芯顶部温度逐渐升高，并且堆芯入口温度随着功率改变的变化不大。稀释和硼化时，堆芯上部温度的改变要大于堆芯下部温度的改变，从而引入反应性的大小（绝对值）改变大于下部。稀释时，堆芯温度升高，堆芯上部温度变化比堆芯下部大，因此堆芯上部引入的负反应性比堆芯下部多，从而堆芯上部功率上升幅度要小于堆芯下部，使得稀释过程中，ΔI 向负的方向偏移；硼化时，堆芯温度降低，堆芯上部温度变化比堆芯下部大，因此堆芯上部引入的正反应性比堆芯下部多，从而堆芯上部功率下降幅度要小于堆芯下部，使得硼化过程中，ΔI 向正的方向偏移。

从硼的价值方面考虑：由于堆芯下部慢化剂温度低于上部慢化剂温度，因而堆芯下部硼的价值要大于堆芯上部硼的价值，即在相同硼浓度变化的情况下，堆芯下部引起的反应性变化要大于堆芯上部所引起的反应性变化（绝对值），从而所引起的堆芯下部功率变化要大于堆芯上部的功率变化。稀释时，堆芯下部功率上升速率及幅度要大于堆芯上部，从而使得稀释过程中，ΔI 向负的方向偏移；硼化时，堆芯下部功率下降速率及幅度要大于堆芯上部，从而使得硼化过程中，ΔI 向正的方向偏移。

3.3.3　常用 ΔI 的控制方法

经过上一小节的分析，我们可以列举出常用的 ΔI 控制方法：

（1）提插 R 棒；

（2）提插 G 棒；

（3）硼化、稀释；

（4）增加电功率、减少电功率（即调整平均温度）。

表 3-2 列举了各种方法的作用和局限：

表 3-2　4 种控制方法的作用和局限性

控制方法	调 R 棒	调 G 棒	调硼	调 T_{avg}
作用	插棒 ΔI 向负	随 G 棒在堆内位置变化	稀释 ΔI 向负	升温 ΔI 向负
	提棒 ΔI 向正		硼化 ΔI 向正	降温 ΔI 向正

续 表

控制方法	调 R 棒	调 G 棒	调硼	调 T_{avg}
局限性	R 棒受到 225 步和 LOW-LOW 位置的限制；寿期末难以通过稀释使 R 棒下插	棒位不能低于刻度棒位；G 棒在堆内时间受到限制（12 h）	ΔI 的变化较缓慢；寿期末稀释能力受限	升/降功率幅度受限

从表 3-2 可以看出，各种 ΔI 控制方法均存在一定的局限性。正是这些局限性的存在，才造成了 ΔI 控制中的矛盾与困难，主要体现在：

(a) 规定时间内抽出功率棒与 ΔI 控制的矛盾：

12 h 内将 G 棒全部抽出堆芯，加强氙振荡，使得 G 棒未抽出或抽出后稳定时间不够长（6 h）的情况下超出 I 区右边界。

(b) 温度调节棒位限制与 ΔI 控制的矛盾

下插 R 棒或上提 R 棒能调节的 ΔI 量有限。

(c) 寿期末硼稀释能力不足与 ΔI 控制的矛盾

寿期末，硼浓度已经降至很低，为了控制 ΔI 而需通过稀释硼化来移动 R 棒以控制 ΔI，受制于加水速率和产生的大量废水的问题，通过硼稀释插 R 棒来及时跟踪氙振荡变得困难。

在下一节的讨论中，将结合实际工况，对上述困难进行分析。

3.3.4 机组在各种工况下 ΔI 的控制特点

本节将讨论 CPR1000 机组在降功率和升功率两种工况下 ΔI 的变化趋势和控制特点。

(1) 满功率运行一段时间后降功率

通常可以将降功率分为：硼化降功率和插棒降功率，下面分别讨论之。

①硼化降功率

为了便于分析讨论，我们将降功率的过程分成两个阶段：降功率阶段和降功率后的低功率运行阶段。

在降功率阶段，影响 ΔI 的因素包括：慢化剂温度效应、氙毒和硼的价值。

从慢化剂温度效应的角度分析，堆芯上部慢化剂温度下降，慢化能力增大，堆芯上部热中子通量密度相对于堆芯下部增大，芯功率逐渐向堆芯上部偏移，使 ΔI 向正偏移。

从氙毒的角度分析，降功率过程中，下部功率下降幅度及速率均比上部要大，使得堆芯下部氙毒的增加要大于上部，也会使 ΔI 向正偏移。

从硼价值的角度分析，硼化降功率时，由于堆芯下部硼的价值要大于堆芯上部硼的价值，堆芯下部功率下降速率及幅度要大于堆芯上部，使得降功率过程中，ΔI 向正偏移。

综合上述 3 种因素，硼化降功率阶段，ΔI 向正偏移。

在降功率阶段，推荐的 ΔI 控制措施为：

(a) 降功率前运行点置于偏左运行参考线（ΔI_{ref2}）附近；

(b) 降功率前 R 棒置于较高的位置；

(c) 在降功率过程中，适当插 R 棒，使运行点控制在 $\Delta I_{ref2}\pm3\%$，减少上下部氙变化的不一致；

(d) 在降功率过程中，考虑 R 棒下插及氙毒的反应性，控制硼化量，降低硼价值方面的影响；

(e) 在降功率过程中，可通过将堆芯温度维持稍高于整定温度（过热一点）来辅助 ΔI 的控制，以降低因慢化剂温度下降造成的效应；

(f) 在降功率时，速率应尽量慢一些（<5 MW/min），以减少氙毒的累积，从而有助于 ΔI 的控制。

在硼化降功率后的低功率运行阶段，影响 ΔI 的因素主要为氙毒变化。在涨毒过程下部功率降低大于上部功率的降低，使得 ΔI 向正的方向偏移；在解毒过程下部功率增加大于上部功率的增加，使得 ΔI 向负的方向偏移。

在低功率运行阶段，推荐的 ΔI 控制措施为：

(a) 涨毒过程稀释：下部涨毒快且幅度大，上部涨毒慢且幅度小，使下部功率增加小于上部功率的增加，利用稀释平衡反应性及稳

定 ΔI。

（b）解毒过程硼化：下部解毒快且幅度大，上部解毒慢且幅度小，使下部功率增加大于上部功率的增加，利用硼化平衡反应性来稳定 ΔI。

值得注意的是，此阶段不适合利用 R 棒进行 ΔI 控制：解毒过程 ΔI 向左，回提 R 棒，与反应性控制矛盾；涨毒过程 ΔI 向右，下插 R 棒，与反应性控制矛盾。

②插棒降功率

同上，将插棒降功率的过程也分为两个阶段：降功率阶段和降功率后的低功率运行阶段。

图 3-10 示出了通过插 G 棒来降功率引起 ΔI 的变化，其总的趋势是使 ΔI 向左偏移，这对降功率过程中 ΔI 的控制来说是容易的。但是这种方法也会存在一些问题：首先，在规定的时间内将 G 棒提出堆芯来说是困难的，特别是 G 棒插入较深的情况；其次，G 棒的插入使堆芯上、下部功率分布偏差较大，导致随后产生较大的氙振荡，为随后的低功率运行阶段的 ΔI 控制带来了麻烦。

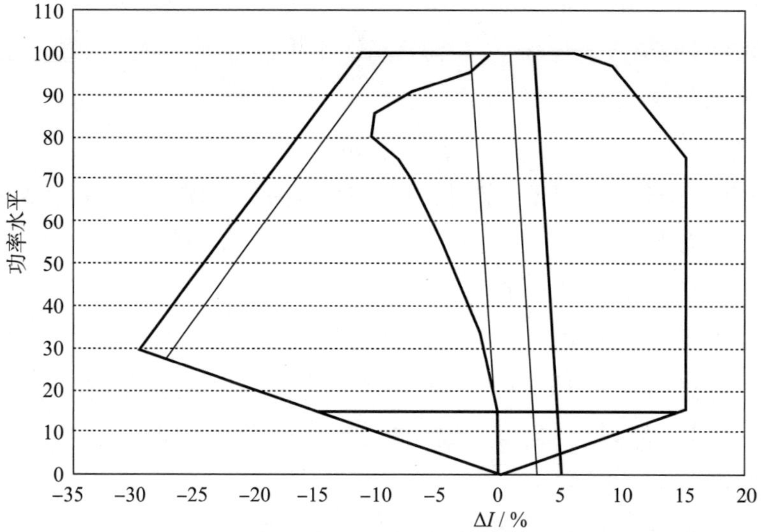

图 3-10　插 G 棒引起 ΔI 变化示意图

在插 G 棒降功率阶段，影响 ΔI 的因素包括：G 棒、降功率速率、慢化剂温度效应和氙毒。总体来看，根据降功率幅度及速率，降功率过程 ΔI 是先向负方向然后向正方向发展。

在插 G 棒降功率阶段，推荐 ΔI 的控制措施为：

（a）在降功率前，适当硼化；

（b）在降功率过程中，适当提出 R 棒，使运行点控制在 $\Delta I_{ref2}\pm 3\%$，减少氙振荡；

（c）提出 R 棒为以后补偿 G 棒抽出预留了 R 棒裕量；

（d）利用氙毒的积累来补偿 G 棒的插入。

在低功率运行阶段，影响 ΔI 的因素主要为氙毒变化和抽出 G 棒。涨毒过程下部功率降低大于上部功率的降低，ΔI 向正的方向偏移；解毒过程下部功率增加大于上部功率的增加，ΔI 向负的方向偏移；抽出 G 棒，ΔI 向正的方向偏移。

在插 G 棒降功率后的稳态阶段，推荐的 ΔI 控制措施为：

（a）涨毒过程利用稀释和 R 棒来调节 ΔI；

（b）解毒过程利用硼化、抽出 G 棒来调节。

（2）从低功率进行升功率

和降功率工况的分析方法一样，我们将升功率也分为：稀释升功率和提棒升功率，下面分别讨论之。

基于上述降功率的讨论，已经将部分影响 ΔI 因素的作用机理进行了说明，后续讨论将不再赘述，仅给出其对 ΔI 影响的方向。

①稀释升功率

稀释升功率时影响 ΔI 的因素有：

（a）氙毒：涨毒 ΔI 向右，消毒 ΔI 向左；

（b）慢化剂平均温度：ΔI 向左；

（c）硼浓度：ΔI 向左。

稀释升功率时 ΔI 的总体趋势：低功率运行一段时间后，G 棒位于堆顶，这时升功率是通过释释进行，ΔI 向左边偏移。此时若氙振荡严重，ΔI 可能超出左限线。

稀释升功率时，推荐的 ΔI 控制措施：

(a) 在升功率前，R 棒棒位不应太高，保证 R 棒有足够的控制余量；

(b) 在升功率过程中用 R 棒控制在 ΔI_{ref2} 附近，同时尽量缓慢；

(c) 若 ΔI 迅速地向负的方向偏移，而又没有任何控制措施（如 R 棒已至堆顶）时，暂停升功率，等待氙毒的变化变缓或转向。

②提棒升功率

提 G 棒升功率时影响 ΔI 的因素：

(a) 氙毒；

(b) 慢化剂平均温度；

(c) G 棒棒位。

提 G 棒升功率时 ΔI 的总体趋势：低功率运行后，G 棒位于堆内，升功率主要通过提升 G 棒进行，ΔI 向右边偏移可能性较大。此时若氙振荡严重，可能超出右限线触发 C21 保护。

提棒升功率时，推荐的 ΔI 控制措施：

(a) 升功率前，R 棒棒位置于高位，保证 R 棒有足够的控制余量；

(b) 升功率前，ΔI 处于负方向，保证 ΔI 控制余量；

(c) 消毒阶段有利于提 G 棒升功率；

(d) 升功率过程中用 R 棒及稀释辅助控制在 ΔI_{ref2} 附近，同时尽量缓慢；

(e) 若 ΔI 迅速地向正的方向偏移，而又没有任何控制措施（如 R 棒已至低限）时，暂停升功率，等待氙毒的变化变缓或转向；

(f) 若 ΔI 向正即将进入Ⅱ区，可采用降功率控制手段，避免 C21 保护触发或进入Ⅱ区而违反技术规范。

3.3.5 典型的 ΔI 失控运行事件讨论

以下以某电厂的一个 ΔI 失控运行事件为例进行分析讨论。

事件发生前机组的状态：满功率运行（电功率 670 MWe）。

事件发生前安全系统的可用性：未发生安全系统不可用。

事件进展序列、初因事件和子事件：

2002 年 2 月 18 日，1CRF202TF 鼓形滤网网片破损和螺栓脱落需紧急处理；

10：15 主控停运1CRF202TF，现场操作员用就地试验盒控制鼓网配合检修；

11：03 主控发现1CRF202TF鼓网前后压差高报警信号（1CRF904AA）出现，联系现场停止检修，启动1CRF202TF未成功，电气、机械人员到现场处理，同时派现场操作员隔离对应常规岛开式冷却水系统（SEN）入口阀1SEN002VC；

13：07 常规岛闭式冷却水（SRI）温度快速上升，采取对SEN管线放气及对SRI系统进行换水等干预措施，但水温仍快速上升；

13：11 主控室开始快速降负荷；

13：44 常规岛闭式冷却水（SRI）温度上升至58.88 ℃，汽轮机轴承温度升至98.52 ℃，并仍有上升趋势，手动停机，维持堆功率约10%FP；

14：20 手动提升控制棒准备冲转并网，核功率从10%上升到18%，控制棒从168步提升到183步；

16：16 机组以较快的速度升功率，电功率从55 MW上升到201 MW，核功率从18%上升到41%，控制棒从186提升到200步；为了控制ΔI，机组在此功率水平一直稳定到18：54，并采取稀释插棒的方法使运行点回到正常运行带内，控制棒一直插到149步；

18：54 继续升功率到250 MWe，控制棒继续下插到134步；

19：30 反应堆功率一直稳定在46%，控制棒一直下插在105步；

20：24 继续升功率到358 MWe，核功率上升到61%，控制棒下插到93步；为了防止运行点超出梯形图从22：24开始降功率到330 MWe，核功率从61%下降到56%，运行点开始向左移动；此状态一直维持到23：28，运行点进一步向左移动；

23：28 重新开始升功率；

2月19日3：14 达到满功率，控制棒从111步提升到202步；达满功率后，由于消毒效应导致运行点向左移动，而此时控制棒棒位已较高，对运行点向左移动的趋势控制能力很弱，运行点在高于87%的狭窄范围之内无法控制；

6：45 降功率到87%以下使运行点重新回到梯形图中，后经运行人员硼化稀释、移动控制棒等措施抑制氙振荡，使 ΔI 逐渐返回运行带内，并重新升到满功率。

对事件的思考：

1. 此事件中的问题出在哪里？

2. 此整个过程中的堆芯氙毒依次是如何变化的？

3.4 重水堆反应性问题的特点

3.4.1 换料反应性

反应堆满功率运行时，每周必须对约 14 个通道进行换料以补偿燃料消耗。燃料消耗的反应性衰减率约 0.4 mk/EFPD，等效于 LZC 的平均水位约为 5.2%AVZL/EFPD（在不换料或不除毒物的情况下）。每个通道换料通常可增加 0.1～0.3 mk 的反应性。

反应堆长期满功率稳定运行下，一般应保持 2 mk 左右的堆芯过剩反应性，以确保在装卸料机非计划不可用的情况下，机组能够维持较长时间的满功率运行（约 10 EFPD，包括 LZC 平均水位 45%～20%的水位下降）。此反应性以慢化剂中可溶毒物（一般为硼）的形式存在。

装卸料机有计划检修前，可通过增加换料速率提高堆芯的过剩反应性，一般最多能够添加到 4.5 mk（11 EFPD），必须低于运行技术规格书中规定的运行限值（5 mk）。如果不能进行换料，并且慢化剂中已没有毒物，LZC 平均液位已降到 20%，则可以通过每次提出一组调节棒（自动）来补充燃料消耗的反应性衰减，反应堆的这种运行方式称为补偿（SHIM）模式。虽然调节棒总共可以引入约 16 mk 的反应性，但是所有调节棒全部提出堆芯进行 SHIM 模式运行并不可取，一方面因为调节棒提出恶化了堆芯的功率分布，SHIM 模式下必须降功率运行；另一方面它将给反应堆将来长期运行的功率分布控制带来非常大的负面影响。因此根据良好的运行实践，一般仅建议提出 3～4 组调节棒进行 SHIM 模式运行，即约补充 8 mk 的反应性，反应堆降功率延长运行 20 EFPD，加上堆芯原有的 2 mk 的过剩反应性和 LZC 平均水位可提供的 2 mk 反应性，在装卸料机长期不可用情况下，反应堆可延长运行 30～40 EFPD。

新堆芯约运行 100 EFPD 后开始换料。换料一般将采用已批准的 8 棒束天然铀换料方式，其中包括每个通道首次换料采用回置式 8 棒束（Swing-8）换料方式，以及通道首次换料以后就采用的标准 8 棒束（Standard-8）换料方式，如图 3-11 和 3-12 所示。

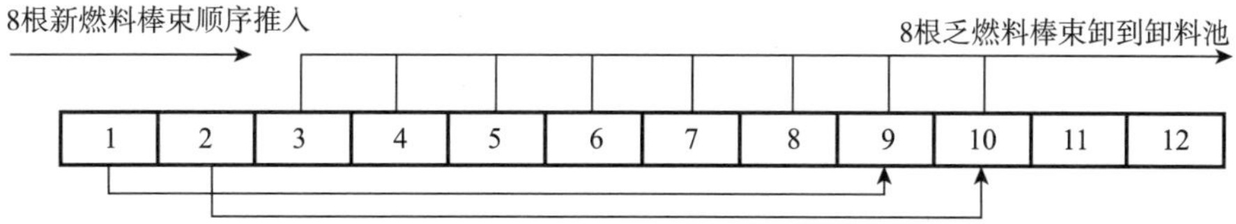

图 3-11　“Swing-8”（回置式 8 棒束）换料方式

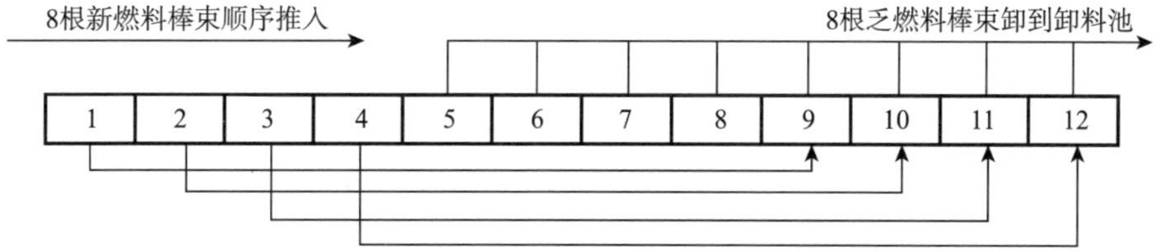

图 3-12　“Standard-8”（标准 8 棒束）换料方式

仅在燃料棒束破损情况下，为及时卸出破损棒束，可采用 4 棒束换料方式或者全部卸出 12 个燃料棒束的换料方式。12 棒束全部卸出堆芯，一般换料操作分两次进行，即：首先采用标准 8 棒束换料方式，卸出 5～12 位置的 8 根已辐照棒束，然后再采用 4 棒束换料方式，卸出剩余的原 1～4 位置的 4 根已辐照棒束，如图 3-13 所示。

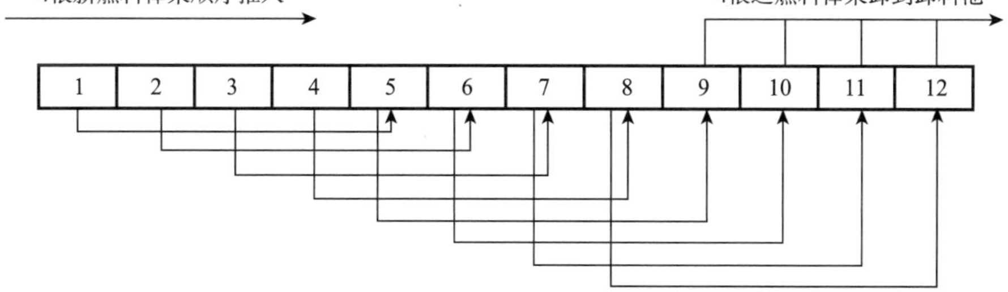

图 3-13　4 棒束换料方式

在反应堆停堆、HTS卸压状态（如大修期间），为进行压力管基准检查、压力管更换等专项活动，对燃料通道可以采取一次性卸出和装入12个燃料棒束的换料方式。如果安全壳隔离系统有缺陷，除非安全壳系统缺陷发现时乏燃料已经在传输，为了安全处置燃料而进行的必要操作之外，不允许进行乏燃料传输。

通道换料通常都使用新的天然铀燃料棒束，但是在燃料棒束破损等特殊情况下，为抑制换料通道的功率峰，可能在换料通道的部分位置使用新的贫铀燃料棒束。

3.4.2 启动物理试验的反应性测量

与压水堆相比，重水堆有其自身的特点：在反应堆启动过程中主要依靠U-238的自发裂变产生的中子和裂变产物衰变产生的光激中子，而不依靠外中子源。当反应堆在低功率水平阶段运行时（功率小于10^{-7}%FP），由于处于堆外的中子测量装置电离室变得不灵敏并有可能失效的前提下，需要及时将启动仪表投入使用，通过它及时、准确地反映出低功率水平下反应堆的功率及其变化趋势，从而确保反应堆处于安全、稳定的可控状态。

启动仪表系统主要用于监测在10^{-14}%FP～10^{-6}%FP范围内的反应堆功率，在为主控室操作员提供可靠的反应堆低功率指示的基础上，其脱扣报警逻辑还分别与一号停堆系统的D、E、F通道的脱扣逻辑相连，为一号停堆系统提供脱扣参数。

反应堆内主要的中子测量装置有铂探测器、钒探测器、电离室和启动仪表，如表3-3所示。各中子测量装置的测量功率范围为：

(a) 铂探测器和钒探测器主要用于高功率下的中子测量，测量范围为5×10^{-2}%FP～1.5%FP；

(b) 电离室用于低功率下的功率测量，其有效的测量范围为10^{-7}%FP～2×10^{-6}%FP；

(c) 启动仪表分为堆内和堆外探测器，用于更低功率水平的中子测量，堆内探测器的测量范围为10^{-14}%FP～10^{-10}%FP，堆外探测器的测量范围为10^{-10}%FP～10^{-6}%FP。

表 3-3　中子测量装置

探测器类型	通量图测量	中子通量密度（功率）控制	SDS＃1	SDS＃2
BF3 管		3 个堆内垂直 BF3 管监测 10^{-14}%FP～10^{-9}%FP；3 个堆外水平 BF3 管监测 10^{-10}%FP～10^{-6}%FP	左面的所有 BF3 管同时为 SDS＃1 在反应堆低功率时提供停堆信号	
电离室		3 个堆外水平电离室监测 10^{-6}%FP～15%FP 功率，并提供 10^{-6}%FP～100%FP 的功率变化率	3 个堆外水平电离室，提供中子功率指示和变化率停堆信号	3 个堆外水平电离室提供中子功率指示变化率停堆信号
自给能中子探测器	102 个堆芯垂直钒探测器	28 个堆内垂直铂探测器，提供 5%FP～100%FP 的功率控制信号	34 个堆内垂直涂铂探测器，提供 ROP 停堆信号	24 个堆内水平铂探测器，提供 ROP 停堆信号

（1）临界验证

反应堆的临界状态是一个很重要的概念，因为它给出了有关反应堆运行行为的信息。在满功率时，此微妙的概念并没有明显的表现。但当反应堆低功率运行时，情况是不同的。在低功率或极低功率水平下运行，目的是频繁地执行一些维修活动。如果条件具备，一般为了经济运行，要求维持临界状态，避免进入保证停堆状态（GSS）。CANDU-6 反应堆并不允许长期在次临界状态下运行，因为这种状态下反应堆控制系统的效率非常低，也可能是无效的。如当反应堆在 GSS 状态下处于约 300 mk 次临界度时，机械吸收棒（MCA）的移动对其功率没有显著的影响，但处于高功率时，情况就不同。因此，为允许此种运行模式，必须定期执行临界验证。

历史经验表明：在 5×10^{-4}%FP 状态下，氙中毒 36 h 后，反应堆可以恢复到一种觉察不到次临界度的近似临界状态。此时进行临界验证试验，结果显示次临界水平近似为 1 mk。若在此时启动反应堆，则要求 LZC 平均水位至少降低 15%，才能使反应堆达到超临界水位，以允许功率上升。

如果决定降低功率时（如降至 $5\times10^{-5}\%$FP），由于反应堆中子源较强，为了达到功率设定值，要求增加 10 mk 的负反应性，使反应堆明显地进入次临界状态。

因此，通过临界验证试验中，LZC 随功率变化的响应行为可以很好地证明反应堆所处的状态。

次临界水平的测量方法是：比较两种功率水平下反应性（ρ_1/ρ_2）的变化，考虑两种功率水平 P_1和 P_2，次临界水平为：

$$\rho_1/\rho_2 = P_1/P_2 \tag{3-27}$$

可以证明功率下降前次临界水平对应于轻水区域控制装置（LZC）的反应性变化。临界验证试验就是将反应堆功率下降 1/2，测量 LZC 平均水位变化，这样 LZC 平均水位变化就直接给出初始功率水平下对应的次临界度。验收准则：LZC 平均水位变化小于 15%，即次临界反应性小于 1 mk，表明反应堆处于可靠的临界状态。否则，反应堆处于次临界状态。

（2）临界预计

利用功率与次临界水平的公式，可以计算反应堆从次临界水平启动后，何时达到临界。采用功率倒数与除毒时间（或毒物衰减时间、毒物浓度等）的关系曲线，可以推断反应堆达到临界的时刻（临界时的毒物浓度）。在实际达临界过程中，研究的是中子计数（即中子密度）的倒数与毒物浓度等参数的关系，定义一个相对中子通量密度比（M）：

$$M = N/N_0 \tag{3-28}$$

式中，N 为实际中子通量密度；N_0 为临界中子通量密度。

可以获得相对中子通量密度的倒计数率（$1/M$）为：

$$\frac{1}{M}=\frac{1-k}{1-k_0} \tag{3-29}$$

式中，k 为增殖系数；k_0 为临界增殖系数。

如图 3-14 所示，横坐标不是 k_{eff}，而是与 k_{eff}有关的毒物浓度，除毒时间等；纵坐标是中子倒计数率 $1/M$。当堆趋近临界时，中子计数率趋近于无穷大，中子倒计数率 $1/M$ 趋近于零。因此，可根据 $1/M$ 曲线与横坐标轴的交点来确定临界质量。但在趋近临界而未到达临界的实验过程中，我们只能根据前两次的实验点，按 $1/M$ 曲线沿直线外推与横坐标轴的交点来估计外推的临界值。随着逐渐向临界值趋近，外推临界值逐渐趋近真实临界值。到达临界时，将外中子源取走后，堆内的中子通量密度仍维持不变。

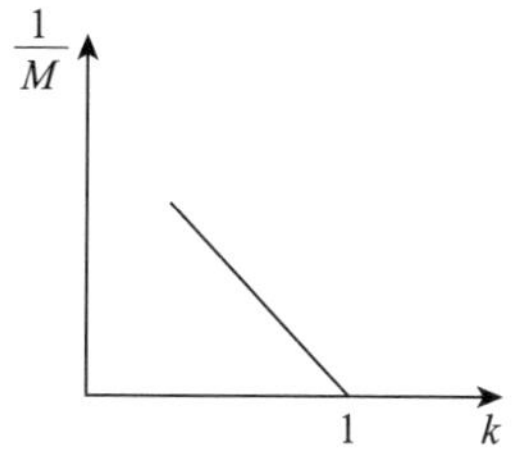

（a）相对中子通量密度的倒数与增殖系数的关系

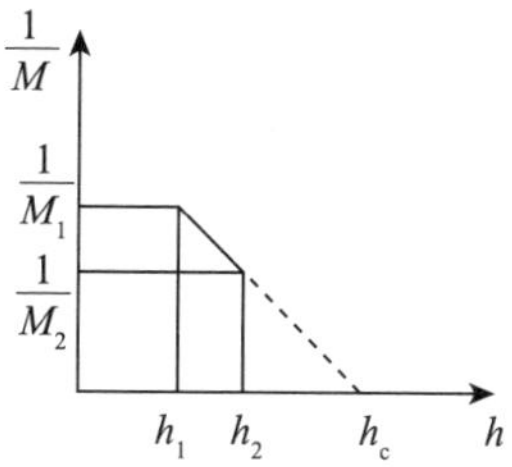

（b）外推临界法原理图

图 3-14 外推临界示意图

（3）停堆后达临界

在长期停堆后（包括 GSS）启动，我们需要去除慢化剂中的毒物来逐步达到临界，并将功率升到 5×10^{-4}%FP。一般（除新堆芯无裂变产物外），由于光激中子源的效果，在深度次临界约 100 mk 以上的 GSS 状态，停堆约 25 d 以内，功率会维持在电离室线性工作范围以内（2×10^{-7}%FP 以上）；在停堆后 25～60 d 内，功率会维持在 2×10^{-7}%FP～10^{-8}%FP 之间，超出了电离室的线性工作范围，要求用启动仪表（BF_3）进行测量，但在达到临界前功率会升到 10^{-7}%FP 以上，到达电离室的线性工作范围；对于停堆超过 60 d 的情况，则需要完全靠启动仪表监测到临界。

CANDU-6 核电厂的核测系统由 3 部分组成：

①启动仪表测量系统，可测量功率水平范围为 10^{-14}%FP～10^{-6}%FP；

②电离室测量系统，可测功率水平为 10^{-7}%FP～1.5%FP；

③堆内通量自给能铂等探测器测量系统，可测范围为 10^{-1}%FP～1.5%FP。

一般，为了使反应堆达到临界大概需要约 20 h 来除钆毒物（假定初始钆浓度为 9.1 ppm，使用两个有效的除钆树脂床）。在所有调节棒插入的情况，反应堆达到临界状态，钆浓度约为 1.3 ppm。在整个临界逼近过程中，必须使用启动仪表或电离室来监测中子功率的变化。如果使用启动仪表（功率大于 10^{-6}%FP 前），必须严格控制功率的上升速度，并必须随时根据中子计数率调节启动仪表的停堆整定值，直到启动仪表推出监测，并与 1 号停堆系统断开。

操作员必须根据反应堆当前不同的运行状态分别使用以下 3 种不同的程序：

①启动仪表监测下除毒达临界；

②RRS 电离室有效下除毒达临界；

③氙中毒停堆后达临界。

3 种方式采用不同的监测仪表来监测反应堆临界状态，同时通过除毒和操作 ADJ 来缓慢引入正反应性，最后通过监测 LZC 平均水位来验证临界。

3.4.3 保证停堆状态

（1）GSS 要求的次临界度

GSS 状态为反应堆特殊的停堆状态，在这个状态下，即使因反应性装置改变、堆芯运行参数改变或工艺系统失效导致大量反应性引入或振荡，反应堆仍然保持在稳定的次临界状态。

GSS 是通过在慢化剂中加入足够的中子毒物来建立的。添加的慢化剂毒物必须保证在发生任何设计基准（可信的）的事故包括事故序列后，反应堆仍然能够维持次临界。典型的覆盖事故是压力管/排管破损（堆内大破口失水事故 incore-LOCA）导致慢化剂毒物的稀释而引入正的反应性贡献。决定所需要的负反应性的方法有两种：

（a）采用各种不同效应的反应性平衡计算；

（b）使用 RFSP 程序对整个事故过程进行三维模拟计算。

两种方法得到的结果只相差 10%，比计算中预留的裕量还小，参见表 3-4。

计算是基于反应堆临界值条件下 100%FP 运行，这种平衡分析可以得出各种效应的反应性价值。同时考虑计算的误差以及毒物浓度分析的误差等，总的不确定性因子选取 50%。冷却剂高压下考虑了冷却剂注入慢化剂对慢化剂毒物的稀释作用，稀释因子选择 200%。

表 3-4　GSS 下反应性变化和毒物浓度分析

贡献	平衡堆芯/mk	新堆芯（Pu 峰）/mk	说明
堆芯过剩反应性（满功率，氙等裂变毒物平衡）	5	30	运行技术规格书规定：换料引入的过剩反应性不得超过 5.0 mk，因此平衡堆芯的过剩反应性考虑最大为 5 mk；而新堆芯 Pu 峰时最大为 30 mk
功率亏损（满功率—零反应性）	3	5	功率从满功率降到零而获得的反应性（燃料和冷却剂温度系数）：平衡堆芯 3 mk；新堆芯 Pu 峰时 5 mk
^{135}Xe	28	28	满功率，氙的平衡值 28.0 mk
停堆后其他裂变产物（^{239}Pu，^{149}Sm，^{105}Rh）	12	12	在反应堆停堆时，^{239}Pu 含量增加（正反应性），^{149}Sm 含量增加（负反应性）和 ^{105}Rh 含量减少（正反应性）；反应性的最大贡献将稳定在 12 mk
热态-冷态慢化剂、冷却剂和燃料温度系数	−7	0	
所有调节棒抽出	17	15	
LZC 的排空（50%FP→0）	4	4	在满功率正常运行条件下，平均液体控制区域水位（AZCL）约为 50%
全堆芯 2 个环路通道空泡	11	16	假定全部 2 个环路通道内冷却剂全部汽化，引入正反应性：平衡堆芯 11 mk；新堆芯 Pu 峰时 16 mk

续 表

贡献	平衡堆芯/mk	新堆芯（Pu 峰）/mk	说明
慢化剂升温饱和（68～101 ℃）（incore-LOCA 或主汽轮机控制系统失效）	4	7	
合计	84（硼 10.8 ppm）	117（硼 14.6 ppm）	
小计：热态临界	RFSP 三维计算 10.7 ppm	RFSP 三维计算 14.1 ppm	
	73（硼 9.4 ppm）	110（硼 13.8 ppm）	
小计：冷态临界	RFSP 三维计算 9.8 ppm	RFSP 三维计算 13.5 ppm	
不确定性因子	50%		为补偿计算精度和毒物浓度分析的不足，反应性效应的总和增加了 50%的不确定性因子
冷态卸压 GSS 毒浓度要求	硼 15 ppm（钆 4.3 ppm）	硼 21 ppm（钆 6 ppm）	
高压下 in-coreLOCA 的稀释因子	200%	200%	该因子反映了慢化剂毒物被冷却剂稀释的作用，GSS 计算中使用 Piston 模型计算的 2 倍因子
热态高压 GSS 毒浓度要求	硼 32 ppm（钆 9.1 ppm）	硼 42 ppm（钆 12 ppm）	

(2) GSS 添加的毒物（钆）量

计算所需钆的量时，可以考虑已经存在于慢化剂中的毒物的效应。然而，如果毒物（无论是硼还是钆）已经被辐射过，那么其有效的同位素成分将降低，而且无法计算；根据化学分析的毒物浓度估计其反应性效应也非易事，而且误差相当大。因此保守起见，慢化剂中已辐照的毒物量可被忽略，不计入 GSS 毒物浓度中。

钆的总量是用硝酸钆［Gd（NO_3）$_3$ · $6H_2O$］的克数直接来计算的。如果需使用钆添加箱中已存在的全部钆，则应扣除钆添加箱中的钆数量后，另计算需补充的钆［Gd（NO_3）$_3$ · $6H_2O$］的克数，加入钆添加箱中。最后将钆添加箱中的高浓液排放到主慢化剂系统中，并在结束后要求化学实验室取样分析，确认慢化剂中的毒物浓度满足 GSS 要求。

这个过程也允许添加少量的钆，例如，如果第一次的添加量不够，还可以再加入少量的钆。为估计钆添加箱需排放的量，需根据目前钆添加箱的浓度，计算出需排放到的液位。

如果钆添加箱不可用，而又必须立即进入 GSS，则允许通过添加硼来达到 GSS 的毒物要求。

（3）GSS 期间的堆芯监测

相关运行规程对 GSS 期间的堆芯监测有明确的规定，要求每个运行值执行一次，具体要求概括如下：

①要求化学实验室取样分析慢化剂：包括毒物浓度（钆和硼）和 pH，确保毒物浓度大于 GSS 的要求以及没有发生异常变化，使用钆时保证 $pH<6$。如果毒物浓度变化大于 0.5 ppm，则立即要求化学实验室再取样分析一次，确认是否异常，如判断毒物浓度小于 GSS 的运行限值，需立即补充添加至满足。

②检查确认慢化剂净化系统和慢化剂重水添加系统等要求的阀门是否保持隔离。

③如 RRS 电离室信号仍有效（$>2\times10^{-7}\%$FP），监测并记录 RRS 电离室信号，确认信号缓慢下降，没有异常增加。并在 RRS 电离室信号低于 10^{-6}FP 并高于 2×10^{-7}FP 期间，要求仪控维修安装和启动仪表。

④如启动仪表后，需注意监测计数率的变化，并根据当前计数率调整启动仪表停堆设定值，并确认启动仪表计数率在一定的统计误差内缓慢下降，没有异常增加。

⑤需确认 GSS 下一个停堆系统可用，反应性设备除维修操作外，不发生异常的位置变化。

3.4.4 氙震荡

CANDU-6 反应堆在实际运行中，由于区域控制系统的自动控制已经可以很好地抑制和平衡氙震荡带来的反应性波动，故本节只定性地讨论 CANDU-6 堆型氙震荡的发生机理和表现形式。

氙的反应性是能引起反应堆通量密度水平出现周期振荡的因素之一，它必须用恰当设计的控制系统加以控制。忽略反应堆中其他可能的反应性反馈的来源，单独来分析一下氙的反应性。以满功率运行的反应堆为例，并假定由于整个系统的通量密度略有增加的影响，功率发生了小的波动。因为通量密度增加，氙燃耗的速率相应增大，而这又增加了堆芯的反应性，从而必然使通量密度进一步增大。因而有一个正反馈效应，会使功率越来越高，除非采取某种动作来降低反应性以补偿氙燃耗的增加。

实际上，控制系统会干预来防止功率的连续上升，并降低功率。即使控制系统没有干预，这种向上的漂移最终也将停止，因为较高通量密度水平引起的碘浓度增长会导致氙量增加，于是反应性减少。这将减少通量密度，从而减少氙的燃耗，增加了负反应性。然后，通量密度会开始下降，在较低功率水平下碘的产生减少，导致氙供给几小时才能恢复。以上这种方式，反应堆功率可发生一定幅度、周期为几小时的振荡。

控制系统可以很容易防止这种氙振荡，并会立即对整个功率波动起作用，使功率保持在或高或低恒定的水平。

对于极小的反应堆，只要仔细监控反应堆总功率并允许采取补救措施就可防止氙振荡。然而，对于大型反应堆来说，如全尺寸的 CANDU-6，仅监控反应堆总功率水平是不够的，因为即使总功率保持不变，局部氙振荡也会发生，并能使反应堆某一区域功率上升，而另一区域下降。下面以已经达到氙平衡的反应堆为例，看一看局部振荡究竟是如何发生的。

假定反应堆总功率没有变化，反应堆某一区域通量密度增加，另一区域通量密度同时会减少。这种偏离要求正常分布的变化被称为通量密度倾斜。例如，把控制棒或类似的机械装置插入一个区域，同时从另一区域抽出，那么就可能发生这种情况。在增加通量密度的区域中，氙的燃耗比改变前快，因而它的浓度减少。氙浓度减少会导致较高的通量密度，较高通量密度又导致局部氙燃耗增加，局部反应性增加，通量密度增加等。

同时，在通量密度减少的区域，由于氙燃耗减少以及由于在原来较高通量密度时产生的现存碘的继续衰变，氙浓度增大。增大的氙浓度会降低该区域的反应性，从而减少通量密度，依次又增大氙浓度，等等。尽管反应堆总的功率保持不变，继而热中子通量密度的功率密度在这一区域减少，在另一区域增加。

这种局部功率偏移不会永远地继续下去。在高通量密度区域，当增加的通量密度正引起氙燃耗更快的同时，它也在增加碘的产生。这种增加的碘群的衰变最终会导致氙浓度增加，减少反应性，并由此减少那个区域的通量密度和功率。同样在通量密度减少的区域，碘产生减少与累积氙衰变一起，增加了局部反应性，并使那个区域的通量密度和功率瞬态增加。

按这种方式，除非采取措施来控制它们，否则反应堆的通量密度和功率会在不同区域（两端或两侧）振荡。计算显示氙的空间振荡有约 15～30 h 的峰至峰的循环时间。

这种局部氙振荡只发生在大型反应堆中，所谓大型反应堆是指它的空间尺寸比中子的扩散距离大。对于小型堆芯，一个区域开始的扰动会影响另一区域，因为中子从受影响的区域泄漏出来，会将扰动传递到堆芯的其他区域。在这种情况下，正如前面提到过的，根据整个功率水平的调节系统可适当地防止振荡。当反应堆的尺寸大大超过热中子在其寿期内的行程距离（大型 CANDU-6 就是这种情况），在一个区域开始的扰动不会扩展影响到堆芯的远距离处，所以各区域的运行更加独立。这样，如果一个区域由于燃料变化引起通量密度增加，维持整个功率恒定的控制系统将减少另一个区域的通量密度作为补偿。这会在第二个区域中产生氙振荡，但它的振荡与第一区域完全不相同。

引起空间氙振荡所需的另一条件是反应堆运行在高通量密度水平。

这是因为这个过程在第一个区域是由燃耗增加而引起的，而当反应堆同一个区域通量密度增加还会发生氙燃耗增加。为使氙浓度对通量密度变化有明显响应，氙浓度平衡方程中燃耗项与衰变项相比必须占优势。对于大型 CANDU-6 反应堆通常燃耗项约是衰变项的 10 倍。

CANDU-6 反应堆与其他类型的动力反应堆一样，满足可能存在空间氙振荡所需的两个条件。由于空间氙振荡是在反应堆处于恒定功率时发生的，所以会被重视，为避免空间氙振荡，应在反应堆中多设置监测点以监测通量密度或功率密度分布，并且可提供局部吸收体来调节局部反应性，防止通量密度倾斜。故 CANDU-6 反应堆用区域吸收体控制来氙振荡，并由于堆芯较大而将堆芯划分成了 14 个区域，每个区域拥有各自的通量密度探测器，利用它的输出来调节该区域控制部分中轻水吸收体的总量。

即使有区域控制系统的存在，仍有可能存在由大幅度的氙振荡造成燃料严重损伤的风险，认识到这一点是很重要的。通量密度倾斜的严重性取决于引发振荡的反应性扰动的大小，以及由区域控制系统提供补偿反应性的深度。如果振荡幅度大得足以引起液体区域（水位）达到它们的运行限值，那么堆芯对应的部分将失去空间控制能力。若反应堆在该幅度的通量密度振荡下继续运行，那么至少会导致反应堆超功率紧急停堆，更严重的可能会导致局部燃料高温，甚至燃料融化的情况发生。即使不发生这种严重后果，氙振荡将会使堆芯材料承受不必要的温度循环，并可能导致材料过早失效。

第4章　反应性事件分析

本章将对我国在运核电机组自商运以来的重点反应性事件进行介绍。所谓“反应性事件”，本书将其定义为：堆芯内任何影响反应性状态的因素出现非预期瞬态的运行事件。由于压水堆与重水堆的堆芯反应性特点存在显著差异，在讨论时必须加以区分。同属压水堆的CPR1000堆型和VVER堆型在堆芯反应性影响因素上基本一致，但由于控制棒布置、环路设计等方面的原因，在部分事件的反应性影响上也存在一定差别。本章前4节重点对压水堆反应性事件进行分析，最后一节则是针对重水堆的典型反应性事件展开讨论。

对于压水堆，为了便于反应性分析，本章将事件按反应性影响因素分为以下4类：

（1）控制棒意外动作的反应性事件；

（2）硼控系统意外稀释/硼化的反应性事件；

（3）堆芯温度意外波动的反应性事件；

（4）氙振荡等其他因素引起的反应性事件。

本章将列举各类反应性事件中的典型事件，在对各起事件进行根本原因分析的同时，还将对事件背后的堆芯反应性变化情况作延伸讨论。由于实际的反应性事件大多会因触发停堆而终止，事件中的反应性影响一般比较小，因此对事件背后的反应性变化进行讨论时，本章会延伸到此类事件的设计基准事故，讨论在此类事件下可能发生的最为严重的堆芯反应性变化和后果，以提高操纵人员对反应性事件的风险意识。

4.1　控制棒意外动作的反应性事件

4.1.1　控制棒意外下插事件

事件一：某机组RGL故障导致R1棒下落引发自动停堆（M310）

(1) 事件名称

RGL 故障导致反应堆自动停堆。

(2) 事件经过

3 月 27 日 22：00，一号机处于升功率阶段并到达 86.5%P_n。

22：08 主控出现 1RGL001AA 报警，主控操作员 CALL 仪表值班人员处理。仪表值班人员接到主控的通知后，在棒控系统（RGL）就地在机架显示板件上通过按 CLEAR 清除报警，1RGL001AA 消失。

22：52 主控又出现 1RGL001AA 报警，主控操作员 CALL 仪表值班人员处理。仪表人员与当班运行值（LPO）人员沟通后，在机架显示板件上通过按 CLEAR 清除报警并返回主控报告相关情况。

23：19，正当仪表人员在主控室（MCR）与操作员一起讨论时，主控再次出现 1RGL001AA，同时反应堆跳闸。

故障检查处理停堆后，仪表处紧急组织人员到现场进行原因调查。检查过程中发现 R1 棒驱动电源柜故障，进一步检查发现 R1 棒组 LC 线圈驱动电源机架三相 260 V 供电保险中的一相保险熔断，由于一回路平均温度与参考值相差大，发出提棒指令，由于设计缺陷不能闭锁棒的移动，导致 R1 棒下落，引起中子通量密度变化率高，致使停堆。针对保险烧毁情况进行了如下调查和处理：

①对 LC1 线圈进行绝缘和连续性检查：R1CRDM 线圈对地绝缘（电压 500 V/时间 10 s）结果为 891 MΩ，而绝缘要求值≥20 MΩ；热态电阻值均约为 2.02 Ω，阻值合格。因此机柜和驱动机构绝缘合格。

②控制部分的检查：更换 3 个新保险后，提升 R1 棒组到 204 步，同时记录提棒的电流波形，记录结果正常，表明没有板件和机械故障存在。

③复现原故障现象：提 R1 棒到达 204 步，拔出一相保险，模拟当时保险熔断的情况。主控手动提棒一步，同时记录提棒波形，LC 电流波形异常，紧接着 R1 棒组落棒，从而真实地复现了故障现象和事件发生过程。进一步印证了“引发紧急停堆的直接原因是提 R 棒导致 R1 棒下落引起中子通量密度变化率高”的判断。

结论：①控制棒线圈回路绝缘及回路电阻的检查合格，说明线圈正常。②更换新保险后，提棒过程正常，排除了板件和机械的原因。③排除了绝缘和卡涩故障后，基本断定保险熔断是导致本次跳堆的直接原因。上述处理和验证试验证实了控制棒控制系统正常，可以投入正常运行。

（3）事件原因

人为原因失效：

①思想麻痹：对清报警高风险工作仪控人员从管理层到员工思想麻痹；没有真正落实 MIC 监护人制度；

②风险意识不足：对 LC1 机架故障与落棒之间的联系从知识和经验方面都不足；对重复出现的报警警觉度不够。

设备失效：

R1 棒 LC1 机架三相保险中的一相烧毁。

（4）纠正措施

①完善清报警标准工作指令；

②升版 MIC ON-CALL 管理制度。

（5）经验教训

在 RGL 系统出现报警时，操作员应立即把控制棒置于手动位置，并不允许有任何提插棒操作。同时，MIC 检查报警原因，在查清根本原因之后再进行相应的处理，故障处理完成后才能将控制棒恢复正常。

事件二：1 号机组棒控棒位系统（EECPS）备用机柜检修导致部分控制棒束意外下落（VVER）

（1）事件名称

1 号机组 EECPS 系统备用机柜检修导致部分控制棒束意外下落。

（2）事件经过

2006 年 4 月 13 日，工作人员对 EECPS 系统备用机柜进行检修工作，该工作任务包括从已安装调试完毕但在首炉运行时不需投入使用的备用动力控制机柜（SHSU2M 机柜）中拆除一对接插件，以便对接插件的特性变化进行分析后制定更合理的检修项目和检修周期。

2006 年 4 月 13 日 14：30 左右，厂家人员和仪控人员到达 11UCB23111

房间开始检修，13 日 14：47 左右，厂家人员使用斜口钳剪剪掉 EECPS 备用机柜 1CMR52 内一个信号电缆插头（编号 X1），导致“允许信号”（即“EP 信号”）瞬间短路为零，造成部分控制棒落棒。

事件发生前机组状态：反应堆处于次临界状态，第 1～9 组控制棒束处于堆芯上限位，第 10 组控制棒束处于 55%位置，一回路硼酸浓度 13.2 g/L，准备临界操作。

该事件发生后，堆芯第 5～10 组共有 43 束控制棒意外落棒，其中 16 束落至反应堆堆底，其余落在中间位置。

（3）事件原因

直接原因：EECPS 系统主要由停堆保护和棒控棒位等几部分设备组成。在停堆保护部分中有保护机柜（即 SHPU1 机柜），该机柜发出一个“允许信号”（即“EP 信号”）到控制棒束控制部分的动力控制机柜（即 SHSU2M 机柜）。该 EP 信号主要控制 SHSU2M 机柜中可控硅的导通，进而控制可控硅的输出电源）；该 EP 信号的正常工作电压为 24 VDC，当信号电压为 0 VDC 时，SHSU2M 机柜的可控硅关闭，提供给控制棒驱动机构各线圈的动力电源被切断，控制棒束下插。SHPU1 机柜将 EP 信号发送到中间集线机柜（即 SHPK13 机柜），在 SHPK13 机柜内通过并联方式将 EP 信号进行分配，然后分别输送到全部的 SHSU2M 机柜（包括首炉装料中不需投运的备用 SHSU2M 机柜），在 SHSU2M 机柜内再通过并联将 EP 信号发送到每一个 BU1 模件中（每个 SHSU2M 机柜安装 3 个 BU1 模件，分别对应 3 束控制棒）。在 EECPS 系统中有 2 个保护机柜（即 SHPU1 机柜）可以通过 1 个中间集线机柜（即 SHPK13 机柜）分别向 1～4 组和 5～10 组控制棒束对应的 BU1 模件发出 EP 信号。此次事件涉及的是 5～10 组控制棒束。在工作人员使用斜口钳剪断 1CMR52 备用机柜内编号为 X1 接插件所连接的导线时，造成该接插件内 EP 信号瞬时短路（芯线被同时剪切造成），并通过 SHPK13 机柜的内部并联造成5～10组内其他控制棒束的 BU1 模件的 EP 信号短路（即 EP 信号处于低电压状态或 0 VDC），从而导致对应的可控硅关闭，造成部分控制棒束不同程度的下插；由于短路过程的瞬时性、可控硅的电气特性不同，导致 5～10 组控制棒束失电时间有差异。

促成原因：工作人员技能不足，风险分析不充分，隔离措施不全面；虽已隔离 1CMR52 机柜动力电源，但未认识到需隔离控制信号。

（4）纠正措施

①对控制棒短时意外下插的原因进行分析；

②对已拆除接插件的相关控制信号进行隔离；

③检查 EECPS 系统设备工作性能是否有异常；

④对发生短时意外下插的 5～10 组控制棒束重新进行移动和落棒验证试验；具体方法为：分别对第 5～10 组控制棒束的移动性能进行验证，即对每组控制棒束分步从下限位以工作速率提升到上限位，然后分步以工作速率下插到下限位；确定控制棒工作正常后，该组控制棒再从下限位提升到上限位，手动按下停堆按钮，将控制棒落到底部，检查每束控制棒的落棒时间；

⑤编制 24 h 事件分析单，开展经验反馈工作。

（5）经验教训

加强工作之前的风险分析；加强工作人员的技能培训；强调 STAR 的工作方式。

事件延伸：落棒事件的反应性分析

（1）CPR1000 机组

对于控制棒全部下落的事件，从堆芯反应性角度分析反应堆是安全的。然而，类似事件一中的单个或几个控制棒组件落入堆芯，会引入负反应性使堆芯功率立即降低。可能存在一定风险：

①此时正常应触发中子通量密度负变化率高信号而紧急停堆；

②如果没有触发停堆，反应堆会在多普勒、慢化剂的负反馈效应和调节棒组的动作下，引入正反应性，核功率上升，可能出现高于原功率值的尖峰，然后逐渐平衡，如图 4-1 所示。

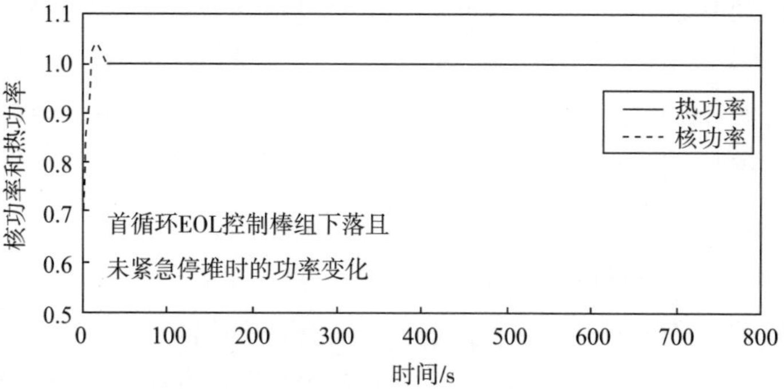

图 4-1　某反应堆单组控制棒落棒且未停堆的功率变化情况

根据某 CPR1000 机组的最终安全分析报告：

(a) 落棒均能被探测到并触发紧急停堆；

(b) 对于未停堆情况，DNBR 准则均能满足；

(c) 最恶劣的落棒工况发生在首循环寿期末，DNBR 裕量为 2.96%。

(2) VVER 机组

同 CPR1000 机组一样，VVER 机组的全部控制棒落棒对堆芯来说是安全的，可能存在风险的主要是堆内单个或几个控制棒下落，造成堆芯功率不均匀分布。

在 VVER 机组的事故分析中，将“考虑功率分布的控制棒落棒”作为一类预计运行事件进行了计算，在采取保守假设的条件下，假设第 85 号、120 号和 123 号燃料组件中最大价值的控制棒（CPSCR）发生落棒，事件的发展序列如表 4-1 所列。

表 4-1　VVER 机组落棒事件的事件序列

时间/s	事件	连锁作用，动作整定值或其他原因
0	随着功率转移堆芯上部，第 14 次燃料装填的末期，核电厂在 104%额定功率下运行；CPSCR 落棒在第 85、120 和 123 号燃料组件	始发事件
0.1	自动功率控制器开始使 CPSCR 工作组作上升运动	降低功率至低于额定值

续　表

时间/s	事件	连锁作用，动作整定值或其他原因
4.0	控制棒落棒到堆芯底部	
4.1	达到紧急停堆整定值（忽略延迟）； 假设忽略第一紧急停堆信号	超过线性释热率限制曲线
17.0	开始发出紧急停堆的信号（忽略达到整定值的延迟计算）	在燃料棒表面的 DNBR<1.15
20.5	紧急停堆，CPSCR 开始落棒； 假设 CPSCR 卡在 41 号燃料组件中	由于紧急停堆的原因
20.5	NPP 失电（保守估计）： · RCP 组断电； · 2 s 内主辅给水断开； · 2 s 内汽轮机截止阀关闭	
22.5	开始关闭汽轮机截止阀	由于 NPP 失电
24.5	CPSCR 完全插入堆芯	
27.5～1 800.0	1、2 和 4 号 SG 的 BRU-A 打开，进一步在控制模式下运行； SG3 蒸汽管道 BRU-A 失效	基于 BRU-A 开启的整定值
1 800.0	计算结束	

在此事件中，堆芯总反应性变化情况如图 4-2 所示。

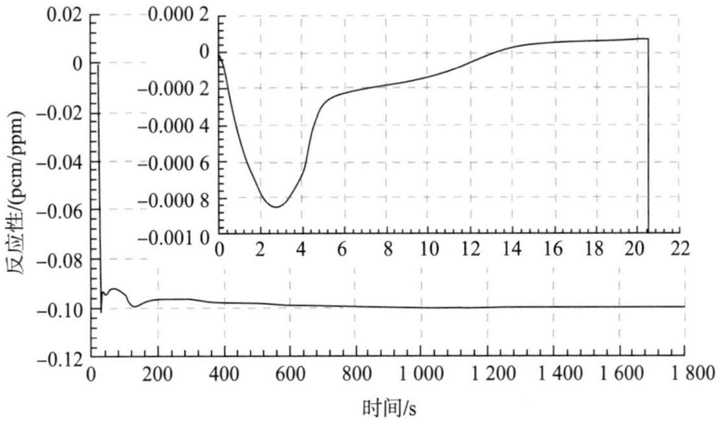

图 4-2　落棒事件的堆芯总反应性变化情况

在事件发生的前几秒内，由于控制棒掉入堆芯底部，功率迅速下降至83%的额定值，同时产生相当大的中子场扰动。自动功率控制器开始启动CPS控制组向上移动，以恢复初始功率。一方面，由于功率峰向堆芯上部转移，堆芯最小DNBR会迅速减小；另一方面，由于堆芯功率分布发生畸变，部分热点处的燃料棒功率会高于初始功率。4.1 s时，反应堆达到超过线性释热率限值曲线的反应堆紧急停堆整定值（忽略延迟）。但计算中保守考虑，假设第一个停堆信号失效。随后，由于DNBR减少至低于1.15，17 s时第二个停堆信号出现（忽略延迟）。CPSCR在20.5 s后的3.5 s内开始向下移动。此时反应堆功率总计为2 965 MW。

堆芯其他参数的计算曲线分别如图4-3和图4-4所示。

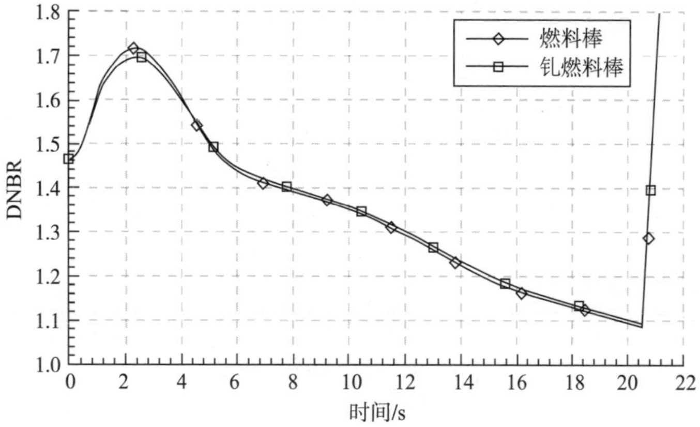

图4-3　落棒事件的最小DNBR

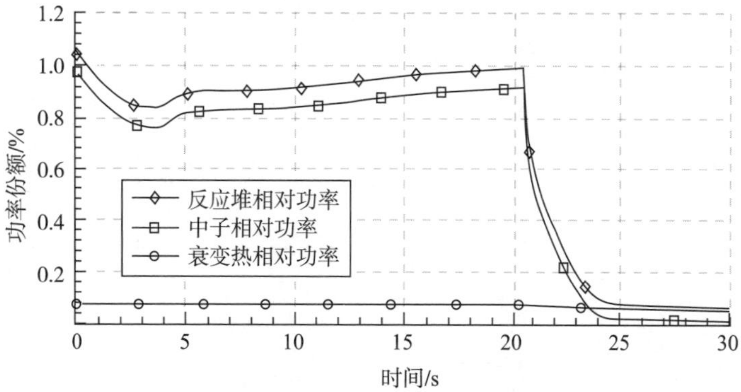

图4-4　落棒事件的反应堆功率变化情况

4.1.2　控制棒失控提升事件

事件三：某电厂 RPN 控制计算机电源损坏导致 1 号机组控制棒自动提升（CNP600）

（1）事件名称

RPN 控制计算机电源损坏导致 1 号机组控制棒自动提升。

（2）事件经过

2005 年 6 月 29 日，1 号机组 670 MW 满功率稳定运行。

21：40：00，一号机主控室闪发一次源量程声响报警，主控操作员立即到控制盘查看。

21：40：03，主控发现控制棒正自动提升，而根据此时的一回路平均温度，不应该提升控制棒；检查 RPN010/020/030/040MA 的 ID 指示未变；一回路平均温度均稳定并略有上升（平均温度上升 1 ℃左右），机组其他参数略有波动。

21：40：08，主控操作员果断决定立即将控制棒切至手动，下插控制棒至原棒位 208 步。检查确认其他参数并稳定机组状态。

21：40：30，主控检查 KIT 中 RPN010/020/030/040MA 趋势曲线竟然是一条直线，初步判定 RPN 故障，于是将功率失配通道切除；联系仪控专业人员检查处理。

22：20：00，仪控人员到达现场，在主控检查发现 RGL 系统的棒位指示无异常，RGL 系统无相关灯光报警。察看 KIT 记录，D 组控制棒的给定棒位由 208 步瞬间上升到 220 步，查看参与功调系统运算的平均温度、汽轮机冲动级压力在此过程中无明显变化。随后，维修仪控人员在 11.5 m 处查看 1RPN010MA、1RPN020MA、1RPN030MA 和 1RPN040MA 均正常运行；在 1RPN005AR，发现 RPNCONTROLPC（控制计算机）电压开关在“ON”位置，但面板上的“POWER”指示灯灭，显示器无显示，键盘无响应。进一步检查发现 RPN 控制计算机风扇用手无法转动，初步确认是工控机电源故障，更换电源后，工控机启动正常，RPN 控制软件运行正常。

（3）事件原因

直接原因：

1RPN005AR 中的控制计算机电源故障，高选核功率信号消失，正常运行期间功率调节系统的功率失配通道处于投运状态，虚假的核功率低信号导致功率失配通道输出“提升控制棒”的指令，控制棒误提升。

根本原因：

①RPN 系统功率量程 4 个核功率信号通过 NERVIA 网络送到 1RPN005AR 控制计算机，通过控制软件甄选出最大核功率信号送功调系统功率失配通道，参与功率调节。功率失配通道产生的最大核功率与汽轮机功率输入两个信号进行比较，当两个信号存在偏差时，控制棒下插或上提。RPN 控制计算机在满功率状态下输出约 8.33 V 的高选核功率信号给功调系统，当电源故障时，控制计算机断电，高选核功率信号为零，功率失配通道输出负温差信号，使控制棒提升。

②1LX 厂房的温、湿度及环境条件在调试期间曾一度较差，对计算机系统的电源系统等部件造成了一定的影响。

③RPN005AR 机柜参与功率控制的工控机为单电源供电，不能满足运行的可靠性要求。

（4）纠正措施

①对现场使用的工控机进行清理，对使用年限较长工控机上的重要部件进行更换。对此，维修处仪控队已列出了现场重要计算机清单及建议升级时间，需在此基础上提出需更换的具体部件清单及切实可行的实施方案并报公司技术委员会审批。

②为提高运行的可靠性，维修处需考虑将现场参与控制的重要工控机更换为带双电源供电的型号的具体方案并报公司技术委员会审批。

③对 DEH、RGL、RPN 等现场重要计算机配置数据刻录备份，对系统盘进行完全备份并刻录存档，以便在出现系统故障时快速恢复系统。

④要求维修处仪控人员对拆除的故障电源进行彻底检查，查明故障原因，以便后续采取应对措施。

事件四：吊卸堆芯上部构件时一组控制棒束被意外拔出堆芯（M310）

（1）事件名称

吊卸堆芯上部构件时一组控制棒束被意外拔出堆芯。

（2）事件经过

2001 年 12 月 15 日 6：00，静机处反应堆开盖倒班人员开始对 2 号机控制棒进行脱扣工作，脱扣工作从堆芯的 90° 方向开始，每一排脱扣工作完成后换料机向后（270° 方向）移动以进行第二排的脱扣工作。脱扣每完成一排用检查工具进行一次检查，当脱扣完成 5 排后，即到早班工作结束。在 7：15 左右由白班继续进行脱扣工作，从第 6 排开始继续脱扣工作，也是完成一排检查一排，最后一排是完成一个检查一个，全部完成后由 QC 人员再进行一次独立检查。

当脱扣工作进行到 C11 组时，由于操纵人员在操作阀 1 插下芯杆后没有检查芯杆是否全部插到位（原程序没有强调检查），就使用了吊车的快速档，使得驱动杆的棘形头没有完全被撑开，又由于快速的下放，导致驱动杆部分进入控制棒组件头部并胀死。由于相互结合的部分尺寸较小，在高度检查和最后用检查工具检查时没有发现该故障。

12：40，开盖人员进行吊卸上部构件的工作，当上部构件吊离堆芯后，发现 C11 组燃料组件中的 SA1 控制棒束在吊卸堆芯上部构件时被同时带离堆芯。立即向上级和大修指挥部报告，相关人员到达现场后，组织事件处理小组，制订了处理方案。经请示后，将上部构件吊至堆内构件水池，对 C11 控制棒驱动杆进行了重新脱扣，脱扣前先用绳子固定控制棒，进行脱扣，脱开并将其放在堆内构件池的底部，等待进一步处理（事后设计专门的容器包装并将其存放在乏燃料水池）。

（3）事件原因

直接原因：C11 控制棒驱动杆芯杆没有完全复位就用吊车快速下降，导致驱动杆胀死在控制棒组件的头部。

根本原因：执行人员执行规程操作时有偏差，没有使用慢速档；燃料操作规程上脱扣时关于芯杆位置的检查和记录要求有缺陷。

(4) 纠正措施

表 4-2 列出了针对不同原因造成事件的纠正措施。

表 4-2　纠正措施

原因	纠正措施	负责	完成期限
执行人员执行规程操作时有偏差，没有使用慢速档	①进行脱扣操纵人员反馈学习整个操作过程的详细要求和风险，加强严格执行规程的意识；②列出静机相关高技术含量和高风险工作和符合资格的人员名单；③在原程序中使用慢速档规定的基础上补充脱扣/连扣操作不准使用吊车的快速档只能使用慢速档	MSM	108 大修前
规程上未明确提出脱扣时关于芯杆位置的检查要进行记录要求	修改程序：①在程序中强调检查工具芯杆的位置，只有在工具芯杆到位后方可进行下一步工作；②在程序中增加记录脱扣检查工具芯杆的高度	MSM	108 大修前
吊卸上部构件时未检查是否有控制棒束被带出	在吊卸上部构件时，当上部构件离开反应堆下法兰面 200 mm 时，停止起吊，用通用水下电视检查工具检查有无控制棒组件被带出	MSM	108 大修
没有及时获得国外的经验反馈	研究 EDF 现有的脱扣/连扣操作程序，吸取法国的经验	MSM	209 大修前

(5) 经验教训

①没有认真地阅读理解程序中规定的意义，工作人员忽略了燃料操作规程中的细节，导致控制棒驱动杆的棘形头在脱开后没有被完全张开，又因为下放过程中速度较快，导致驱动杆同控制棒组件的胀死。

②没有及时采用外部经验反馈中的措施，在吊卸上部构件时未采取有效的措施进行监视，因此没有及时发现故障，最终导致了控制棒束被带离燃料组件。

事件延伸：控制棒意外抽出事件的反应性分析

（1）CPR1000 机组

控制棒抽出事件的反应性变化：

①连续快速的正反应性引入；

②功率上升，停堆前会被负的多普勒系数反馈效应限制（至关重要，它将保护动作延迟期内的功率限制在可接受的水平）；

③如果控制棒被连续抽出，该瞬变必须被紧急停堆所终止。

在 CPR1000 机组的安全分析中，将控制棒抽出的事件分为以下 4 类：

① Ⅱ类工况：次临界或低功率启动工况下控制棒组件失控抽出；

② Ⅱ类工况：功率运行工况下控制棒组件失控抽出；

③ Ⅲ类工况：单个控制棒组件在满功率运行下抽出；

④ Ⅳ类工况：控制棒组件弹出事故。

接下来对上述工况产生的反应性影响逐一分析。

①次临界或低功率启动工况下控制棒组件失控抽出。在此工况下，正常应当触发的保护有：

（a）源量程/中间量程中子通量密度高；

（b）功率量程中子通量密度高（低/高整定值）；

（c）中子通量密度变化率高。

在各有关因素均采取保守假设的条件下，反应堆最终由功率量程中子通量密度高（低整定值）触发停堆，其计算结果示于图 4-5。

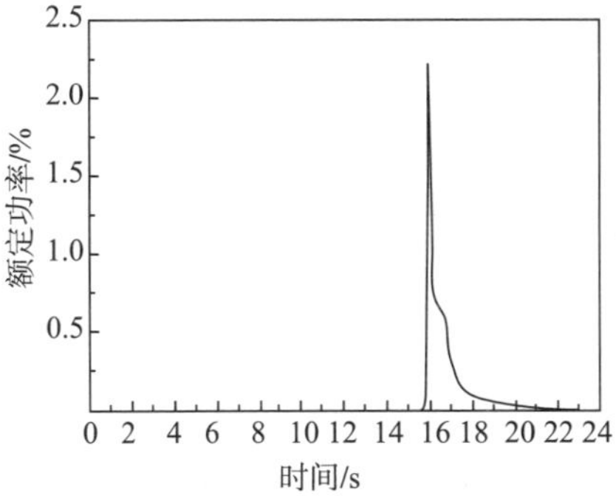

（a）功率随时间变化曲线

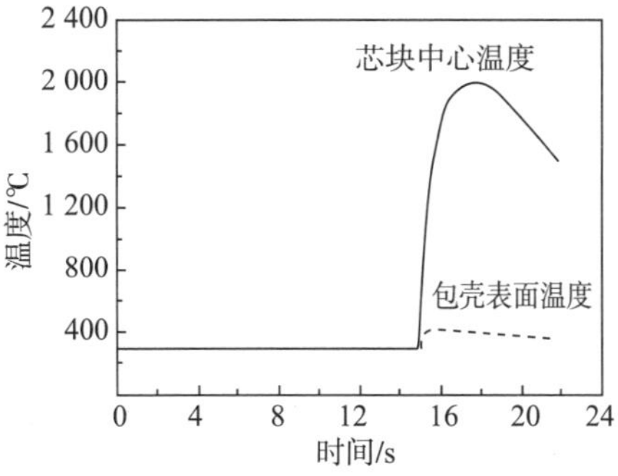

（b）燃料温度随时间变化曲线

图 4-5　次临界或低功率启动工况下控制棒组件失控抽出

（a）最大反应性引入速率可达 140 pcm/s（会有瞬发临界）；

(b) 核功率峰值最大达到332%FP；

(c) 最小DNBR为1.22（超过安全限值）；

(d) 包壳峰值温度415 ℃；

(e) 燃料峰值温度2 097 ℃。

②功率运行工况下控制棒组件抽出，将导致堆芯热流密度增大，由于在蒸汽发生器的排热滞后于堆芯热量的产生，因此反应堆冷却剂温度和压力有一定的升高。除非采用手动操作或自动操作中止这个瞬变，否则功率失配及由此引起的冷却剂温度上升最终可能导致DNB。为了防止燃料包壳的损伤，反应堆保护系统在设计时需保证能在DNBR下降到限值之前终止这类瞬变。

在此工况下，正常应当触发的保护有：

(a) 功率量程中子通量密度高（高）；

(b) 超温/超功率 ΔT；

(c) 稳压器压力/水位高；

(d) 中子通量密度变化率高。

功率运行时控制棒抽出后的堆芯反应性变化情况，很大程度上取决于反应性引入速率和堆芯温度效应引起的反应性反馈的大小。因此在对此工况进行分析时，对反应性引入速率分为最小（2.8 pcm/s）和最大（40.8 pcm/s）两种情况，对反应性反馈大小也分为最小反应性反馈（假定慢化剂温度系数为零，燃料温度系数最小）和最大反应性反馈（假定慢化剂和燃料温度系数最大）两种情况，具体示于表4-3、图4-6和图4-7。

表4-3 反应性反馈序列

最小反应性反馈时序列 （满功率，引入速率2.8 pcm/s）	最大反应性反馈时序列 （满功率，引入速率40.8 pcm/s）
控制棒组开始抽出：0 s	控制棒组开始抽出：0 s
达到中子通量密度高：42.4 s	达到中子通量密度高：23.6 s
控制棒开始下落：43.2 s	控制棒开始下落：25.6 s
最小DNBR（1.49）：43.8 s	最小DNBR（1.54）：25.7 s

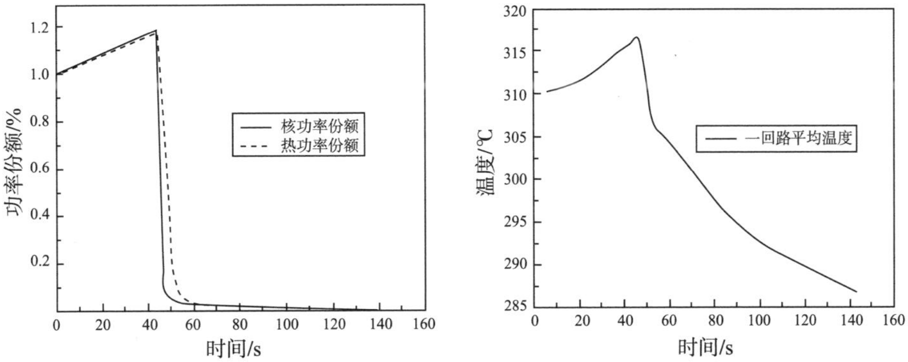

（a）功率随时间变化曲线　（b）燃料温度随时间变化曲线

图 4-6　最小反应性反馈时序列（满功率，引入速率 2.8 pcm/s）

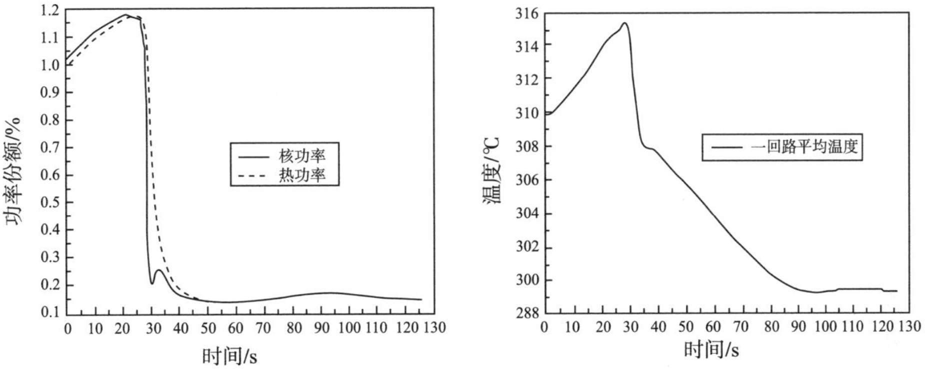

（a）功率随时间变化曲线　（b）燃料温度随时间变化曲线

图 4-7　最大反应性反馈时序列（满功率，引入速率 40.8 pcm/s）

③满功率运行下单根控制棒抽出，单根控制棒抽出位置附近的峰值因子将会上升，使其最小 DNBR 比控制棒组抽出工况更低。根据堆芯的不同初态，抽出控制棒的不同位置，DNBR 可能会低于限值 1.18。

单根控制棒的抽出可由下列方法探测：

(a) 棒位指示器；

(b) 指示棒偏离其所在棒组的灯光信号和声响报警；

(c) 堆外核测量通道或堆芯出口热电偶探测到的功率分布不对称。

在此工况下，可能触发的保护有：

(a) 功率量程中子通量密度高；

（b）超温/超功率 ΔT。

应用使计算得到的最小 DNBR 值和发生 DNB 的燃料份额最为不利的假设，计算可得到如图 4-8 所示功率和燃料温度随时间变化的曲线，其中事件序列为：

（a）单个控制棒开始提升：0 s；

（b）超温停堆信号：46.7 s；

（c）控制棒开始下落：48.7 s；

（d）最小 DNBR 时刻：49.5 s。

事件的主要结果为：

（a）总反应性引入：110 pcm；

（b）最高包壳温度：1 219.9 ℃；

（c）DNB 的燃料棒份额：4.0%；

（d）最大热管因子：1.76。

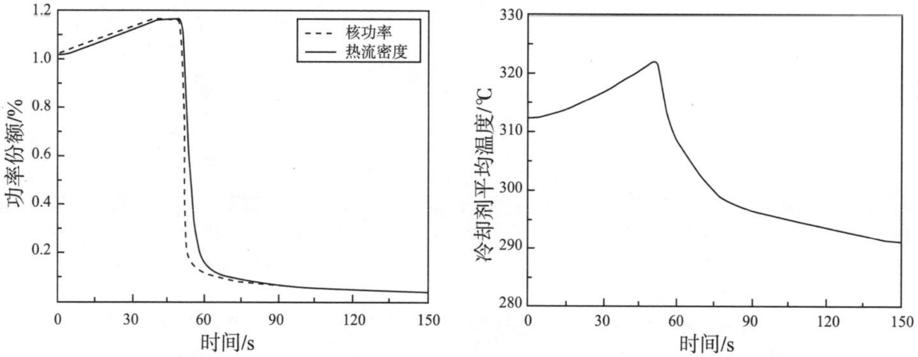

（a）功率随时间变化曲线　　（b）燃料温度随时间变化曲线

图 4-8　满功率运行下单根控制棒抽出

④控制棒组件弹出事故（弹棒事故），是由于控制棒驱动机构耐压壳机械损坏，导致控制棒组件和驱动轴弹出堆芯外的一种极限事故（Ⅳ类工况）。此工况下将导致正反应性的快速引入和不利于堆芯功率分布的畸变，可能引起局部燃料棒破损。

在控制棒组件弹出事故中，反应堆的自动保护有：

（a）由多普勒效应产生的反馈使堆芯核功率剧增停止；

（b）由中子通量密度高、中子通量密度正变化率高信号触发紧急停堆；

（c）超温和稳压器压力高信号提供第二级保护。

弹棒事故中由控制棒弹出而引入的反应性取决于棒组配置，后者又取决于功率水平。弹出的控制棒价值和热点因子在零功率时较高，其原因是与这些棒组配置有关的功率再分布发挥了作用。另一方面，初始燃料焓在满功率时较大，所以在中等功率下发生弹棒事故后果可能更加严重。在事故的安全分析中，分别针对 0、20％FP、40％FP、60％FP、80％FP 和 100％FP 工况进行了分析，得出最严重的工况（对于热点分析而言）出现在 20％FP，EOL。图 4-9 和图 4-10 分别示出了功率和燃料温度随时间的变化曲线（20％FP，EOL）。

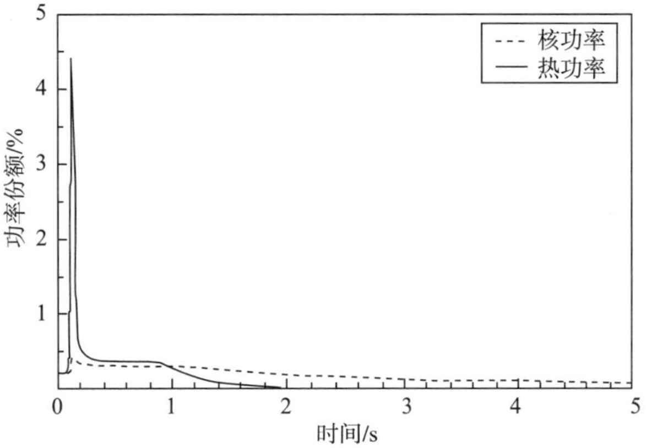

图 4-9　20％FP、EOL 时弹棒事故的功率曲线

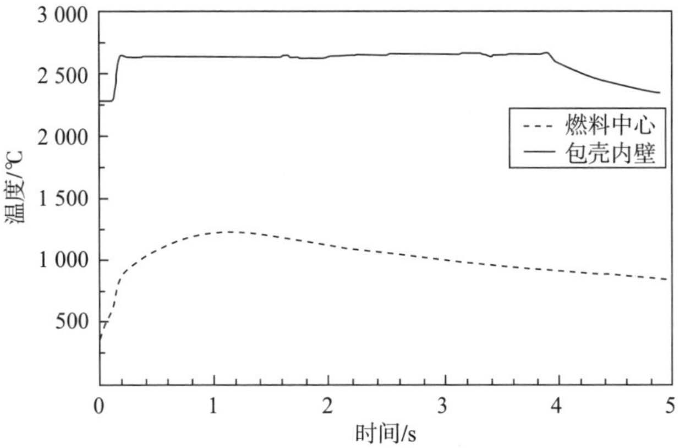

图 4-10　20％FP、EOL 时弹棒事故的燃料温度曲线

最严重工况（20%FP，EOL）事件序列：

（1）控制棒开始弹出：0 s

（a）达到中子通量密度高整定值：0.090 s；

（b）达到核功率峰值：0.130 s；

（c）控制棒开始下落：0.890 s；

（d）达到燃料中心最高温度：1.284 s。

最严重工况（20%FP，EOL）事件后果：

（a）弹出控制棒价值假设值：548 pcm（有效缓发中子份额假设值为 440 pcm）；

（b）包壳内壁最高温度：1 216.4 ℃（限值为 1 482 ℃）；

（c）燃料中心最高温度：2 666.6 ℃（限值为 2 621 ℃）；

（d）燃料熔化份额：5.03%（限值为 10%）；

（e）发生 DNB 的燃料棒份额：6.0%。

（2）VVER 机组

在 VVER 机组的事故分析中，关于控制棒失控抽出的工况可以划分为以下 4 类：

①预计运行事件：次临界状态或启动工况下控制棒组失控抽出；

②预计运行事件：功率运行工况下控制棒组失控抽出；

③预计运行事件：一束控制棒失控抽出，不考虑 DNBR 保护动作；

④设计基准事故：控制棒弹出事故。

下面将对上述各类工况分别进行反应性影响讨论。

①次临界状态或启动工况下控制棒组失控抽出，事故分析中对以下工况进行了分析计算：

初始条件：反应堆初始功率为 1%额定功率，两个 RCP 组在运行，汽轮机跳闸，一个辅助泵向蒸汽发生器给水，堆芯冷却剂流速假设为最小；

始发事故：第 10 组 CPS 棒失控抽出；

保守假设：第一个停堆信号失效（热中子通量密度水平超过初始值的 10%），反应堆由第二个停堆信号（两台蒸汽发生器液位低于 500 mm）触发停堆。计算在核电厂失电的假设下进行，假设失电在 CPS 控制棒响应停堆信号开始运动前 1.9 s 即发生。

考虑剩余蒸汽通过 BRU-A 排出，事件的发展序列如表 4-4 所示。

表 4-4　次临界状态或启动工况下控制棒组失控抽出事件序列

时间/s	事件	连锁作用，系统引发值或其他原因
0	第 14 个装料循环开始，反应堆以 1%额定功率运行； 第 10 组控制棒组开始向上运动	始发事件
43.9	高功率水平停堆信号（忽略）	热中子通量密度超过初始值 10%
46.7～156.2	稳压器喷射的短期操作	稳压器压力超过 16.17 MPa
151.0	停堆信号； 核电厂失去电力供应（失电导致 RCP 设备中断）	SG3 和 SG1 中水位降低到额定值以下 500 mm
152.9	停堆导致 CPSCR 落下，假设其卡在第 137 个燃料组件	停堆
78.7～295.7	BRU-A 启动，进一步动作处于可控制模式假设蒸汽发生器 4 管道中的 BRU-A 开启出现故障	BRU-A 启动设定值
1 800	计算结束	

计算得出的相关曲线如图 4-11～图 4-14 所示。

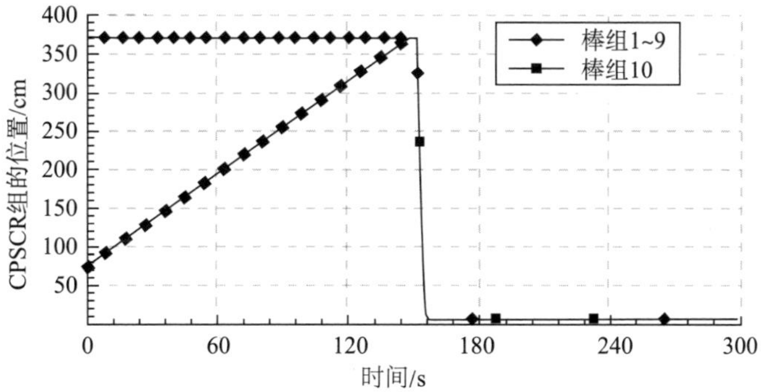

图 4-11　低功率下控制棒抽出事件的 CPSCR 组的位置

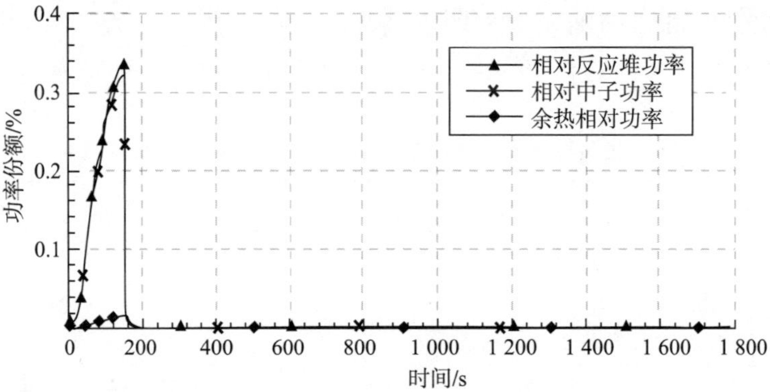

图 4-12　低功率下控制棒抽出事件的反应堆功率

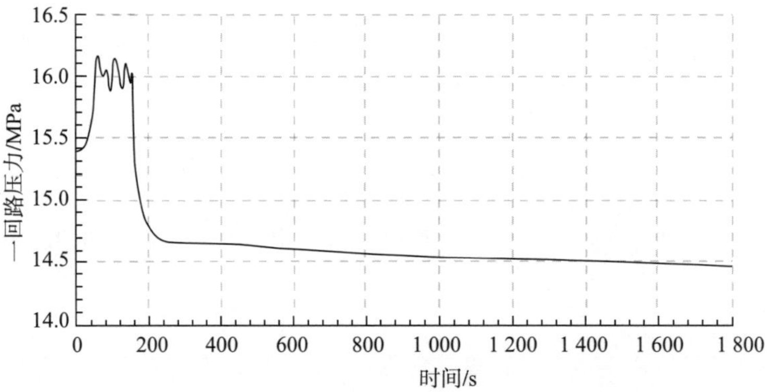

图 4-13　低功率下控制棒抽出事件的一回路压力

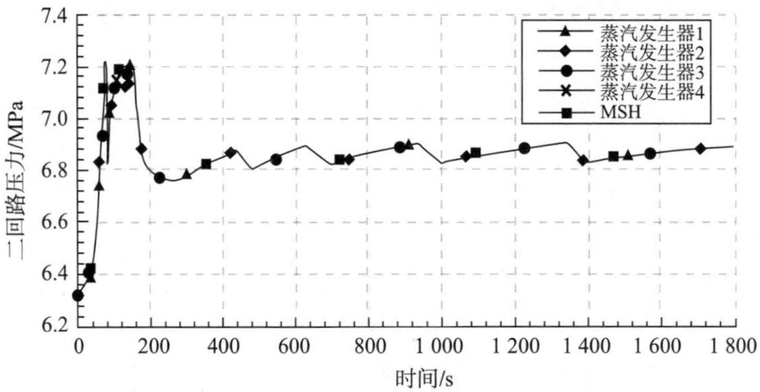

图 4-14　低功率下控制棒抽出事件的二回路压力

低功率下控制棒抽出事件的反应性分析：

根据计算得到的事件序列（表 4-4）和图 4-11～图 4-14 可以看出，在低功率运行时，第 10 组控制棒失控抽出，引入的正反应性会使反应堆功率迅速上升。正常时应触发热中子通量密度超过初始值的 10%而停堆。否则，功率升高、冷却剂温度升高将导致一回路压力上升至稳压器喷射限值，二回路也会由于蒸汽压力升高而开启 BRU-A。蒸汽发生器由于蒸汽流量大于给水流量而造成液位快速下降，产生第二停堆信号。此过程中，堆芯燃料包壳温度和线功率密度均随功率增长而快速上升，必须由停堆而终止。

②VVER 机组对于功率运行工况下的控制棒失控抽出的事故分析如下：

初始条件：反应堆初始功率为 104%FP，反应堆入口的冷却剂温度初始值有一个正偏差，堆芯冷却剂流速假设为最小；

始发事件：第 10 组控制棒失控抽出；

保守假设：保守估计调节棒的价值增加 20%，位于堆芯 50%高度；考虑卡棒；不考虑正常操作系统的操作（加压系统、PP-1、PP-2、APC 和 APP)；紧急停堆响应第二个信号而发生热段中冷却剂温度超过 330 ℃（计算中仅考虑热电偶测量误差保守估计为 2 ℃的情况），忽略中子通量密度增加到 107%时的第一个信号；考虑 NPP 断电的情况，假设 CPS 棒响应 EP 系统事故保护停堆的信号开始运动时断电。

事故分析考虑了瞬态氙和平衡氙两种情况，这里仅列举平衡氙工况下的事件的发展序列，详见表 4-5。

表 4-5　功率运行工况下控制棒组失控抽出事件序列（平衡氙）

时间/s	事件	连锁作用，系统引发值或其他原因
0	第 14 个装料循环寿期末，反应堆为 104%FP； 第 10 个 CPSCR 组开始抽出	始发事件
13.1	中子通量密度水平超过 107%	紧急停堆（不在计算中考虑）
57.2	紧急停堆信号开始产生（不考虑热电偶延迟温度达到了设定值）	回路热段中冷却剂温度超过 328 ℃

续 表

时间/s	事件	连锁作用，系统引发值或其他原因
73.7	停堆导致 CPSCR 开始落下； 假设 CPSCR 卡在第 137 个燃料组件	紧急停堆发生
73.7	核电厂失电（原因是 RCP 设备失电，PRZ 给水中断，汽轮机截止阀关闭，上充下泄系统失效）	
78.7	汽轮机截止阀关闭	紧急停堆信号延迟 5 s
78～1 800	BRU-A 打开，进一步动作处于可操作模式，并叠加环路中蒸汽管道 1 的 BRU-A 失控	BRU-A 启动设定值
1 800	计算结束	

计算得出的相关曲线如图 4-15～图 4-18 所示。

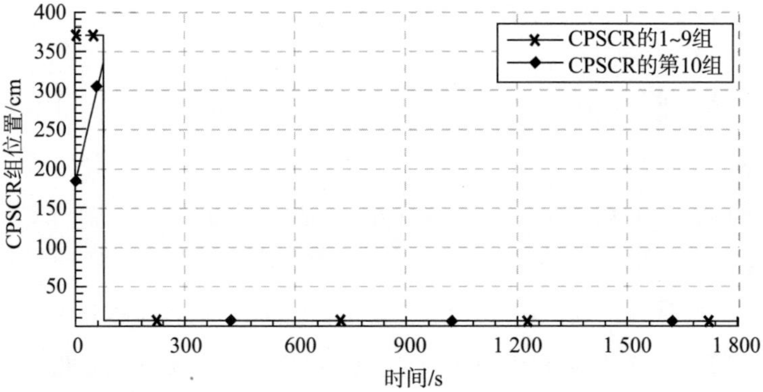

图 4-15 功率运行下控制棒抽出事件的 CPSCR 组的位置

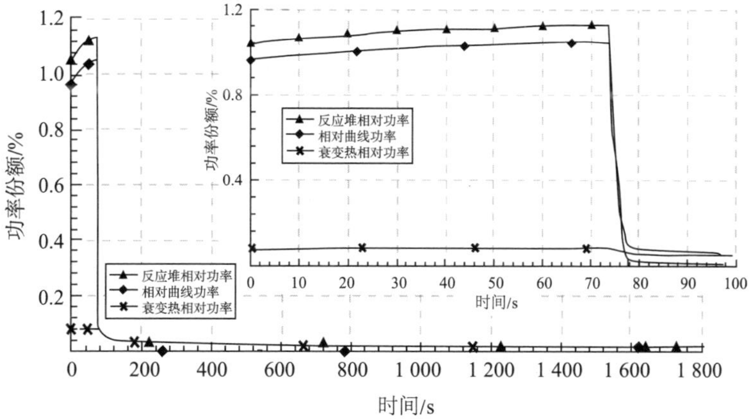

图 4-16　功率运行时控制棒抽出事件的反应堆功率

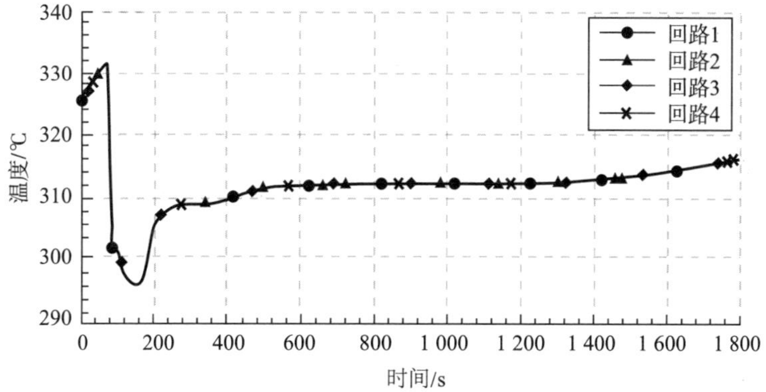

图 4-17　功率运行时控制棒抽出事件的冷却剂热段温度

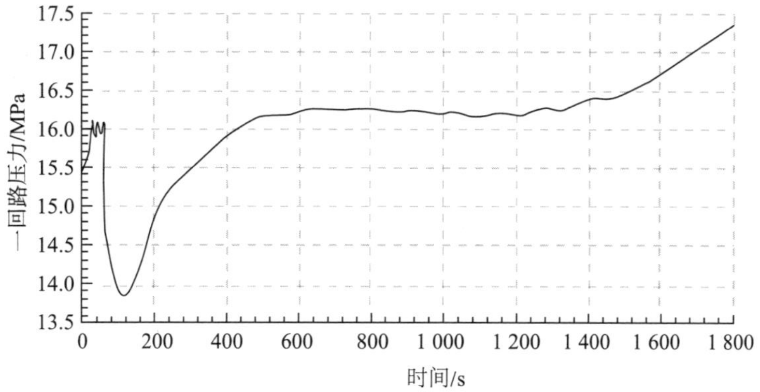

图 4-18　功率运行时控制棒抽出事件的一回路压力

功率运行时控制棒抽出事件的反应性分析：

功率运行时第10组控制棒失控抽出，堆芯引入正反应性而功率上升，约13.1 s时升高到107%FP（假设第一停堆信号失效），随后由于冷却剂温度和燃料温度升高引入了负反应性，使反应堆功率增长放缓，在达到第二停堆信号（热段中冷却剂温度超过328 ℃）时，反应堆功率约为112%FP。随后反应堆停堆，计算中保守假设了控制棒下落时NPP失电，一回路失去强迫循环的工况，因此冷却剂热段温度和一回路压力会在停堆会逐渐上升。

③一束控制棒失控抽出，不考虑DNBR保护动作：一束控制棒失控抽出，与一组控制棒抽出相比，其更容易引发堆芯中子场不均匀分布，导致均布功率超限。VVER对此类机组的事故分析如下：

初始条件：反应堆在伴随着氙振荡的燃料循环末期，初始功率104%FP，反应堆入口的冷却剂温度初始值有一个正偏差，堆芯冷却剂流速假设为最小；

始发事件：作为调节组的一部分的112号FA抽出一个CPSCR；

保守假设：没有考虑正常操作系统PP-1、PP-2、APC、APP、TEH和PRZ注射器、PG、化学和容量控制系统和BRU-K的动作。保守的考虑APC未启动，这会导致功率增加，且会导致发生更为危险的后果。假设蒸汽发生器3开启BRU-A的失效为一个单一的故障。考虑SG的一个紧急给水系统通道在维修，并额外假设另有一个SG的紧急给水通道失效。在NPP失去电力后，保守假定属于正常操作系统的AFWPs未启动。

事故的发展序列如表4-6所示。

表4-6　一束控制棒失控抽出，不考虑DNBR保护动作的事件序列

时间/s	事件	连锁作用，系统引发值或原因
0	在第14个燃料循环末期，功率峰在上部，电站以104%FP运行； 从第112号FA开始抽出CPSCRs； EHCS在保持指定的负载模式操作	始发事件

续　表

时间/s	事件	连锁作用，系统引发值或原因
63.9	达到停堆设定值（不考虑滞后）； 假设第一次停堆信号失效	线性功率极限曲线超出大于 5%
75.1	在 DNBR 以下 1.2，达到紧急停堆信号（在计算中忽略）	
85.5	热段温度超出导致停堆信号产生（设计达到设置值不考虑滞后）	热段中冷却剂温度超过 328 ℃
102.0	由于停堆 CPSCRs 开始落下； 假设插入 CPSCR 到第 137 个 FA	紧急停堆
102.0	核电厂给电失效（保守假设）： • 断开 RCP 设备； • 2 s 内断开主和辅助给水； • 2 s 内关闭汽轮机截止阀	
102.5	开始关闭汽轮机的截止阀	核电厂失去电力
106.0	CPSCRs 完全插入堆芯	
107～1 958	打开 SG1、2 和 4 流线上的 BRU-As，在控制模式下操控； SG3 流线上的 BRU-A 失效	BRU-A 设定值打开
1 949.0	从 EFWP 向 SG3 开始进水补充	SG3 中水位较额定值降低 900 mm
1 956～1 958	关闭 SG1、2 和 4 流线上的 BRU-As	BRU-A 设定值关闭
2 072.0	从 EFWP 向 SG1 开始进水补充	SG1 中水位较额定值降低 900 mm
2 619.0	打开 SG2 和 4 流线上的 BRU-As，在控制模式下操控	BRU-A 设定值关闭
3 000	计算结束	

计算得出的相关曲线如图 4-19～图 4-22 所示。

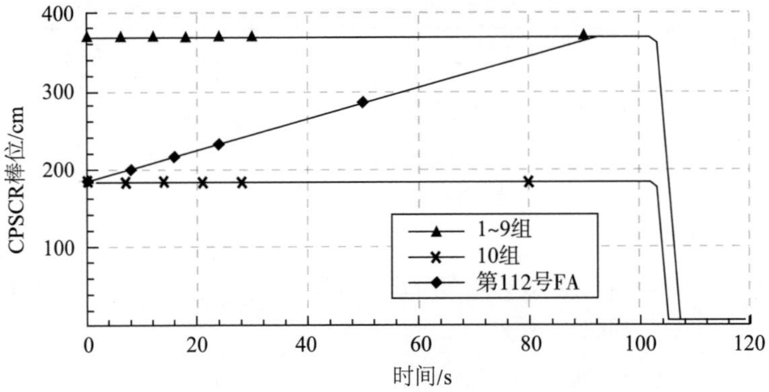

图 4-19　一束控制棒抽出事件的 CPSCR 棒位

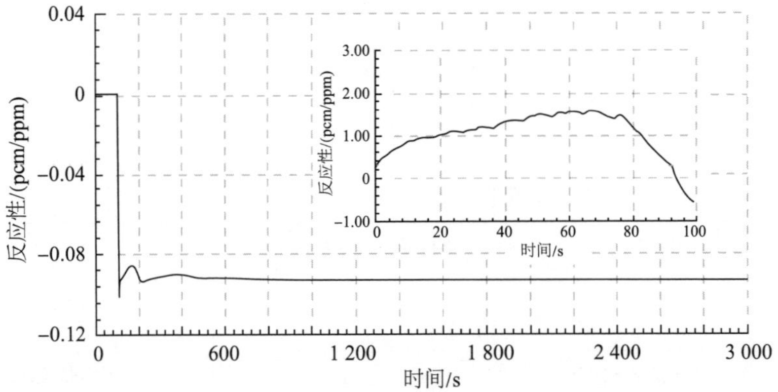

图 4-20　一束控制棒抽出事件的堆芯总反应性

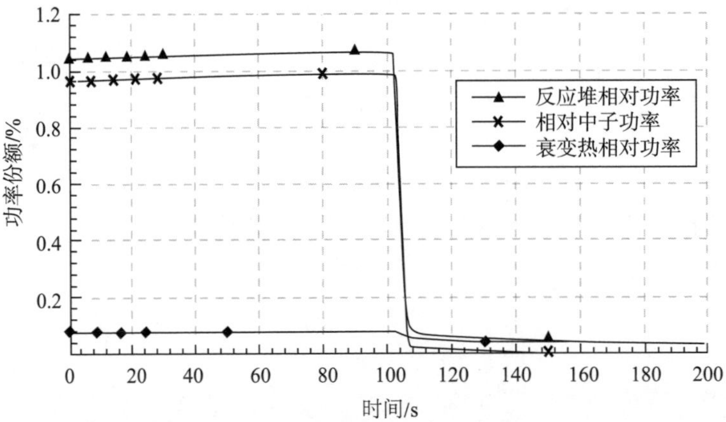

图 4-21　一束控制棒抽出事件的反应堆功率

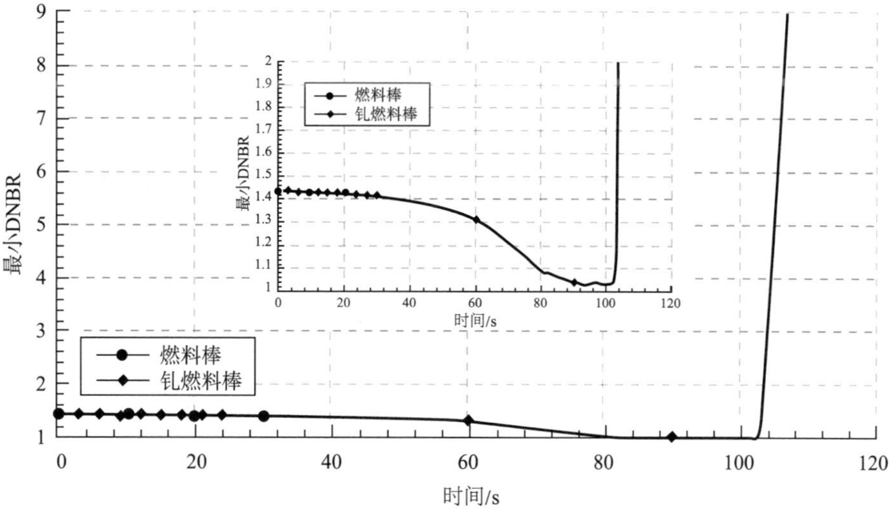

图 4-22　一束控制棒抽出事件的堆芯最小 DNBR

一束控制棒抽出事件的反应性分析：

满功率运行时一束控制棒失控抽出，由于单束控制棒抽出引入的正反应性较小，而且伴随着燃料和冷却剂温度升高，引入的正反应性逐渐被负反馈效应所补偿，堆芯总反应性偏离临界水平较小。由图 4-20 可见，堆芯总反应性在 70 s 前微正，随后由于单束棒在堆芯上部价值较低且温度上升引入的负反馈效应，堆芯总反应性在触发停堆前就已达微负。

④控制棒弹出事故：考虑控制棒从最低位置突然快速运动到最上部位置。由于控制棒机械保护套断裂，因此发生了控制棒驱动结构压力下降，这种事故状态可能发生并且属于设计事故等级。此外，耐压壳破裂后，冷却剂开始通过不超过镝 38 mm 的相应等效的直径截面“泄漏”。控制棒弹出事故被列为 VVER 机组的设计基准事故，在其事故分析中，对多个保守情景进行了分析，以下仅列出后果最为严重工况的计算结果。

初始条件：在燃料平衡循环寿期初（第 14 循环），RP 功率为 104％FP 时反应堆瞬态氙中毒，在 3.5 s 第三信号（通过局部参数）触发反应堆紧急停堆。

始发事件：一束 CPSCR 弹出。

保守假设：保守假设失效 CPSCR 的值，并保守假设其在堆芯底部的位置；不考虑正常操作系统 PP-1、PP-2、APC、PG、稳压系统的工作；计算中假定 NPP 失电；假定失电发生在 CPSCR 开始弹出的瞬间；在 EP 终止期间，需考虑 AR 插入上部位置的最大值；事故后期进程（事故开始后 6～10 s）通过对等效直径小于 50 mm 的反应堆集流腔破裂谱的计算分析来确定。

事故的发展序列如表 4-7 所示。

表 4-7　控制棒弹出事故发展序列

时间/s	事件	连锁作用，系统引发值或原因
0	装料 14 寿期初，反应堆在 104%FP 下运行；始发事件，CPSCR 弹出	始发事件
0.0001	NPP 失电（导致 RCP 组断电，PRZ 给水供应终止，汽轮机截止阀关闭，化学药品和容积控制系统，PRZTEH、BRU-K 不能运转）	
0.0025	超出极限线性功率曲线 5%	紧急停堆（计算时不考虑）
0.005	热中子通量密度大于 107%	紧急停堆（计算时不考虑）
0.055	DNBR 减少，小于 1.2	紧急停堆（延迟时间为 3.5 s）
0.06	中子功率周期小于 10 s	紧急停堆（计算时不考虑）
3.56	由于紧急停堆，CPSCR 开始落棒；假定 CPSCR 插入是最大值	
10.6～100	启动 SG2、3、4 蒸汽管道的 BRU-A，随后在维持控制压力模式下运行	
100	计算结束	

计算得出的事故后果列于表 4-8。

表 4-8　控制棒弹出事故的后果

燃料棒/钆燃料棒最高燃料温度/℃	2 387/2 008
包壳最高温度/℃	1 090

续　表

燃料棒/钆燃料棒最高燃料温度/℃	2 387/2 008
径向平均燃料焓最大值/J·g⁻¹	674
一回路最大压力/MPa	15.6
二回路最大压力/MPa	7.5
最小 DNBR	<1

计算得出的相关曲线如图 4-23～图 4-25 所示。

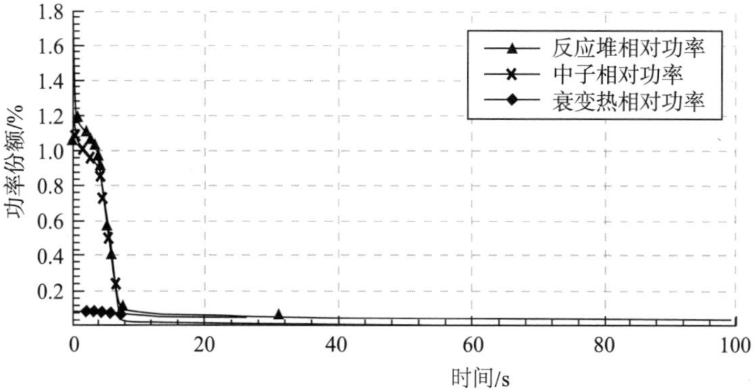

图 4-23　控制棒弹出事故的反应堆功率

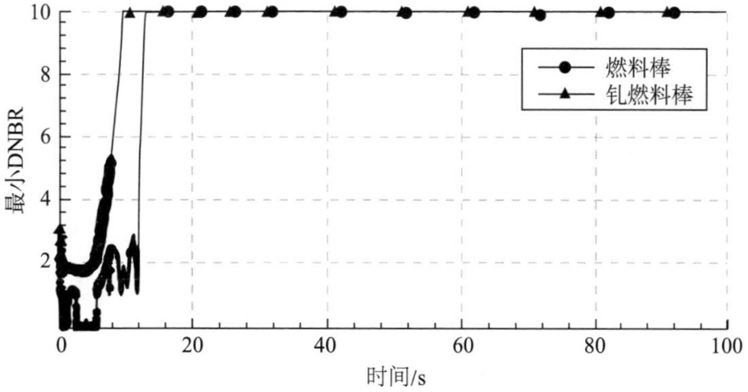

图 4-24　控制棒弹出事故的最小 DNBR

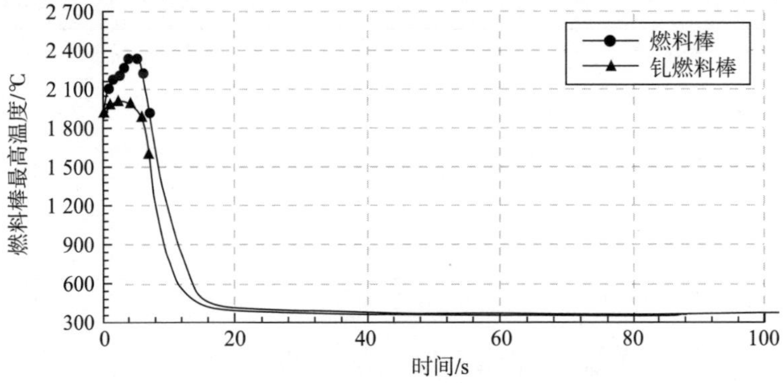

图 4-25　控制棒弹出事故的燃料棒最高温度

控制棒弹出事故的反应性分析：

满功率运行时一束控制棒弹出，堆芯瞬间引入大量的正反应性，发生瞬发超临界，反应堆功率迅速上升，堆芯燃料最高温度快速上升，最小 DNBR 也快速降低。此瞬态必须由紧急停堆来缓解，否则堆芯将完全失控。在保守忽略第一、第二停堆信号，第三停堆信号延时 3.5 s 的极限情况下，堆芯功率和温度在控制棒落下前已经有了大幅升高。

4.2　硼控系统意外稀释/硼化的反应性事件

4.2.1　意外稀释事件

事件一：某电厂主系统误稀释（CNP600）

(1) 事件名称

某电厂主系统误稀释

(2) 事件经过

事件发生前机组处于冷停堆状态，没有发生安全系统的不可用。

2001 年 10 月 31 日，运行值执行对一回路进行升压的操作过程中，要进行一回路补水。操作员决定用 REA 7 000 ppm 的浓硼酸与清水混合方式补给。

13：20，在一回路开始逐步升压、静排气过程中，开始进行 REA 补给；在 14：30 左右，一回路压力达到 2.0 MPa，发现一回路硼表指示为 2 080 ppm，运行值立即停止 REA 补给，联系化学取样（结果为 2 050 ppm），主控同时查找原因。经查找发现，是由于 1REA003PO 已经在线到 1PTR001BA，REA 补给误将 1PTR001BA 中 2 100 ppm 的硼水，当作 9REA003BA 中 7 000 ppm 的硼水使用，造成向一回路补给的硼浓度不足，一回路被稀释。

15：10～15：30，将 REA003PO 在线到 REA003BA，先后两次向一回路硼化，取样结果为 2 133 ppm。本次事件造成一回路硼浓度低于 2 100 ppm，违反了技术规范的要求，由于及时发现未对核安全造成影响。

（3）事件原因

直接原因：为主系统升压补水时误充入低于 2 100 ppm 硼水。

根本原因：在于主控操作员未仔细检查系统在线状态而操作失误，并且由于设计上存在缺陷，主控室一回路硼浓度变化大报警一直存在，没有及时给出相关警示。

（4）纠正措施

（a）主控操作必须按相关运行规程进行；

（b）加强交接班制度管理；

（c）密切关注系统状态，详细记录各种运行参数和各种操作指令；

（d）在主控白板上记录重要操作和在线情况；

（e）硼浓度变化大报警（REN055AA）一直在触发状态，给操作员正确监视和判断带来困难，联系设计院尽快处理。

（5）经验教训

加强操纵人员的安全文化教育，加强操作员的学习和培训，防止习惯性违规，详细查看运行日志，减少出现人为失误；调试过程中发现的设计缺陷必须尽快消除。

事件二：某电厂硼酸储罐硼酸误稀释（CNP600）

（1）事件名称

2REA004BA 硼酸储罐硼酸误稀释事件

（2）事件经过

2004 年 12 月 1 日，2 号机组小修结束。

11：00 2号机组达到热停堆状态。按G1规程要求，在临界稀释操作之前，需要将REA的在线从2PTR001BA改至2REA。主控决定将2REA硼酸泵的在线改至2REA004BA，2REA004BA当时的液位为5.5 m。

12：00 运行人员到现场执行操作，先后关闭2REA192VB和2REA155VB阀门。

13：30 运行现场操作员现场第二次巡检，此时已经完成REA在线更改约1 h。

17：00 继续对一回路进行稀释操作，主控接核岛现场操作员报告，发现PTR001BA液位变化异常，立即去现场检查REA在线情况，对2REA192VB和2REA155VB又分别关闭了3圈及2圈，观察PTR001BA液位趋于稳定并最终稳定在15.45 m。

经查看，KIT中PTR001BA趋势变化情况，发现2PTR001BA水箱液位由15.65 m下降至15.45 m，同时2REA004BA液位由初始的5.5 m上涨到7.6 m。即从12：00REA硼酸泵在线由PTR改为REA004BA后至17：00之间的5 h，2PTR001BA水箱中的低硼水共约21.6 t流入2REA004BA硼酸贮罐。

(3) 事件原因

直接原因：运行现场操纵人员在执行改变2REA硼酸泵在线操作时，2REA155VB及2REA192VB未完全关闭，导致2REA004BA硼酸储罐硼酸被稀释。

根本原因：

(a) 工作实践：运行人员未能有效地实行自检、互检以确保工艺系统设备在正确状态运行；

(b) 监督实践：阀门在线后硼酸罐的液位变化没有得到有效及时的监视；

(c) 培训资格：类似的阀门操作已重复多次，核电厂也发生过类似的事件，运行人员未能进行有效的经验反馈；

(d) 监督方法：机组重要运行状态变化的核安全监督未有效实施。

（4）纠正措施

（a）运行处在运行各值通报学习此事件，组织全体运行人员进行学习反馈。

（b）由运行处考虑建立重要操作后一段时间内临时增加巡检相关参数的频率，并形成纸面记录的例行制度。

（c）要求运行各值在交接班时，接班值人员应对常用的系统重要参数进行核实，做到心中有数。

（d）规定 REA 每次改变在线操作前，系统在线图上必须有：a）风险分析的书面文字；b）凡具有核安全风险的运行操作，主控应指定人员进行连续跟踪；c）编制相关储罐、水箱的液位跟踪表（暂定为 0.5 h 一次，至少 3 次）。

（e）对 REA 系统等涉及核安全方面有关的运行操作，特别是在机组状态转变过程中的重要操作，核安全处应加强现场监督，并立即按要求执行。

（f）维修处编制 REA、PTR 等阀门操作的培训材料（包括阀门结构、操作要领、注意事项等），由培教处考虑对运行人员进行阀门操作的技能培训。

（5）经验教训

加强对操纵人员的安全文化教育，加强对操作员的培训，防止习惯性违规，详细查看运行日志，减少出现人为失误；调试过程中发现的设计缺陷必须尽快消除。

事件延伸：意外稀释事故的反应性分析

（1）CPR1000 机组

反应堆发生意外稀释事件的起因主要有以下 3 种：

（a）操作员操作失误；

（b）硼补给系统或化容系统故障；

（c）二回路清水通过破损的蒸汽发生器传热管进入一回路，或设备冷却水系统中的水通过余热排出系统热交换器破损传热管进入一回路。

低硼浓度水注入一回路将造成堆芯反应性增加。失控硼稀释如果发生在停堆期间，堆芯可能重返临界；如果发生在功率运行期间，可能发生偏离泡核沸腾危机。

反应堆关于误稀释，针对不同的反应堆工况都设置了预防和自动保护措施：

(a) 换料与蒸汽发生器检修期间：由“反应堆冷却剂系统水位高”或“源量程中子通量密度高”报警信号提醒操纵人员已发生稀释。

(b) 停堆期间：由“源量程中子通量密度高”报警信号保护，该信号将自动隔离 RCV 系统，并自动将 RCV 上充泵切换到反应堆换料水箱。

(c) 功率运行期间：由反应堆保护系统提供保护。

值得注意的是，如果堆芯发生持续的失控稀释，在稀释源短时间内无法排除的情况下，反应堆必须保证有足够的负反应性引入能力，方能避免堆芯反应性失控。因此，在反应堆接近临界状态时，通常会提前将安全停堆棒提出堆芯，保证发生意外重返临界事故时堆芯能快速地引入负反应性。

稀释引发的反应性事件一般较为缓慢，有足够的时间让操纵人员发现并采取措施纠正。表 4-9 给出各工况下失控稀释时报警及重返临界的时间序列。

表 4-9　失控稀释事故时报警及重返临界的时间序列

<table>
<tr><th colspan="2">时间及工况</th><th>首次报警或保护
产生时间/min</th><th>继续稀释返回
临界时间/min</th><th>报警后操作员
响应时间/min</th></tr>
<tr><td rowspan="2">蒸汽发生器
检修时</td><td>水装量增加</td><td>12（首循环）/
12（后续循环）
（反应堆高水位）</td><td>113（首循环）/
57（后续循环）</td><td>101（首循环）/
45（后续循环）</td></tr>
<tr><td>水装量恒定</td><td>69/37（高通量密度）</td><td>113/57</td><td>44/20</td></tr>
<tr><td colspan="2">换料停堆时</td><td>80/43（高通量密度）</td><td>130/66</td><td>50/23</td></tr>
<tr><td colspan="2">功率运行（棒手动）</td><td>30/38
（超温 ΔT 信号）</td><td>107/61</td><td>77/23</td></tr>
</table>

续　表

时间及工况	首次报警或保护产生时间/min	继续稀释返回临界时间/min	报警后操作员响应时间/min
功率运行（棒自动）	2/3（R 组低低插入限值的报警）	22/22（失去停堆裕量的时间）	20/19

（2）VVER 机组

VVER 机组的事故分析中对于稀释事件，主要考察硼控制系统故障导致一回路冷却剂装量增加或硼浓度降低。根据堆芯初始条件的不同，稀释事件的分析主要分为功率运行工况和次临界工况两类。

对于功率运行时，保守的计算分析如下：

初始条件：平衡循环寿期初，反应堆功率初始值假设为 104%FP 堆芯功率峰处于上部的氙瞬态；

始发事件：通过硼控制系统向一次回路连续补充温度为 60 ℃、流率为 80 m^3/h 的纯冷凝水；

保守假设：自动功率控制系统失效，注入稳压器失控、一次回路排放失控。

事故的发展序列如表 4-10 所示。

表 4-10　功率运行时失控稀释事故发展序列

时间/s	事件	连锁作用，系统引发值或原因
0	在第 14 燃料荷载循环开始，功率向堆芯上部倾斜，反应堆在 104%FP 的水平下运行； 温度为 60 ℃和流率为 80 m^3/h 纯冷凝水开始补充	始发事件
94.0	达到紧急停堆设置点（不考虑滞后）； 假设第一个紧急停堆信号失效	堆芯上部压力大于 17.5 MPa
109.0	紧急停堆信号产生开始（不考虑滞后设计达到设置点）	热段中冷却剂温度高于 328 ℃

续 表

时间/s	事件	连锁作用，系统引发值或原因
125.5	由于紧急停堆，CPSCRs 开始落下，假设插入一个 CPSCR	紧急停堆
135.5	汽轮机截止阀关闭开始	紧急停堆信号 10 s 滞后
136.0	所有 BRU-Ks 开启，在控制模式下运行	BRU-Ks 开启设置点
709.0～1 800.0	第二和第三 PRZPORZ 周期性开启； 假设 PRZRORV 第一次开启失效	PRZPORV 开启设置点
1 800.0	计算结束	

计算得出的相关曲线如图 4-26～图 4-28 所示。

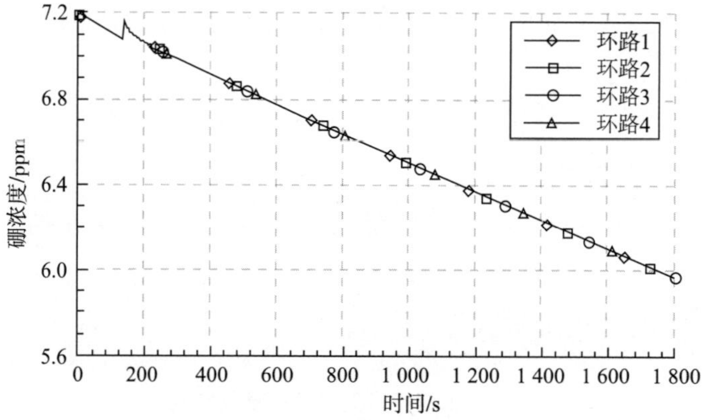

图 4-26　失控稀释事故的堆芯硼浓度

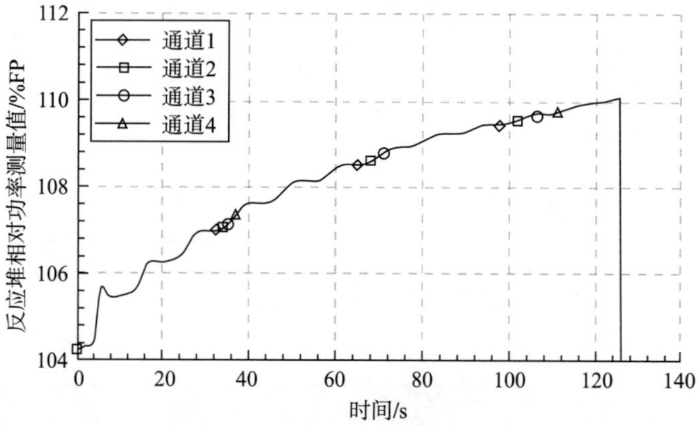

图 4-27　失控稀释事故的反应堆相对功率测量值

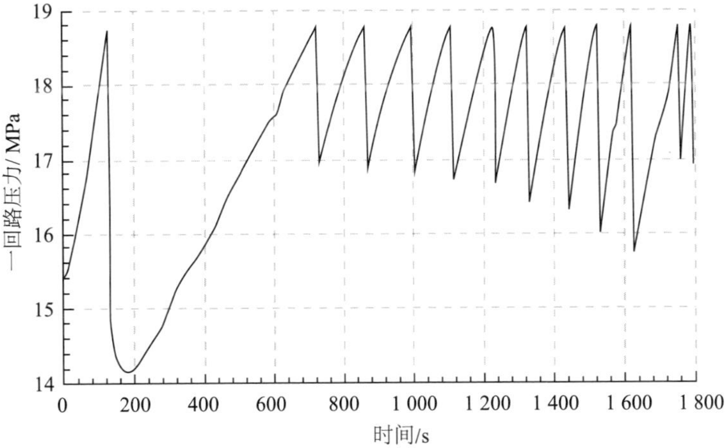

图 4-28　失控稀释事故的一回路压力

功率运行时失控稀释事件的反应性分析：

通过硼控制系统，续补充温度为 60 ℃、流率为 80 m^3/h 的纯冷凝水到一次回路。由于硼酸浓度降低，堆芯引入正反应性，反应堆功率升高。释放的反应性通过由于燃料和冷却剂温度的升高的反馈补偿。由于一次回路冷却剂装量和反应堆功率的增加，一次回路压力的激增。紧急停堆设置点在 94 s 时刻，堆芯压力超过 17.5 MPa 达到。假设第一次紧急停堆信号失效。在 109 s 时刻，紧急停堆信号由热段温度升高超过 328 ℃引发，在滞后 16.5 s 后，CPSCR 开始下落，堆芯由意外稀释引入的正反应性才得以控制。当然，如果堆芯继续稀释下去，即便控制棒已经落入堆芯，反应堆次临界度会逐渐降低最终重复临界。因此，操作员必须尽早发现稀释源并加以隔离。

对于次临界状态下的持续稀释事故，安全分析侧重于计算堆芯从开始稀释到重返临界的最短时间，保证操纵人员有足够的时间进行干预，隔离稀释源或进行堆芯注硼。表 4-11 列举了几个典型次临界状态下稀释事故重返临界的最短时间。

表 4-11　失控稀释事故重返临界的最短时间

始发事件	冷却剂连续补充温度为 60 ℃、流率为 80 m^3/h 的纯冷凝水		
初始状态	反应堆功率为零； 一回路温度 280 ℃； 硼浓度 14.34 g/kg； CPSCP 棒 1～9 组在顶， 第 10 组在堆底	反应堆功率为零； 一回路温度 20 ℃； 硼浓度 16 g/kg； CPSRP 棒均在堆底	反应堆满功率； 硼浓度 7.86 g/kg； CPSRP 棒正常位置 满功率的功率亏 损反应性为 3.6%
重返临界状态	堆芯反应性为零； 硼浓度 12.37 g/kg； CPSCR 棒均在堆底	堆芯反应性为零； 硼浓度 13.68 g/kg； CPSCR 棒均在堆底	反应堆功率为零； 一回路温度 270 ℃； 硼浓度 6.96 g/kg； CPSRP 棒在堆底
初始次临界度/%	−1.0	−6.5	0
CPSCR 停堆价值/%	4.5	0	6.1
硼微分价值/（g/kg）	2.8	2.8	2.8
硼浓度改变值/（g/kg）	1.96	2.32	0.89
稀释时间/min	31	32.9	25.2

上述次临界状态下稀释事故分析计算得出的稀释时间，并非堆芯首次重返临界的时间，而是考虑了反应堆自动停堆（落棒）动作后，堆芯继续稀释进而再次重返临界的时间。操纵人员需在上述时间内对稀释源进行识别并隔离，启动堆芯注硼。否则堆芯将处于失控的超临界状态。

4.2.2　意外硼化事件

事件三：某电厂一回路硼浓度过高（2 900 ppm）（M310）

（1）事件名称

一回路硼浓度过高（2 900 ppm）

（2）事件经过

1993 年 12 月 7 日上午 9：00，经过 2REA004BA 向换料水箱 2PTR 进行补给。

由于 2REA205VB 的状态设置错误，硼酸经 2REA205VB 注入到反应堆冷却剂系统（RCP），而反应堆硼和水的补给系统（REA）的水注入到 PTR 水箱，导致 RCP 系统硼浓度（2 900 ppm）及 PTR 水箱硼浓度（2 050 ppm）超出了规定值。经调查本事件具体情况如下：

（a）11 月 28 日，实行特殊的管路状态设置，从 PTR001BA 经 REA003PO 及 REA205VB 提供主冷却剂泵密封水。

（b）当 RCV 复原时，阀门 REA205VB 未被关上。

（c）11 月 30 日，硼水从 9REA003BA 经 REA001PO 输送至 REA004BA。12 月 1 日，对 REA004BA 搅混和分析，管路的状态设置仅进行至阀门 REA064VB。

（d）12 月 7 日，从 REA004BA 向 PTR001BA 补给，未对阀门 REA205VB 进行核查，于是硼酸注入到 RCP，而水注入到 PTR 水箱。

M310 机组 REA 系统硼酸部分流程图如图 4-29 所示。

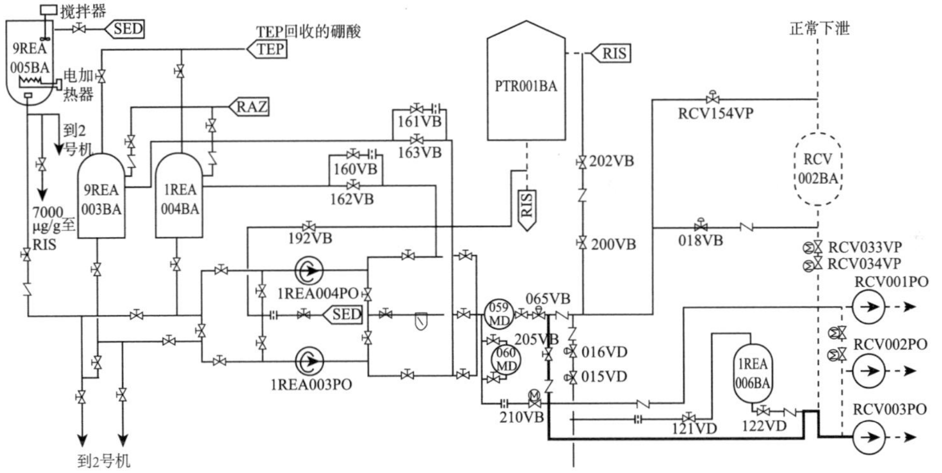

图 4-29　M310 机组 REA 系统硼酸部分流程图

（3）事件原因

（a）在线文件不完善，在线文件包准备过程中的多道屏障失效；

（b）操作员对一回路关键参数没有监视；

（c）一回路硼浓度增加无报警提醒。

（4）纠正措施

（a）当系统运行在特殊的模式时，必须有特殊运行的记载，必须给出临时的措施及指令，并明确给出可能存在的风险。

(b) 当系统复原至正常的管路状态设置时，必须立即重新使用相关的规程，并取消临时性的措施和指令。

(5) 经验教训

过高的硼浓度存在硼酸结晶的风险。

事件延伸：意外硼化的反应性分析

无论是M310机组还是VVER机组，高硼浓度水注入一回路将向堆芯引入负反应性，从反应性角度看是偏安全的，因此本处不再过多讨论。但值得注意的是，硼浓度过高也存在以下风险：

(a) 过高的硼浓度，可能造成堆芯出现正温度系数，引发堆芯正反馈的风险；

(b) 过高的硼浓度，在长期再循环阶段存在硼结晶的风险。

4.3 堆芯温度意外波动的反应性事件

4.3.1 二回路排热增加

事件一：主给水B泵卡件故障导致高加解列引起停堆停机（CNP600）

(1) 事件名称

某电厂2号机组主给水B泵卡件故障导致高加解列引起停堆停机。

(2) 事件经过

事件发生前机组的状态：满功率事件发生前安全系统均可用性。事件进展序列如下：

2015年6月14日，2号机组处于满功率运行；

10：23：40，DCS28号操作站3082MB卡件离线，给水泵B转速快速下降，蒸汽发生器给水流量和水位快速下降；

10：24：19，主控室操作员手动启动备用主给水C泵，两台蒸汽发生器给水流量分别从最低1 135 t/h、1 178 t/h回升；

10：24：26，两台蒸汽发生器水位下降至约−0.7 m后开始回升，整个过程SG水位自动调节正常；

10：25：08，5B 高加 3H 信号出现，高加 B 列解列；

10：25：11，5A 高加 3H 信号出现，高加 A 列解列，操作员开始以 30 MW/min 降负荷；

10：26：25，C4 信号触发，汽轮机甩负荷；汽轮机开始 RUNBACK 甩负荷程序，以 200%FP/min 动作了 1.5 s，负荷降低了约 30 MW，但由于负荷变化较小，未能有效降低一回路温度，一回路冷热端温差未减少；

10：26：53，超功率 ΔT 停堆信号（2RPA167EC/2RPB167EC）2/4 动作停堆、停机；操作员执行 DEC 故障诊断规程，根据 DEC 程序引导执行 I1 事故规程“反应堆紧急停堆”，稳定机组状态在热停堆状态。

（3）事件原因

直接原因：主给水 B 泵控制卡件 3082MB 故障导致 B 泵出力下降；手动启动主给水 C 泵维持蒸汽发生器水位后，主给水流量大幅变化，以及启动的主给水 C 泵及相关管线内的冷水进入高加导致两列高加液位三高解列；两列高加同时解列，主给水温度大幅下降导致一回路冷端温度降低引入正反应性，一回路核功率上升，反应堆超功率 ΔT 达到 108%定值，停堆信号触发，机组停堆停机。

根本原因：主给水 B 泵控制卡件 3082MB 故障；主给水 C 泵启动后，泵和相关管道内的冷水进入高加。

（4）纠正措施

两个机组已按照计划在实施 DCS 升级改造工作，1 号机组在 111 大修中已升级改造完毕，运行情况良好；2 号机组预计在 211 大修中实施。梳理 DCS 系统的预防性检查项目，进行外部同行调研并联系厂家，重新评估 DCS 系统及优化预防性维修项目，包括定期更换卡件的必要性和周期。

2015 年 6 月 26 日，经生产技术委员会议讨论决定：同意 1、2 号机组主给水泵增加暖泵管线，具体方案参照 3、4 号机组已实施的改造方案，同时考虑泵组设备差异的影响。

事件二：某电厂4号机组两列高加解列，核功率上升（CNP600）

（1）事件名称

4号机组主给水切换试验导致两列高加解列，核功率上升。

（2）事件经过

事件发生前机组的状态：满功率事件发生前安全系统均可用。事件进展序列、初因事件和子事件：

2011年12月24日晚，主控操作员准备执行TP4APA50主给水泵切换试验规程，试验前检查了泵的状态和相应的辅助系统状态，符合试验要求；

20：33：41，首先模拟4APA102PO电动给水泵的入口关闭信号，该信号导致4APA102PO故障跳闸；

20：33：43，处于备用状态的4APA302PO立即自动启动，汽水压差瞬间下降后很快恢复，蒸汽发生器水位最低为－0.12 m，随后正常调节在程序整定值0附近；整个过程APA的动作正确，蒸汽发生器水位调节正常，没有触发相关的蒸汽发生器水位报警；

20：33：43，处于备用状态的4APA302PO自动启动后，管道中的水相对于正常运行泵的水是“冷”的，冷水经过高压加热器，导致在5#高加壳侧的蒸汽冷凝水大量增加，AHP5#高加入口温度快速下降，5#高加内抽汽增大，壳侧疏水水位快速上涨；

20：34：30，AHP5#高加高2水位触发紧急疏水阀开启；

20：34：36，AHP5#高加高3水位出现，导致高加自动解列（A、B列基本同时解列）；在这个过程中，汽轮机在最初的时间由于高加抽汽的隔离，用于汽轮机做功的蒸汽增加而导致汽轮机功率增加到708 MW，DEH开始关汽轮机调门，控制基本正常，汽轮机功率基本恢复到了672 MW；

20：34：45，在AHP水侧解列过程中，即旁路给水阀门4AHP018VL正在开启过程中高加水位3高就消失，主控人员随即重新投入AHP系统；由于高加抽汽的投入，减少了汽轮机做功的蒸汽，导致汽轮机功率迅速下降到602 MW，为了维持汽轮机功率，汽轮机调门开始迅速开大（这也导致主蒸汽压力下降较快，不利于汽轮机功率的回升，一回路温度开始下降，核功率开始上升）；

20：36：30，汽轮机调门开大到 63%，蒸汽需求量大于限定值的 98%，DEH 中 MW 反馈自动退出，汽轮机调门不再开大（保持不变）；此时汽轮机功率还未到达额定功率 670 MW，由于核功率的增加，主蒸汽压力开始回升，导致汽轮机冲动级压力也开始上升，汽轮机功率开始上升，在停机停堆之前，核功率在 101.2%FP，汽轮机功率再回升到 683 MW 左右；整个过程中核功率最高上升到 101.6%，一回路平均温度最低到 308 ℃；

20：38：31，核功率为 101.2%FP，汽轮机功率上升到 683 MW 左右，DEH 的 MW 回路无法投入，DEH 的手动操器指示灯由于故障不亮，主控人员误认为 DEH 无法手动操作；同时为防止一回路过冷引起核功率升高，主控操作员手动停堆停机，停堆后各系统动作及参数变化均满足设计要求。

（3）事件原因

直接原因：

（a）主给水泵切换后，进入高加的水温度过低，冷凝水大量增加，导致高加解列；

（b）AHP 的再次投运，汽轮机功率快速降低，汽轮机调门开大到限值，导致 MW 回路退出；

（c）P6 盘手操盘上 Manual 指示灯不亮，不能明确 DEH 是否切为 Manual，未能及时按“手动关 GV”指令按钮来手动关汽轮机调门。

根本原因：备用主给水泵管线内水不流动，温度等同环境温度，在紧急切换后，冷水进入高加，导致高加解列。

（4）纠正措施

（a）增加 APA 泵暖泵管线设施；

（b）在改造实施前编制 TOI；

（c）加强对主控操作员的 DEH 操作培训。

事件延伸：给水温度降低的反应性分析

（1）CPR1000 机组

给水温度降低，导致一回路温度降低。由于负温度系数反馈效应导致堆芯引入正反应性，堆芯功率上升。通过棒控或者自稳自调功能达到新的平衡。

采取保守假设，在以下最恶劣的情况下可以计算得出的事件序列见表 4-12。

表 4-12　给水温度降低事件序列

机组初始条件	事件序列
初始功率 100%FP； 稳压器加热器没有投入； 反应堆没有处在自动控制； 3 台蒸汽发生器进口温度在 0 s 都出现给水温度阶跃下降； 下降温度取一列高加隔离下降 23 ℃	给水温度下降 23 ℃：0 s 达最大功率（106%FP）：54.4 s 达到功率平衡（106%FP）：54.4 s 之后

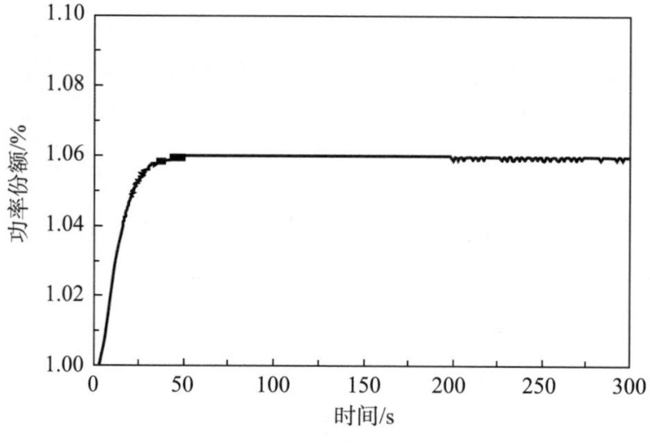

图 4-30　给水温度下降引起的核功率变化

（2）VVER 机组

在 VVER 机组中，给水温度降低可能是由 HPH 关闭引起的，此时，补充至所有 SG 的给水温度降低到 164.0 ℃。给水温度降低会导致一回路排热增加，冷却剂温度降低而引入正反应性。从作用机制角度来分析，给水温度降低与给水流量增加对堆芯反应性的作用方式是一致的。在 VVER 的事故分析中，将给水温度降低和给水流量增加两类事故进行叠加分析。设想的工况为：

初始状态：反应堆功率的初始值假定为 104%FP。

初始事件：由于主给水泵容量增加到最大，AFWP 开启，SG2 给水流率增加；由于 HPH 关闭，补充至所有 SG 的给水温度降低到 164.0 ℃。

保守假设：堆芯反应性参数采取保守值；忽略第一停堆信号；假设停堆时刻起电厂失电；假设一个 DG 失效；假定第二个 DG（在始发事件前）正维修；假设 SG2 蒸汽管线的 BRU-A 和第一个 PRZPORV 失效。

事件发展序列如表 4-13 所示。

表 4-13 给水温度降低叠加给水流量增加的事件序列

时间/s	事件	连锁作用，系统引发值或原因
0	误将所有 HPHs 关闭； 误将 SG2 给水控制阀和 AFWP 开启	始发事件
7.5	第一次紧急停堆信号产生（忽略）	中子通量密度增加超过 107%FP
18.9	二次紧急停堆信号开始产生	堆芯最小 DNBR 减至 1.20
22.4	CPS 控制棒开始动作	紧急停堆
22.4	失去电力： · 所有 RCP 设备断电； · 涡轮 StVs 关闭； · 主辅给水泵断电	保守假设
27.6	SG1、3 和 4 蒸汽管线上 BRU-As 开始开启（假设 SG2 上的 BRU-A 失效），进一步在压力稳定的模式下进行	
1 437.5～1 750.0	第二和第三 PRZPORV 运行期	开启的设置点－18.60 MPa
1 720.0	SG3、4 水位为标准值以下 900 mm，开始从 EFWP 向 SG3、4 补水	
5 400	计算结束	

计算得出的相关曲线如图 4-31～图 4-33 所示。

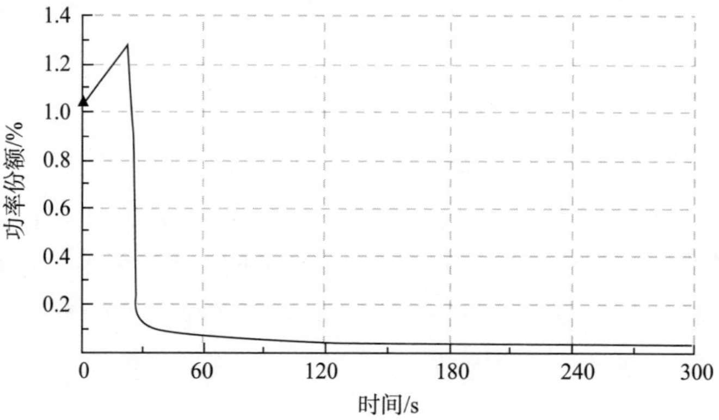

图 4-31　堆芯相对功率变化

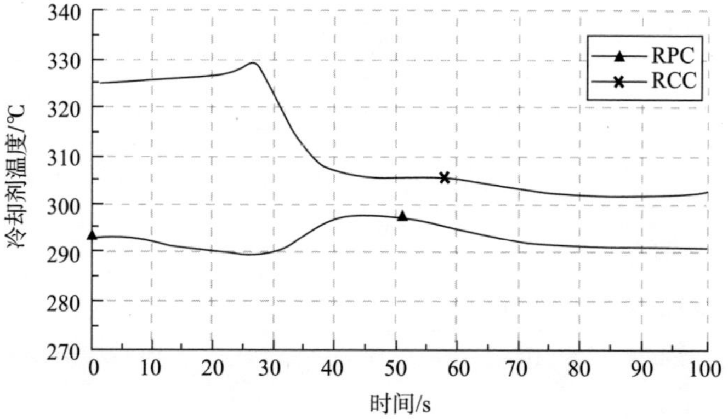

图 4-32　堆芯出入口冷却剂温度变化

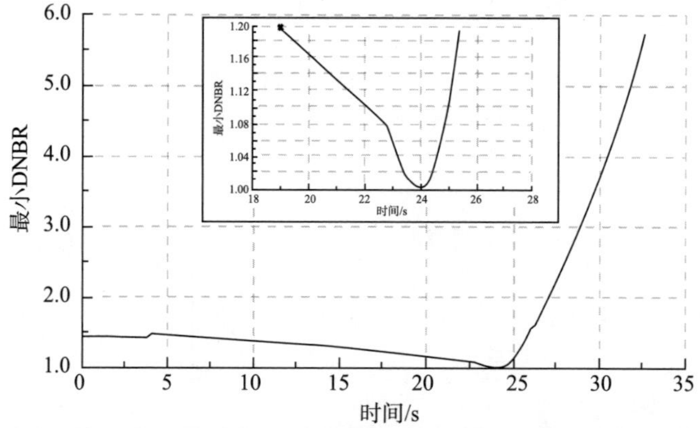

图 4-33　堆芯最小 DNBR 变化

给水温度降低和给水流量增加叠加事故的反应性分析：

由于补充至所有蒸汽发生器的给水温度降低（由 HPH 关闭引起），同时由于 SG2 给水流率增加，所有蒸汽发生器的压力降低。从一次回路移出增加的热量导致其冷却剂温度降低。APC 在保持涡轮上游常压值的模式下运行，导致反应堆功率增加，同时事故过程 7.5 s 时刻，到达 107%FP，这在保守计算中未考虑。在 18.9 s 时刻，由于最小堆芯 DNBR 降至 1.20，触发紧急停堆，考虑测量通道的滞后（3.0 s）和时间信号在电路中的传输（0.5 s）。控制棒在 22.4 s 开始落下。此时堆芯热功率已上升至约 126%FP。

事件三：ARE033VL 机械全开导致 SG 水位高高信号自动停堆（M310）

（1）事件名称

2ARE033VL 机械故障全开导致反应堆因 3 号蒸发器水位高高信号自动停堆。

（2）事件经过

2005 年 8 月 21 日 10：31：52，主控室出现 2VVP405/406AA（3 号蒸汽发生器给水流量大于蒸汽流量报警），主控显示 3 号蒸汽发生器的水位快速上升，给水流量大幅上升。主控操作员将控制系统切至手动后仍无法控制给水流量，蒸汽发生器水位继续上升。

10：32：45，3 号蒸汽发生器水位到达高水位，与核功率大于 10% RP 信号叠加，反应堆自动停堆。

现场操作员到现场检查，发现 L2ARE033VL 在 92%左右开度（没有发现气动头是否脱离涡轮涡杆箱）。MIC 人员到场后阀门开度已回落在 5%开度，但通过控制信号无法就地开启阀门。进一步检查发现 L2ARE033VL 的涡轮涡杆箱下部与轭架连接的 6 个连接螺栓全部脱落（4 个掉在保温层上，2 个掉到 0 m 地面），造成 ARE033VL 在系统压力的作用下全开，无法根据控制信号进行控制。机械人员微调气动机构上部后，通过主控室控制信号可以开启阀门（螺栓没有回装）。

事件发生后，维修人员在现场对脱落的螺栓及螺孔内部（内窥镜）

进行了目视检查，未见异常。由于没有螺栓备件，经讨论决定后回装阀门螺栓，再鉴定合格后恢复阀门运行。本次事件发生后，检修人员对岭澳两台机组控制系统的全部调节阀门及相关位置的连接螺栓进行了检查，发现 L2ARE031VL 上部有 3 个螺栓松动，L2ARE032VL 下部有一个螺栓松动，并全部进行了紧固处理。并对大亚湾核电厂给水流量控制系统（ARE）的阀门进行了紧固检查。

历史回顾：2004 年 7 月，运行巡检发现 L2ARE032VL 气动头上部出现轻微摇晃，经机械检查发现该部位的连接螺栓松动，于是对该阀门进行了紧固处理。本事件仅当作个案处理，没有进一步的分析和反馈。在 L201 大修中对 L2ARE032VL 气动头的隔膜进行了更换。2003 年 12 月，根据检修规程 LMVSXUFI 曾对 L2ARE033VL 进行过解体检修，咨询相关工作负责人关于该事件中松脱连接部分的检修情况，称对该部分没有进行过解体检修；检修规程中对该连接螺栓没有解体及安装力矩的要求。

（3）事件原因

直接原因：L2ARE033VL 气动头轭架下部的 6 个固定螺栓全部脱落。

根本原因：

(a) 螺栓安装力矩可能不足，或阀门安装位置长时间承受较高的震动导致螺栓松脱，最终全部脱落；

(b) 经验反馈不足（将 2004 年岭澳 L2ARE032VL 主给水调节阀发生过螺栓松动的事件当作个案处理）；

(c) 现有的巡视检查方法不能发现该故障。

（4）纠正措施

对 LXARE 管线震动实施减震动改造。普查一、二核管线震动状况，进行有针对性的改造行动。完成螺栓脱落的根本原因分析报告，并研究制定如何针对直接跳机、跳堆关键敏感设备（CCM）缺陷进行有效管理；针对汽水系统关键敏感设备，补充现场巡视清单，明确巡视要求。中期遗留问题在转入长期遗留问题管理前，现场风险要得到评估、控制并设置应急预案。

（5）经验教训

对高风险直接导致跳机、跳堆的设备故障敏感度认识不足。

事件延伸：给水流量增加的反应性分析

（1）CPR1000 机组

由于给水控制系统故障或操作员误动作使给水控制阀完全打开，引起给水流量过量增加。可以分为以下两种情况讨论：

工况①：反应堆在次临界和热态零负荷下，事故打开一个给水阀。增加冷的给水可能引起 RCP 温度降低，导致正反应性引入，可能重返临界。

工况②：满功率下事故打开一个给水控制阀。由于添加过量的冷水，将引起反应堆冷却剂温度降低，导致堆芯功率增加。

下面将分别讨论工况①和工况②下的堆芯响应情况。

对于工况①，采取下列假设：

机组初始处在热停堆；时间为零时给水控制系统故障或操作员误操作使给水控制阀完全打开，即一台蒸汽发生器的给水控制阀和旁路控制阀完全打开，正常给水温度为 100 ℃；辅助给水泵一直在运行，给水温度为 7 ℃；稳压器压力自动控制没有投运。慢化剂温度系统、多普勒系数和堆芯停堆裕量均选取保守值，并不考虑堆芯余热。控制和保护系统均考虑相应的延迟。

在此假设之下，可得到如图 4-34 所示的曲线。

对于工况②，采取下列假设：

机组初始处在满功率；时间为零时给水控制系统故障或操作员误动作使给水控制阀完全打开，流入受影响的 SG 流量增加到 200%额定流量，此后 SG 二次侧压力下降，流量进一步增加到 225%额定流量；控制棒自动控制没有投运。慢化剂温度系统、多普勒系数和堆芯停堆裕量均选取保守值，并不考虑堆芯余热。控制和保护系统均考虑相应的延迟。

在此假设之下，得到如图 4-35 所示曲线。

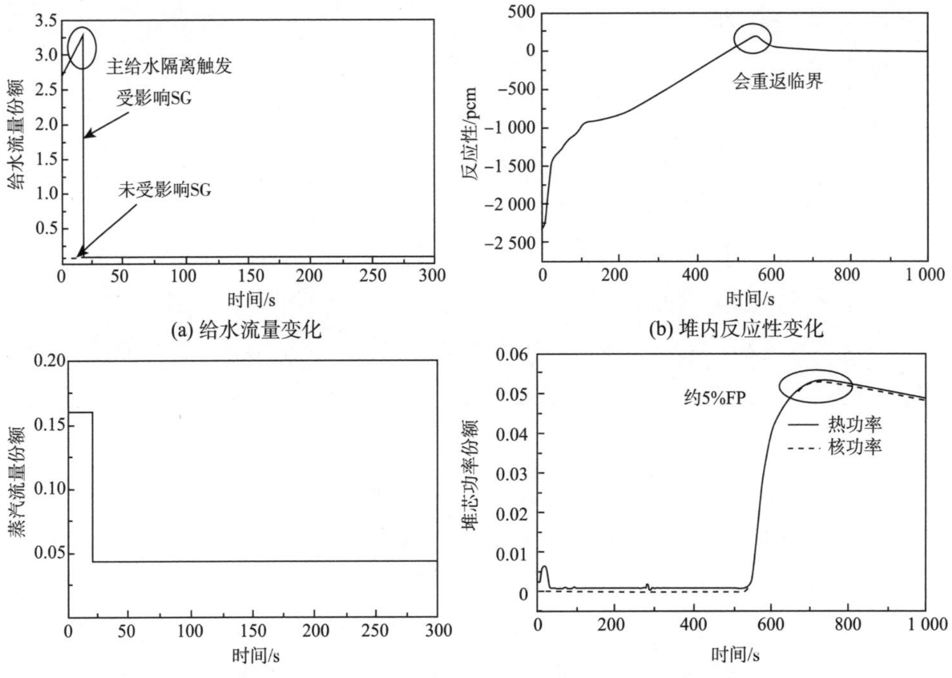

(a) 给水流量变化　(b) 堆内反应性变化　(c) 蒸汽流量变化　(d) 功率变化

图 4-34　给水流量增加的堆芯响应（工况①）

（2）VVER 机组

VVER 机组将给水流量增加和给水温度降低事件进行了叠加分析，已在前文中给水温度降低的延伸讨论中进行了说明，此处不再赘述。

事件四：目标负荷设定错误导致堆芯超功率（M310）

（1）事件名称

某电厂 1 号机组目标负荷设定错误导致堆芯热功率超过运行限值（M310）。

（2）事件经过

2003 年 8 月 21 日 2：00，1 号机组电功率为 977 MW，因一回路热功率允许，操作员准备升功率至 978 MW。但在操作过程中，操作员误将 GRE 系统目标负荷 978 MW 输入成 988 MW。2：47，另一名操作员在巡盘时发现了这一问题，立即降功率至 979 MW，使堆芯热功率重新回到运行限值 2 905 MW 以下。期间，KIT 中一回路热功率最高达

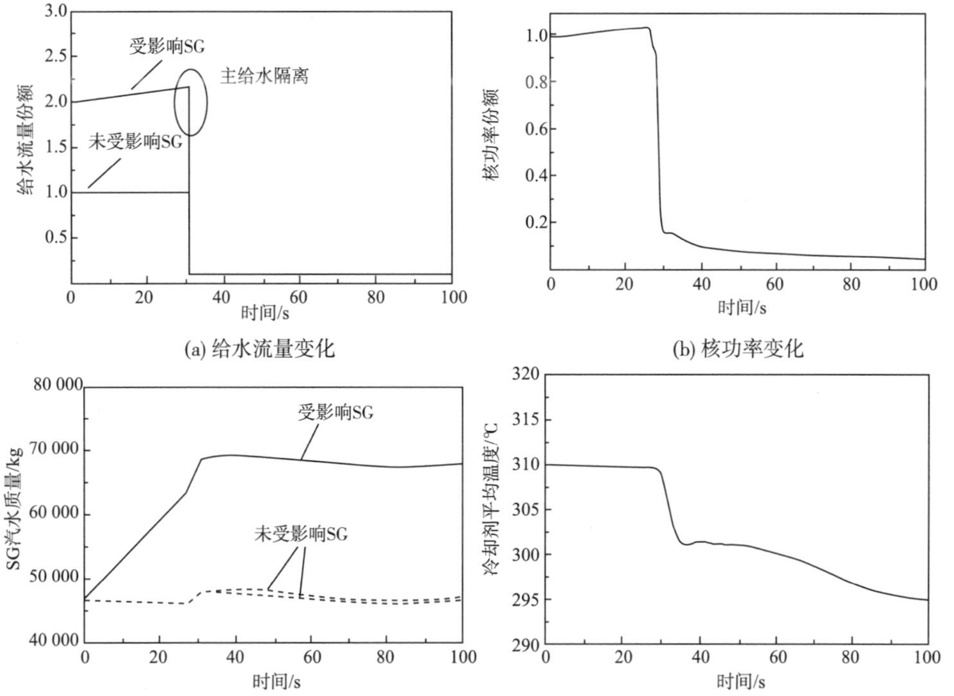

(a) 给水流量变化　(b) 核功率变化

(c) 蒸汽流量变化　(d) 冷却剂平均温度变化

图 4-35　给水流量增加的堆芯响应（工况②）

到 2 928 MW，核功率最高达到 101％FP。

（3）事件原因

直接原因：升功率时未通知另一位操作员，失去了应有的监护。

根本原因：未执行“STAR”明星自检。

事件五：2 号机组热停堆状态下汽轮机旁路排放系统 GCT-C 阀门开启导致安注动作（CNP600）

（1）事件名称

热停堆状态下汽轮机旁路排放系统 GCT-C 阀门开启导致安注动作。

（2）事件经过

2016 年 5 月 12 日，为保证调试试验主蒸汽和主给水流量标定 TP2VVP53 试验的进行，实施临时特殊设施 TSD（编号 2TSD001VVP），在主蒸汽管线压力表 2VVP024/025MP 侧安装临时精密压力表。

7月24日，调试试验TP2VVP53执行完毕，因机组处于功率运行，考虑此时拆除TSD风险较大，故调试系统负责人未提出立即拆除上述TSD。主蒸汽管线压力表2VVP024/025MP在功率运行状态因GCT-C温度控制模式，不参与控制。因缺少风险识别和决策流程，调试系统负责人对风险评估错误。

7月29日，完成满功率停堆试验，因机组正处于热停堆状态，认为停堆期间进行TSD拆除风险较低，临时安排拆除该TSD。拆除TSD未经计划安排，也未经计划会讨论，风险管控失效。

7月29日，工作负责人为拆除该TSD，到隔离办办理紧急工作票。拆除TSD不符合办理紧急票的要求，不符合《临时特殊设施（TSD）管理》的要求。

7月29日，根据定期试验计划执行柴油发电机组低负荷运行性能试验PT2LHQ001，当班值原计划在18：30开始试验，因试验配合人员未按时到位，试验推迟至19：00开始。工作负责人未识别出上述TSD拆除工作为高风险工作，在高风险工作时安排其他工作，保守决策意识薄弱。

7月29日，拆除TSD工作负责人与值长进行风险分析并讨论安全措施，决定将GCT-C切换至GCT-A控制，将GCT-C阀门控制方式设定为手动控制并置于关闭作为隔离措施，不关闭主蒸汽隔离阀。使用软件逻辑隔离，而没有使用实体隔离。隔离措施的选择不符合《隔离与许可证管理》和《临时特殊设施（TSD）管理》的要求，保守决策意识薄弱。

7月29日19：21：38，为拆除TSD建立隔离，操作员将GCT-C切换至GCT-A控制，将汽轮机旁路排放系统GCT-C阀门控制方式设定为手动控制并置于关闭。

7月29日19：21：54，因急于介入柴油机试验相关操作，操作员在关闭操作窗口时无意中触碰到“设定值功能按钮”（Set Pnt Crtl），使GCT-C阀门控制方式恢复为自动控制。操作员没有进行有效的自检，不符合《运行领域人员行为规范》要求。

7月29日19：21：54，监护人因执行柴油机试验准备，导致监护过程不完整，未发现这一异常。值长进行了同步验证，也未发现 GCT-C 控制方式切回自动的情况。副值长监护不到位，值长独立验证的独立性不足。

7 月 29 日 19：26，隔离经理确认工作票票面手写备注的隔离要求“GCT-C 切换至 GCT-A 控制，ARE 放自动”条件已满足，签发工作许可证，安措隔离以建议指令替代隔离指令。

7 月 29 日 19：52：30，工作负责人在现场开始关闭仪表 2VVP024MP 的仪表根阀，导致 2VVP024MP 压力下降为零。

7 月 29 日 19：52：37，在现场人员隔离仪表 2VVP024MP 的过程中，2VVP024MP 发生轻微波动，在约 10 s 的时间内导致蒸汽排放阀阀门开度 2GCT401KM 最高达到 10% 左右，主蒸汽流量表 2VVP002MD 发生剧烈波动。（参数变化趋势见附件 9）因过于关注柴油机试验，主控人员未在 GCT-C 第一次开启时发现相关报警，也没有对相关参数进行监视，主控人员对报警的响应及参数的监视失效，不符合《运行领域人员行为规范》要求。

7 月 29 日 19：54：04，在恢复仪表 2VVP024MP 的过程中，2VVP024MP 数值瞬间由零上升到 7.38 MPa，蒸汽排放阀阀门开度 2GCT401KM 瞬间达到 100%，随后缓慢下降，主蒸汽流量 2VVP002MD 瞬间上涨，最高达到 820.9 t/h，随后缓慢下降。

7 月 29 日 19：54：35：400，一回路平均温度低低信号 P12 出现，GCT-C 被强制关闭，蒸汽流量急剧下降。

7 月 29 日 19：54：36：100，主蒸汽流量表 2VVP002MD 在主蒸汽流量波动过程中出现低于量程的 −5%（−125 t/h）并维持约 2 s，触发质量位失效，从而产生主蒸汽流量高逻辑信号。

7 月 29 日 19：54：36：900，2 号机组安全注入系统动作。

7 月 29 日 19：54：37：100，2 号机组反应堆自动停堆。

7 月 29 日 19：55：00，操作员开始执行安注以后的事故诊断规程 A0，后续诊断进入在 P11 以上的安注意外投运规程 I3.1。

7 月 29 日 19：56：17，工作负责人恢复仪表 2VVP025MP。

7 月 29 日 20：02：46，根据 I3.1 规程，复位并停止安注。

7月29日21：23：00，根据I3.1规程，恢复机组状态至热停堆。

（3）事件原因

直接原因：操作员无意中触碰到“设定值功能按钮”。

根本原因：

（a）缺乏风险识别、评估和决策流程；

（b）未严格遵守《隔离与许可证管理》《临时特殊设施（TSD）管理》《运行领域人员行为规范》等管理程序；

（c）防人因失误工具使用不当；

（d）报警响应与参数监视不到位；

（e）保守决策意识薄弱。

（4）纠正措施

（a）操作员无意中触碰到“设定值功能按钮（Set Pnt Crtl）”，开发防止因无意中触碰导致设备状态改变的模拟机培训课程。

（b）建立风险识别、评估和决策流程，明确申请紧急票的条件、高风险作业的识别流程、方法及分类。

（c）编写管理通告，明确要求：针对高风险作业，开工前必须与主控操作员召开工前会，并明确操作步骤，编制临时操作单。

（d）组织管理程序学习，不定期抽查考核；运行处编制专项观察指导计划落实程序执行期望。

（e）编制更加细化的防人为失误工具使用管理程序，细化自检、监护、独立验证的使用要求。

（f）在后续的观察指导活动中进行有针对性的评价，强化管理期望；运行处针对报警响应与参数监视不到位，需加强相关人员对《运行领域人员行为规范》的培训，明确操作员对报警响应和参数监视的要求。

（g）在模拟机复训中，增加同时出现故障的数量，提高操作员在复杂工况下的应对能力。

（h）参加WANO组织的有关保守决策的TSM项目，比对WANO推荐的工作要求完善管理程序。

（5）经验教训

缺乏风险识别、评估和决策流程，未严格遵守管理程序导致本事件发生，需做好高风险工作的识别与固化，强化风险分析能力和保守决策意识，强化工作控制过程中的风险管控能力，防止类似事件再次发生。

事件延伸：蒸汽流量异常增加的反应性分析

（1）CPR1000 机组

蒸汽流量增加的反应性影响与给水流量增加相似，主要是导致一回路过冷而引入正反应性，使堆芯超功率（满功率工况）或者停堆裕量减少甚至重返临界（热停堆工况）。

根据引发因素的不同，蒸汽流量的异常增加的情况可分为 3 种：

①二回路蒸汽负荷意外增加：如操作员违反相关运行规程过多提升负荷，或者是蒸汽事故排放控制或汽轮机速度控制误动作。

②主蒸汽系统事故卸压：如单个汽轮机旁路阀、大气释放阀或蒸汽发生器安全阀意外打开等。

③蒸汽系统管道破裂：如主蒸汽管道破裂，最严重的为热停堆工况下的蒸汽系统管道双端剪切断裂事故。

下面将对上述 3 种情况分别进行简单介绍：

二回路蒸汽负荷意外增加，考虑堆芯从满功率阶跃增加 10%的蒸汽负荷，分析下列 4 种情况：

（a）BOL，没有操作员动作的手动反应堆控制状态；

（b）EOL，没有操作员动作的手动反应堆控制状态；

（c）BOL，自动反应堆控制（最小棒价值）；

（d）EOL，自动反应堆控制（最小棒价值）。

计算的结果为：在假定的最大紧急停堆整定值下，不会发生紧急停堆。

对于控制棒手动控制的情形，蒸汽流量增加导致慢化剂温度降低，引入正反应性使核功率上升，与二回路负荷匹配。在 BOL，由于慢化剂温度系数绝对值小，慢化剂平均温度约降低 8 ℃，堆芯反应性的最大值约为 1.5 pcm；在 EOL，慢化剂温度系数绝对值较大，慢化剂平均温度约降低 1 ℃，堆芯反应性的最大值约 12 pcm。

对于控制棒自动控制的情形，蒸汽负荷增加由棒控系统调节，慢化剂平均温度基本稳定，堆芯反应性由于棒位的动作会有一定波动，最大值约为 30 pcm。

主蒸汽系统事故卸压，此时考虑单个汽轮机旁路阀（GCT 系统），大气释放阀（GCT 系统）或蒸汽发生器安全阀意外打开造成的。

对于满功率的情形，此工况已被上述“二回路蒸汽负荷意外增加”的工况所包络。实际上，一个汽轮机旁路阀的容量换算到 7.1 MPa 绝对压力下的蒸汽流量相当于 7.7％额定流量，低于上述 10％的蒸汽负荷阶跃情况。

对于热停堆工况，主蒸汽系统事故卸压比满功率时更为严重。一方面，热停堆工况比满功率时的热惯性小，热停堆工况下慢化剂温度下降更快；另一方面，热停堆时 SG 水装量较多，蒸汽发生器压力较高，发生卸压时反应堆冷却剂系统降温幅度较大，持续时间较长。

图 4-36 为热停堆状态下发生主蒸汽系统事故卸压时的反应堆响应情况：

蒸汽系统管道破裂，此时最保守的假设是导致最快降温冷却的双端剪切断裂。

蒸汽管道破裂引起的蒸汽排放，最初将使蒸汽流量增加，而在事故期间由于蒸汽压力下降，蒸汽流量减小。从 RCP 导出能量将导致冷却剂的温度和压力下降。在存在负的慢化剂温度系数的情况下，降温将导致正反应性引入。如果假定在紧急停堆后具有最大负反应性的控制棒卡在堆外，则增加了堆芯重返临界及功率运行的可能。此瞬态需通过安注系统注射硼酸使堆芯最终停堆。

在蒸汽管道断裂事故中，基于“主蒸汽系统事故卸压”工况中讨论的两方面原因，同样也是热停堆工况的后果更为严重。对于正常热停堆工况，在采取保守假设的前提下，得出的事故序列详见表 4-14。

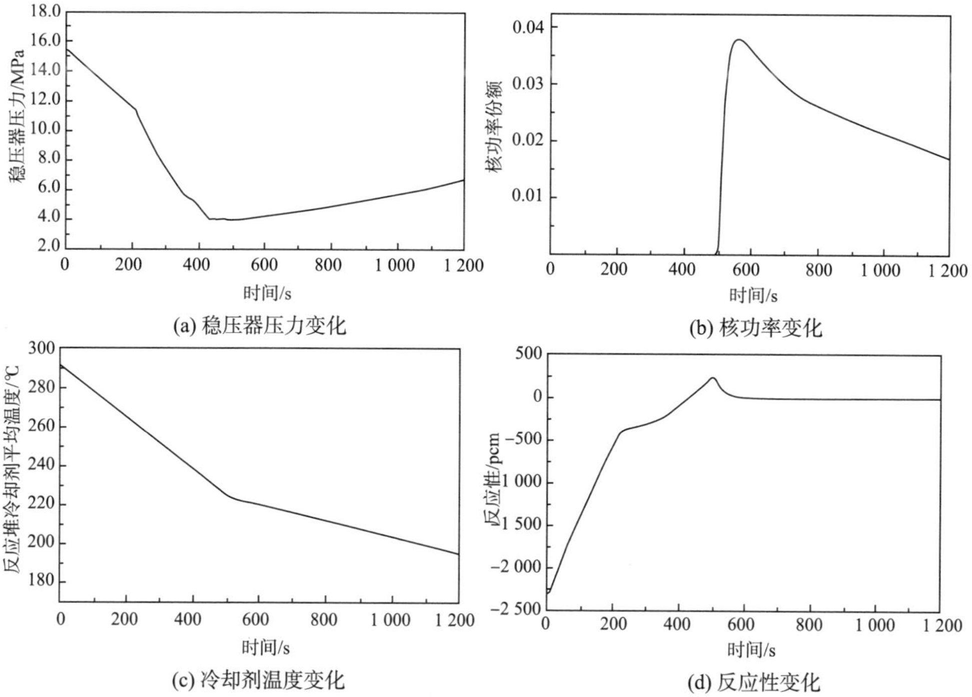

图 4-36　主蒸汽系统事故卸压时的反应堆响应情况

表 4-14　蒸汽管道断裂事故序列

时间序列/s	事件进程
0	主蒸汽管道破裂
9.6	稳压器排空
10	主蒸汽和主给水隔离
15	一台高压安注泵启动
30.6	重返临界
32.8	硼酸溶液到达堆芯
59.2 (8.83%)	热功率峰值

相关曲线如图 4-37 所示。

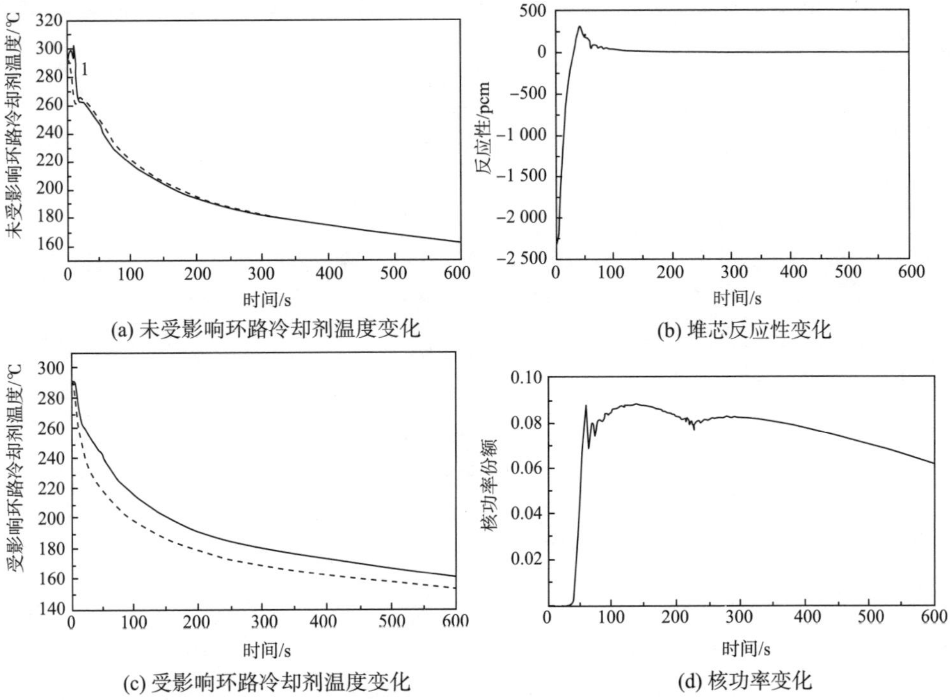

图 4-37　蒸汽管道断裂事故时的反应堆响应情况

(2) VVER 机组

VVER 机组对蒸汽流量增加的事故分析与 CPR1000 机组类似，分为以下 3 类：

① 预计运行事件：汽轮机蒸汽流量增加（由于蒸汽压力调节器故障）；

② 预计运行事件：蒸汽发生器安全阀、大气排放阀或旁排阀误打开；

③ 设计基准事故：主蒸汽管道破裂。

下面将分别对上述 3 种情况进行简单介绍：

(a) 汽轮机蒸汽流量增加（由于蒸汽压力调节器故障）

初始状态：反应堆 3 个环路运行，热功率为 2 130 MW。

始发事件：汽轮机上游部分蒸汽压力调节器运行出现故障，假设蒸汽流量在 1 s 内达到 110%额定值。

保守假设：不考虑以下正常运行系统的工作，PG、PP-1、PP-2、APP、一回路稳压器系统（PRZTEHs）和化学药品和容积控制系统；从初始状态到反应堆紧急停堆，自动功率控制器一直在中子通量密度保持不变的模式运行；考虑核电厂失电，假设失电发生在汽轮机脱扣后最不利的时刻（落棒前 1.9 s）；假设 SG2 蒸汽管道的 BRU-A 和第一 PRZPORV 失效。

在采取保守假设的前提下，得到的事件序列见表 4-15。相关曲线如图 4-38～图 4-40 所示。

表 4-15　汽轮机蒸汽流量增加（由于蒸汽压力调节器故障）的事件序列

时间/s	事件	连锁作用，系统引发值或原因
0	汽轮机蒸汽流量增加	始发事件
11.5	汽轮机截止阀关闭	蒸汽母管压力达到 5.10 MPa
22.5	SG1、3、4 的 BRU-A 开始打开	
22.4	CPS 控制棒开始动作	紧急停堆
30.4	产生第一停堆信号（忽略）	堆芯上方压力达到 17.50 MPa
38.2～55.0	第二和三 PRZPORV 动作	
50.1	产生第二停堆信号	SG 出口压力增至 7.84 MPa
50.1	失去厂用电导致所有 RCP 组断电，所有主给水泵和辅助给水泵断电	失去厂用电保守假设发生在落棒前 1.9 s
52.0	开始落棒	
2 960.0	AFWP 开始向 SG3 供应应急给水	SG 汽轮机水位低于额定值 900 mm
2 990.0	AFWP 开始向 SG2 供应应急给水	SG 汽轮机水位低于额定值 900 mm
5 400.0	计算结束	

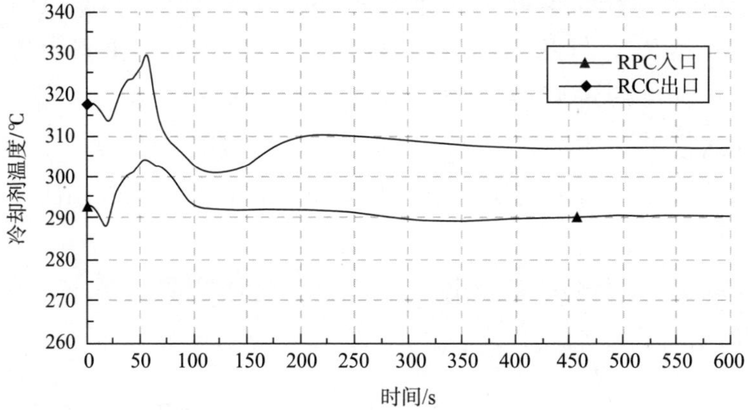

图 4-38 冷却剂进出口温度变化

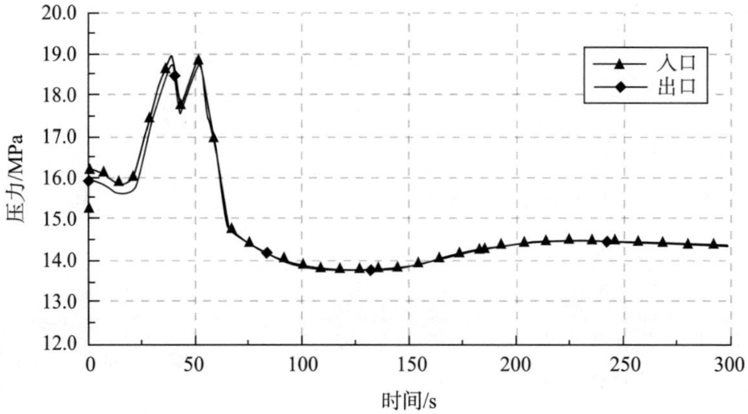

图 4-39 堆芯进出口压力变化

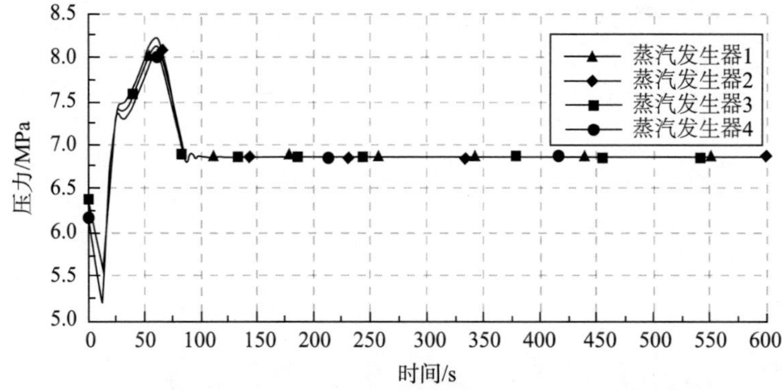

图 4-40 蒸汽发生器压力变化

汽轮机蒸汽流量增加（由于蒸汽压力调节器故障）的事件分析：

在始发事件发生后（汽轮机的蒸汽流量增加），二回路压力降低，APC 处于维持中子功率的工作模式。二回路压力下降导致达到 TG 截止阀的关闭整定值，TG 截止阀关闭后二回路压力上升，且从一回路带走进入二回路的热量降低，从而导致一回路冷却剂压力和温度上升。汽轮机截止阀的关闭导致压力上升，并达到 BRU-As 开启的整定值。一回路冷却剂压力上升到超过 17.5 MPa 时，达到紧急停堆整定值（在计算中忽略该紧急停堆信号）。在计算中假设二回路压力高于 7.84 MPa 时紧急停堆，紧急停堆和排放装置运行后，反应堆功率下降。

（b）蒸汽发生器安全阀、大气排放阀或旁排阀误打开

初始事件为蒸汽发生器安全阀、大气释放阀（BRU-A）或旁排阀（BRU-K）误打开后不能回座。事件发生的原因可能是控制系统电路虚假信号或者操纵人员的误操作，属于预期运行事件条件范畴。蒸汽排放增加将导致一回路热量排出增加，因此导致反应堆冷却剂温度降低，正反应性不对称插入。

事故分析中要对多种工况进行讨论，此处仅列举其中一类进行说明：

初始状态：反应堆功率初始值等于 104%FP；反应堆稳定状态氙气中毒，轴向功率分布在堆芯上半部分；

始发事件：SGPROV 误打开；

保守假设：不考虑正常操作系统的操作，特别是加压系统，PP-1、PP-2 和 APP；EHCS 在维持涡轮蒸汽压力状态下工作，直到涡轮截止阀关闭；在原始状态时，APC 在保持涡轮上游压力恒定模式下工作，直到反应堆停堆；在停堆过程中，考虑最大价值的 AR 卡在上半部分。保守认为反应堆响应第 3 个停堆信号而停堆；考虑 NPP 断电，假设 CPS 棒响应 EP 系统事故保护停堆的信号而开始运动时断电。

在采取保守假设的前提下，得到的事件序列如表 4-16 所示，相关曲线如图 4-41～图 4-43 所示。

表 4-16　蒸汽发生器安全阀卡开的事件序列

时间/s	事件	连锁作用，系统引发值或原因
0	第 14 个装料循环结束，反应堆在功率水平为额定值 104%时操作，功率向堆芯上半部分偏移； 初始事件开始，随后回路 2 蒸汽管路中的 SGPORV 回座失败	始发事件
8.5	超出线性加热速率限制曲线 5%	紧急停堆（忽略）
11.4	热中子通量密度水平超过 107%	紧急停堆（忽略）
22.4	紧急停堆信号开始产生	DNBR 减小至 1.2 以下
25.9	紧急停堆导致 CPSCR 开始落下． 假设 CPSCR 卡在第 137 号燃料组件	紧急停堆
25.9	核电厂失电（原因是 RCP 设备失电，PRZ 给水中断，汽轮机截止阀关闭，化学和体积控制系统没有运转）	
30.9	汽轮机截止阀关闭	紧急停堆信号延迟 5 s
1 358.1～1 800.0	BRU-A 打开，进一步动作处于可操作模式，环路中蒸汽管道 1 的 BRU-A 打开失败	响应 BRU-A 启动整定值
1 800.0	计算结束	

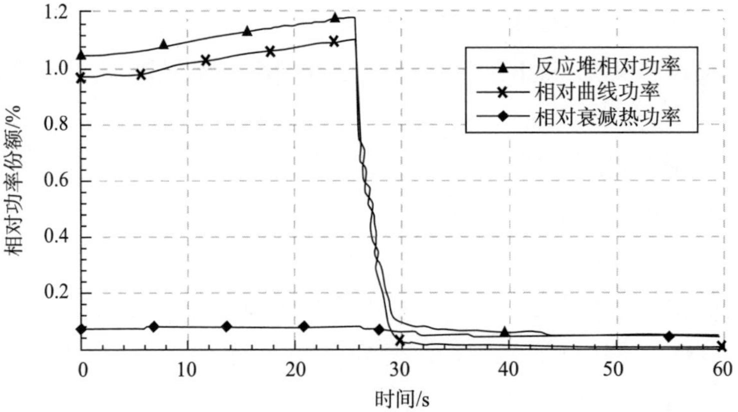

图 4-41　反应堆相对功率变化

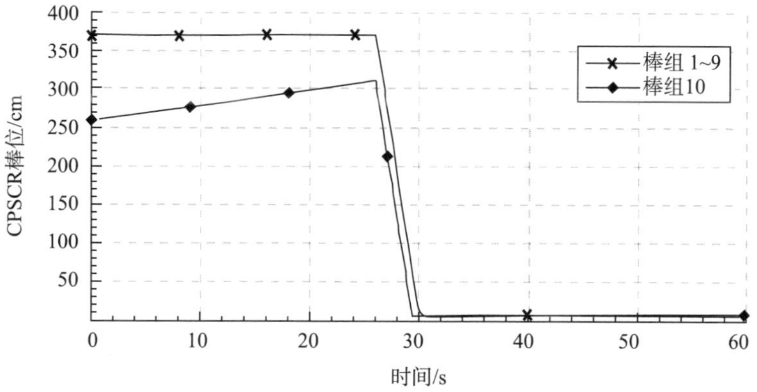

图 4-42　CPSCR 棒位变化

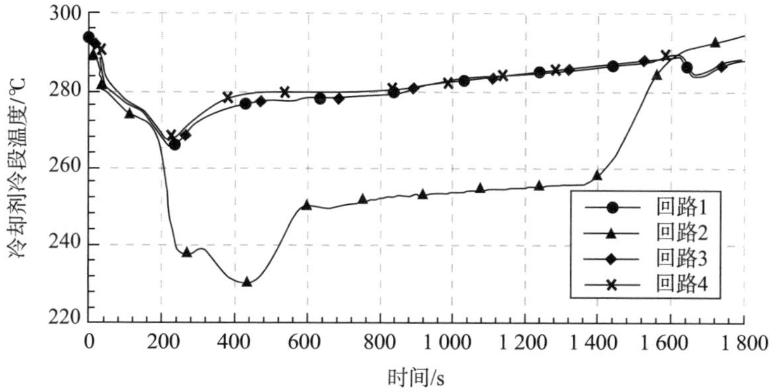

图 4-43　4 个环路冷却剂冷段温度变化

蒸汽发生器安全阀卡开事件的反应性分析：

满功率运行时，2 号 SG 安全阀卡开，蒸汽总负荷增加，反应堆冷却剂温度降低同时第 10 组控制棒逐渐提升，反应堆功率快速上升，在停堆前（25.9 s）上涨至约 116%FP。随后控制棒下插使反应堆保持次临界状态。保守假设控制棒下落时发生失电，NPP 的断电导致 RCP 系统停止，汽轮机截止阀关闭，二次侧管道、辅助给水系统、化学和体积控制系统跳闸。失去厂用电后，根据逐步启动程序的设定，DG 作为辅助连接开始启动。反应堆第二环路的冷却剂温度起初是持续下降，随着 2 号蒸汽发生器压力逐渐降低，蒸汽排放流量逐渐减小，冷却剂温度降低放缓，之后逐渐恢复。

（c）主蒸汽管道破裂

蒸汽管线的破裂和双端剪切断裂导致二回路压力迅速减少，而从一回路带走的热量增加。从反应性的角度考虑，在寿期末热态零功率时发生主蒸汽管道破裂的事故后果最为严重。VVER 机组对此类事故的分析中，仅列举了 4 类满功率的工况，原因是在叠加故障及从热工角度考虑，满功率时堆芯的热工状态更为危险。

事故分析对多种工况进行讨论，此处仅列举其中一类作为说明：

初始状态：在燃料平衡循环寿期末（第 14 循环），RP 功率为 104%FP 时反应堆的非稳态氙中毒（20 h）。事故蒸汽发生器的蒸汽管道 MSIV 关闭故障被假定为单一的故障。

始发事件：二回路蒸汽管道切断破裂。

保守假设：假设核电厂断电，取应急保护下降开始前 1.9 s，丧失供电；应急保护控制棒下落时，考虑卡一束最大价值棒。

在采取保守假设的前提下，得到的事件序列如表 4-17 所示，相关曲线如图 4-44～图 4-46 所示。

表 4-17　蒸汽管道切断破裂的事件序列

时间/s	事件	连锁作用，系统引发值或原因
0	核电厂在第 14 燃料循环寿期末运行，功率为 104% P_n； 始发事件：二环路蒸汽管道切断破裂，失效 SG 和 MSH 的蒸汽管道开始泄漏蒸汽－水混合物	始发事件
0.28	达到紧急停堆的整定值及失效环路 MSIV 关闭的整定值； 停堆故障在第一信号进行反映，并假定失效环路 MSIV 无法关闭	信号同时发生： · SG 蒸汽管道压力低于 4.9 MPa； · 反应堆出口与 SG 蒸汽管道的冷却剂饱和温度之差超过 75 ℃
0.37	达到失效环路 RCP 紧急停堆整定值及关闭 SG 线性主辅供应给水阀整定值； APP 行动失效	信号同时发生： · SG 蒸汽管道压力低于 4.4 MPa； · 反应堆出口与 SG 蒸汽管道的冷却剂饱和温度之差超过 75 ℃
1.48	达到汽轮机截止阀关闭整定值	MSH 压力减少低于 5.1 MPa

续　表

时间/s	事件	连锁作用，系统引发值或原因
7.11	假设在 CPSCR 开始降落前 1.9 s，NPP 失电	
9.01	达到停运的整定值	信号同时发生： ·一台 RCP 紧急停堆； ·RCP 紧急停堆后反应堆在 6 s 的相对功率大于 75%
46.5/58.1/59.3	关闭环路 3/1/4 的 MSIV，禁止向环路 3/1/4 的 SG 主辅供应给水	信号同时发生： ·SG 蒸汽管道压力低于 4.9 MPa； ·SG 蒸汽管道压力低于 4.4 MPa； ·反应堆出口与 SG 蒸汽管道的冷却剂饱和温度之差超过 75 ℃； 关闭环路 3/1/4 的 MSIV，禁止向环路 3/1/4 的 SG 主辅供应给水
1 438.9～1 755.1	由于 SG3 和 SG4 压力增加，定期打开和关闭 SG3 和 SG4 蒸汽管道的 BRU-A（故障叠加至 SG1 的 BRU-A）	遵从 BRU-A 打开和关闭整定值
1 730.0～1 742.0	PRZPORV 打开和关闭	遵从 PRZPORV 打开和关闭整定值
1 800.0	计算结束	

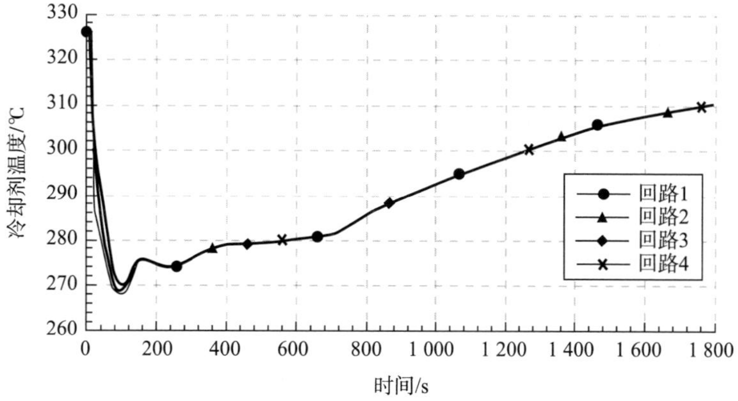

图 4-44　环路热段冷却剂温度变化

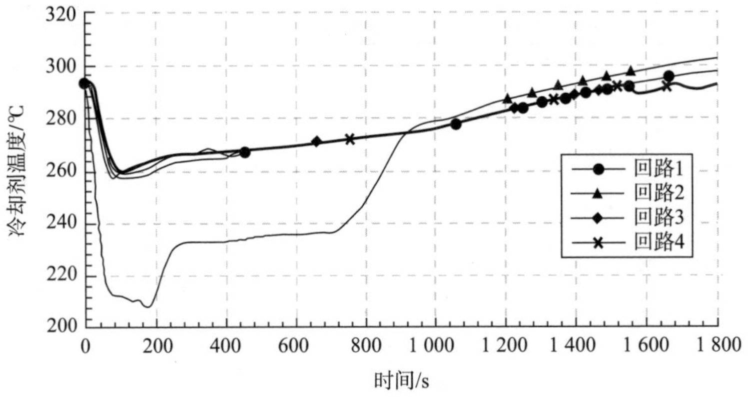

图 4-45 环路冷段冷却剂温度变化

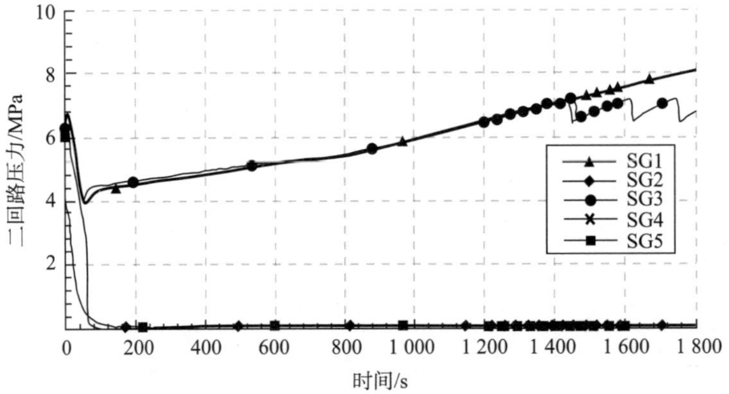

图 4-46 二回路压力变化

蒸汽管道切断破裂的反应性分析：

反应堆发生主蒸汽管道破裂时，短时间内会引起堆芯温度不可控的骤降，由于温度效应引入较大的正反应性。若功率运行时发生此瞬态，必须保证控制棒落棒来抑制堆芯过冷引入的正反应性；若停堆期间（控制棒在堆内）发生此瞬态，则必须保证堆芯有足够的停堆深度。

对上述燃料第 14 循环寿期末蒸汽管道切断破裂（二回路）事件的计算曲线进行简单分析，在保守假设下，反应堆热段冷却剂温度在 100 s 内下降约 60 ℃，反应堆冷段温度约下降 80 ℃（二回路）/30 ℃（其他环路），总的冷却剂平均温度下降约 50 ℃；燃料平均温度的降幅基本与正常停堆时一致。

保守考虑，假设寿期末慢化剂温度系数为−70 pcm/℃，燃料功率系数为−13 pcm/1%FP，上述工况引入的正反应性总量为：70×50 pcm+13×100 pcm=4 800 pcm。

对于满功率情况，控制棒落棒引入的负反应性必须大于 4 800 pcm，实际情况中，在考虑最大价值控制棒卡棒的情况下，控制棒可引入的价值还有约 10 000 pcm（平衡循环），足以保证反应堆的停堆状态。

对于停堆期间（控制棒在堆内）的情形，冷却剂温度降低的幅度受 SG 水装量的限制，主蒸汽破口导致堆芯引入的正反应性的大小也不会高于 5 000 pcm，因此一般要求反应堆在控制棒未提出堆芯时的次临界度大于 5 000 pcm。

实际上，根据 RSC“Kurchatov 研究所”对第 8～14 燃料循环的稳态中子计算数据，重返临界温度不超过 31 ℃。无论是在 1%功率还是 104%功率时发生主蒸汽大坡口，冷段冷却剂温度都超过 140 ℃，没有发生重返临界的可能性。

4.3.2 二回路排热减少

事件一：某核电厂 1 号机组失去主给水自动停堆（CPR1000）

（1）事件名称

核电厂 1 号机组失去主给水自动停堆

（2）事件经过

初始状态：2014 年 3 月 5 日，1 号机组满功率稳定运行，凝结水泵 1CEX002/003PO 双泵运行；

10：29：49，化学人员配合调试人员执行 0SER910KA 报警验证工作，模拟 0SER401BA 液位低时触发低 3 液位动作，9SER401PO 异常跳闸（持续约 10 s）；

10：29：51，9SER 供凝结水泵轴封水母管压力 1CEX003MP 由 0.886 MPa 降至 0.4 MPa，在运的 1CEX002/003PO 跳闸，凝结水泵备用泵未自动启动，除氧器液位开始下降；

10：30：59，凝结水泵出口压力降 0.5 MPa 以下，1CEX006VL 关

闭，除氧器液位持续降低；

10：31：53，操作员紧急手动启动 1CEX001/002PO；

10：32：10，1CEX001/002PO 运行，凝结水泵出口母管压力达到 2.8 MPa，1CEX006VL 未自动开启，主控室派出干预人员，除氧器液位持续降低；

10：33：08，干预人员未到达现场时除氧器液位降至低 2 值（−0.85 m），1APA102/302PO 跳闸，蒸汽发生器失去主给水；

10：33：27，主给水流量低（<6%满负荷流量）叠加一回路功率>30%FP 触发 ATWT 信号，反应堆自动停堆，汽轮机跳闸。

（3）事件原因

直接原因：化学人员工作过程风险分析不足；1CEX006VL 开启力矩不满足系统工况要求。

根本原因：调试人员未遵守 TCA 管理流程规定。

（4）纠正措施

（a）取消 9SER 供凝结水泵轴封水压力低触发 3 台凝结水泵自动停运的 TCA；

（b）全面梳理 1 号机组所有已关闭 TCA 状况，并进行现场核实；

（c）改进 TCA 移交管理，在系统 TOTO 时对管理系统中已关闭的 TCA 进行现场核实；

（d）对现有 IMS 流程进行强化管理，增加技术控制措施；

（e）修改升版《化学运行管理》管理程序，加强作业过程管理；

（f）对 1CEX006VL 阀门高差压情况下无法自动开启问题进行处理。

（5）经验教训

加强对 TCA 流程的管理，要求员工严格遵守 TCA 相关管理规定。

事件二：误断开 3 号机组因所有主给水泵液力耦合器执行机构电源而导致自动停堆（CNP600）

（1）事件名称

因误断开 3 号机组所有主给水泵液力耦合器执行机构电源而导致

自动停堆。

（2）事件经过

事件发生前机组的状态：4 号机组处于 401 大修期间，3 号机组满功率运行，主给水泵 A 泵和 B 泵运行，C 泵备用。

事件发生前安全系统的可用性：安全系统可用。

事件进展序列：

2013 年 1 月 24 日中班，正值 401 大修第三天。20：20 左右隔离办发出 4PT02630 隔离操作单，该票工作内容为根据 ENG2012-158 技改要求，实施 APA 液力耦合器控制柜电源改造项目；

20：27，电气岗位现场操作员手持 4 号机组的操作单进入 3 号机组区域，将 3 号机组 3 台主给水泵液力耦合器执行机构电源逐个断开；

20：27，503 号主控室触发蒸汽给水流量失配信号；

20：28，123 号机组 2 号 SG 水位低触发，汽水失配＋SG 水位低触发反应堆自动停堆。

（3）事件原因

直接原因：现场操纵人员走错机组间隔，误操作运行机组设备。

根本原因：在员工使用防人因失误工具方面，缺少培训和强化应对措施的指导，导致人员养成了不良工作习惯。此次事件中自检、三向交流、监护等均有执行。

（4）纠正措施

（a）组织全厂学习本事件的经验教训，重点理解防人因工具使用的重要性；

（b）对现场配电盘标识不完整进行整改；

（c）提出技术改造申请，将联楼电气厂房的通道实体隔离，在改造完成前实施临时隔离措施；

（d）在易走错间隔的房间入口，调研设置语音提示的可行性，评估后安装；

（e）开展防人因失误工具使用的自评估，根据评估结果采取纠正措施；

（f）开展针对防人因失误工具使用为目标的观察指导，培养、强化人员行为规范；

(g) 将防人因失误工具的运用纳入岗位授权考核，实行防人因失误工具一票否决制；

(h) 针对双机组管理，制定管理制度防止人员因思维惯性而走错间隔，明确有关职责。

事件延伸：给水流量减小或丧失的反应性分析

(1) CPR1000 机组

给水流量减小或丧失的事件，通常会由于保护信号（如 SG 水位低低、ATWT 等）而停堆。从反应性角度看反应堆会趋于安全（停堆或升温均会引入负反应性），但停堆后如果没有代替的给水供应，堆芯的余热将加热一回路的水，可能造成一回路超压及稳压器安全阀动作。

从事故原因分析来看，通常考虑给水流量丧失和给水管道破裂这两种情况。其中最严重的工况是满功率下给水管道逆止阀与 SG 进口之间发生主系统管道破裂。此时破口 SG 将会排空，堆芯热量导出能力下降最大，稳压器会溢满超压导致一回路水排放。

满功率下给水管道逆止阀与 SG 进口之间发生主系统管道破裂，在未丧失厂外电源的情况下，计算一回路响应情况如图 4-47 所示。

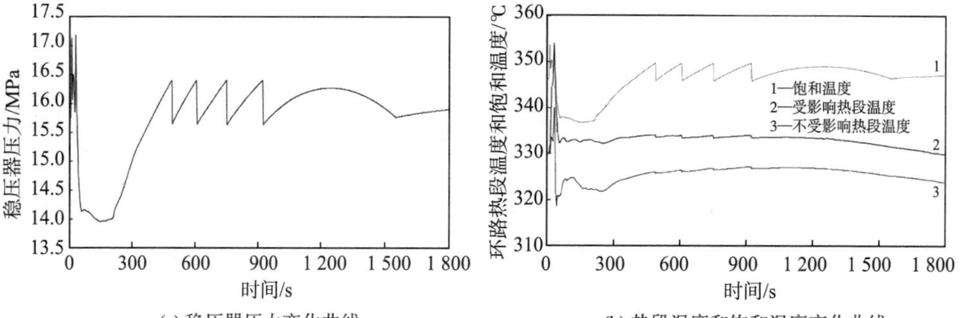

(a) 稳压器压力变化曲线　(b) 热段温度和饱和温度变化曲线

图 4-47　主给水系统管道破裂的一回路响应情况

(2) VVER 机组

VVER 机组中对主给水流量丧失的事故分为以下两种：

① 预计运行事件：失去正常给水；

② 设计基准事故：蒸汽发生器主给水管道破裂。

下面对上述两类事故分别作简单分析。

(a) 失去正常给水

对于满功率运行时发生正常给水丧失事故（如主给水泵断电），事件发展序列如下：丧失给水供应后 0.6 s，汽轮机截止阀开始关闭；约 3.7 s 时，蒸汽管道的 BRU-A 开始打开；约 9 s 时，SG 蒸汽管道压力达到 7.84 MPa，产生第一停堆信号。起初一回路由于蒸汽流量的降低，堆芯温度和冷却剂温度会小幅上升，但很快被停堆所中止。

从反应性的角度看来，丧失正常给水且停堆保护正常动作的情况，堆芯的反应性变化是趋于安全的，升温或者停堆都将引入负反应性。此类事故主要考虑堆芯余热的导出问题，特别是正常给水和应急给水同时丧失的情况（超设计基准事故），具体分析见 VVER 机组的最终安全分析报告，此处不作讨论。

(b) 蒸汽发生器主给水管道破裂

蒸汽发生器主给水管道破裂事故由于发生破口的 SG 水装量不可控的丧失以及 SG 压力骤降，其事故的严重程度较失去正常给水来说要更高。对于满功率运行时蒸汽发生器主给水管道破裂事故，在保守的假设下，其事故发展序列如表 4-18 所示，部分计算曲线如图 4-48～图 4-50 所示。

表 4-18　满功率运行时蒸汽发生器主给水管道破裂事故序列

时间/s	事件
0	给水管线破口导致泄漏发生
0.1	始发事件导致所有 FWPs 出错
6.8	RCP 设备 2 出错开始产生信号，基于失效的 SG 水位较标准值降低 500 mm 的事实
8.5	回路 RCP 设备 2 出错，第一个紧急停堆信号产生是基于一个 RCP 设制出错和不可利用的反应堆功率在 6.0 s 降低到 75%以下事实（信号被忽略）
13.2	开始开启 PRZ 注入阀
13.6	电站失去电力（保守假设）： TG 截止阀关闭；RCP 设备运行出错；注入 PRZ 断开连接
13.8	第二个紧急停堆信号产生开始是由于 SG2 失效，水位较标准值下降 650 mm

续　表

时间/s	事件
15.5	CPS 棒开始插入堆芯
15.6	由于电站失去电力供应，柴油发电机开启，载荷随程序逐渐开启
43.3	由于 SG 的压力降到不充足 4.9 MPa，失效的 SG2 蒸汽管线上的 MSIV 开始关闭
47.3	由于 SG2 蒸汽压力降至不足 4.4 MPa，失效的 SG2 主要和应急给水供应管线隔离阀开始关闭
88.8	SG1、3、4 的 BRU-As 开启
98.4	SG1、3、4 的 BRU-As 关闭
127.0	SG1、3、4 的 BRU-As 开启在压力保持的模式下进一步运行
421.6～547.7	安全 PRZPORVs 运行时段
659.6～917.7	安全 PRZPORVs 运行时段
859.8	由于 SG4 水位较标准值降低 900 mm，紧急供水开启至 SG4
14 000.0	计算结束

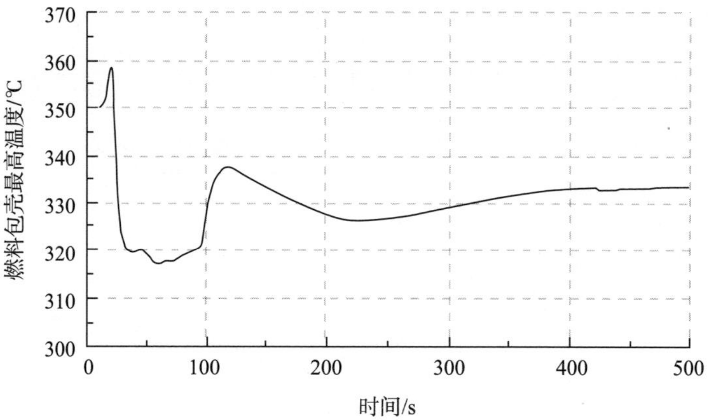

图 4-48　燃料包壳最高温度变化

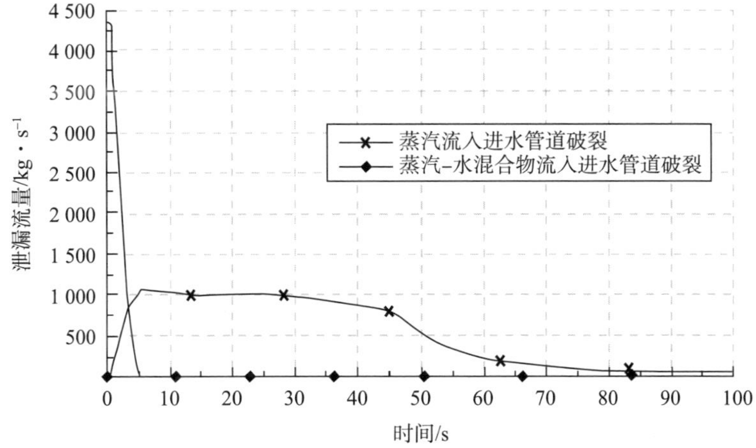

图 4-49 蒸汽发生器主给水管道破口的泄漏流量变化

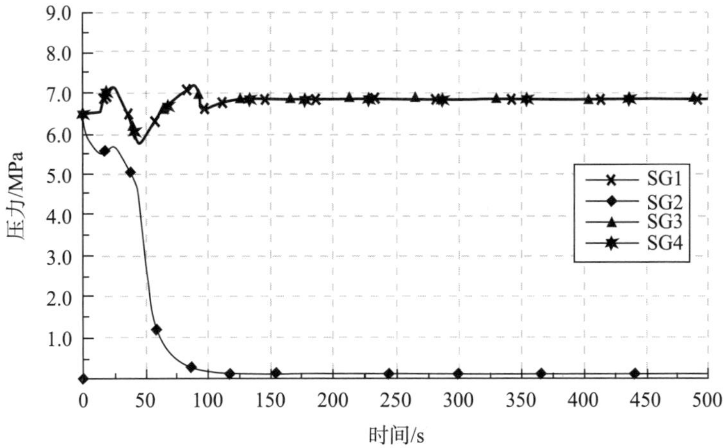

图 4-50 蒸汽发生器压力变化

事故分析中采取保守假设，在停堆信号生效时伴随电站失电和部分设备不可用，停堆后反应堆利用自然循环导出余热，事故进程较单一故障来说较为复杂。

就反应性影响角度来看，蒸汽发生器主给水管道破裂对堆芯造成的影响主要也是体现在反应堆停堆前对冷却剂温度的扰动。停堆前一回路温度小幅上升，引入负反应性，控制棒下插后堆芯处于次临界度较深的次临界状态。因此，此类事故在停堆后，从反应性角度看堆芯是次临界的。事故后主要影响堆芯安全的是余热的导出。

事件三：1 号机组故障停机停堆（CNP600）

（1）事件名称

1 号机组故障停机停堆。

（2）事件经过

事件发生前机组状态：满功率运行，无安全系统不可用。

事件进展序列：

2002 年 8 月 17 日，1 号机组处于满功率运行；

9：59：37，汽轮机保护系统（GSE）发出 2 号瓦转子振动高信号（GSE009EC），直接跳机；

9：59：37，发出 RPA/B390EC，汽轮机紧急脱扣（C8 信号）；

9：59：38，GCTc 三组排放阀开启；

9：59：43，在 GCTc 阀门开启排放过程中，GCT103VV 阀门发出未全开信号（此信号为 GCT 排冷凝器不可用信号之一）；

9：59：43，反应堆紧急停堆（堆功率大于 30％P_n（P16）；C8＋P16＋GCTc 不可用 3 个信号符合产生紧急停堆信号）；

10：00，操作员执行 DEC 规程，转入 I1 规程稳定机组；

10：40，在基本查清停堆原因后，反应堆重新临界；

11：26，呼叫维修人员进行处理；2 号轴承处当时检查情况为：连到 2 号复合振用于走线用的铁管脱落；延伸电缆的塑料外皮破损，露出网状铠装；微量漏汽直接喷向 2 号复合振探头；

13：00，初步查明振动高信号的原因并进行紧急处理。

（3）事件原因

直接原因：误发转子振动高信号停机。

根本原因：发生停机后，蒸汽在向冷凝器排放过程中误发阀门未全开信号，最后导致停堆。首先是行程档板倾斜，加上排放管线上阀门突然开启对管线造成冲击，使触点从倾斜的行程档板一侧滑向另一侧，误发非全开信号。实际情况是冷凝器可以接受蒸汽排放，并非 GCT 排冷凝器真正不可用。最根本原因是设备性能不稳定。

(4) 纠正措施

(a) 关于阀门未全开信号问题:

a) 实施隔离措施，保证阀门处于锁开位置。

b) 邀请设计院重新考虑阀门未全开信号作为停堆联锁的可行性，提出合理的可行方案，交联营公司技术委员会审定。目前的情况是只要 12 个手动隔离阀中的一个阀门发出未全开信号，就表示 GCT 排冷凝器不可用；实际情况是事件发生时，冷凝器是接受了蒸汽排放，只是发出了一个“虚假的”GCT 排冷凝器不可用信号。

(b) 关于误发振动高信号问题:

a) 检查 2 号轴承处的所有振动探头，其安装良好，接线牢固；

b) 检查 2 号 Y 探头延伸电缆的绝缘性能，其绝缘性能良好，并对破损处重新包扎；

c) 更换复合振振子；

d) 更换用于走线的铁管；

e) 检查其余所有振动探头，并对异常情况加以预防性处理。

(c) 其他需关注的问题:

a) KIT、DEH、GME、KDO 等系统的时钟不统一，给分析事件原因造成困难；购买新的硬件距真正实施仍有一段时间，邀请维修处专业人员先采取临时措施来统一时钟；

b) DEH 系统没有真正意义上的历史站，也不具备 SOE（首发信号）功能，与供货商协商以彻底解决；

c) 加强汽轮机厂房和 8M 平台的现场管理，在现场工作的运行和检修人员（特别是检修承包商人员）要严格执行工作管理规定和相关的运行、维修规程。

(5) 经验教训

本次事件是由于误发振动高信号跳机，在向冷凝器排放过程中又触发阀门非全开信号，最后造成紧急停堆，发生事件的序列是清楚的，并已采取了一些必要的措施。但在事件调查过程中只确认汽轮机振动高是误发信号，而并不清楚是何原因导致产生此误信号；且事件调查中涉及的是 DEH、GME、KIT、KDO 等一系列有关电厂控制保护和数据采集的计算机系统，任何改进都必须充分考虑各方面的因素，须小心谨慎。

事件四：机组满功率甩厂用电试验时汽轮机超速跳闸导致反应堆停堆（CPR1000）

（1）事件名称

某核电厂3号机组满功率甩厂用电试验时汽轮机超速跳闸导致反应堆停堆。

（2）事件经过

2015年12月9日，某核电厂3号机组处于RP模式（调试阶段），机组满功率运行。

11：55，执行100％FP发电机甩负荷至厂用电试验时，2号低压缸1号调节汽门未能正确响应关闭，卡在98.4％开度位置，导致汽轮机超速保护动作，发电机出口开关断开，机组丧失主电源，促发主泵转速低＋P7信号，反应堆自动停堆，操作员执行SOP程序。

12：56，主变重新送电成功。

16：44，机组各项参数稳定，退出SOP程序，机组稳定在热停堆状态。

（3）事件原因

直接原因：阀轴及轴封压盖有明显损伤导致阀门卡涩。

根本原因：低压汽门设计时未考虑油动机轭架工艺孔防异物需求。

（4）纠正措施

在油动机轭架工艺孔增加防护措施。

（5）经验教训

汽轮机低压主汽门、调节汽门油动机轭架在安装、调试及大修期间均要提前做好防护措施，防止异物进入轭架内。

事件延伸：蒸汽负荷减少的反应性分析

对于CPR1000机组和VVER机组，引发蒸汽负荷减少事件的原因和影响是一致的。机组满功率甩厂用电、跳机不跳堆或机组失电而引起的跳机跳堆事件，均会导致机组蒸汽负荷减少。同前面给水流量减少事件相同，这类事件对堆芯反应性的影响是趋于安全的（停堆或温度上升引入负反应性），但是会造成堆芯热量导出的问题：

(a) 对于机组满功率甩厂用电、跳机不跳堆的瞬态，正常情况下能通过蒸汽旁排系统将堆芯的热量导出，不会造成一回路温度过多上升；功率大于 10%FP 且冷凝器不可用时会触发停堆，利用 GCT-a 导出热量；GCT 均不可用时，还可开启 SG 安全阀来导出热量。

(b) 对于因机组失电而引起的跳机跳堆事件，将有二回路排热减少与反应堆冷却剂流量降低同时发生的情况，应急直流电源和应急柴油发电机将对重要设备供电，蒸汽发生器安全阀和大气释放阀可以开启，辅助给水系统将投入运行。

4.3.3　一回路流量降低

事件一：3 号主泵误跳闸导致反应堆自动停堆（M310）

(1) 事件名称

某核电厂 1 号机组 3 号主泵误跳闸导致反应堆跳堆。

(2) 事件经过

2014 年 12 月 16 日下午，某核电厂 1 号机组满功率运行，电厂按计划执行 PT1PRA011 试验，执行定期试验规程开启 1RCV223VP 阀门时，出现 1RCP003PO 轴封泄漏流量高信号及轴封泄漏流量高信号，导致 1RCP003PO 跳闸，耦合 P8 信号触发反应堆停堆。后经检查，确认为 1RCP054UM4 延时继电器失去延时功能，叠加试验过程中 1 号轴封泄漏流量波动达到高高定值，导致 1RCP003PO 跳闸。

(3) 事件原因

TEC2453 型延时继电器内部主要集成芯片故障，导致延时继电器失去延时功能；叠加 1RCP003PO 轴封泄漏管线流量波动触发高高定值，导致 1RCP003PO 跳闸，反应堆停堆。

(4) 纠正措施

(a) 检查并更换本机组及相同机组的同类型延时继电器；

(b) 进一步分析试验产生泄漏流量波动的原因；

(c) 梳理重大设备的保护通道，制定并完善重大设备保护通道定期校验大纲。

(5) 经验教训

电厂成立项目组对各专业执行的试验或系统波动可能引发跳机、跳堆的通道进行全面梳理并制定相应的维修策略。

事件二：2 号主泵停运时触发 1 号主泵跳闸导致反应堆停堆（CNP600）

(1) 事件名称

某核电厂 2 号主泵停运时触发 1 号主泵跳泵并因此停堆。

(2) 事件经过

2015 年 9 月 16 日，机组初始状态：一回路处于蒸汽发生器冷却的正常中间停堆状态，一回路压力为 9.30 MPa，温度为 226 ℃，一回路硼浓度为 2 245 ppm，所有控制棒处于 5 步。

事件进展序列：

15：42：17，主控手动停运 2 号主泵 1RCP002PO；

15：50：26，触发一号主泵 1RCP001PO 停运；

15：50：27，触发反应堆紧急停堆；触发停堆信号后，主控操作员立即执行 DEC 规程，并按照事故规程稳定机组状态，最终机组稳定在一回路压力 9.23 MPa，一回路温度 225 ℃；

17：50，查明停堆直接原因后，重新将停堆断路器闭合，将所有控制棒提到 5 步。

事件发生后立即组织调查，结果为：

(a) 按照原设计含氧废气罐 1RPE002BA（有效容积为 0.1 m^3）用于接收一回路启动期间进行充水排气所排出的含氧气体，1RPE002BA 在接收期间，其连接的风机 1EBA001ZV 会投运，为 1RPE002BA 建立微负压，有利于一回路的充水排气。原设计上两台主泵的氮气密封排放管线也连接在该含氧废气罐中，所以在事件发生前虽然主泵曾反复启动和停运，但由于 1RPE002BA 存在微负压，有利于氮气的排出，不会引起另外一台主泵氮气密封压力的变化，从而也不会引起主泵的停运。在一回路动排气结束后，按照规程要求，对 1RPE002BA 实施运行隔离 1ADOB15，将 RPE002BA 完全隔离，该隔离导致 1 号和 2 号主泵氮气密封排放管压力升高，触发另外一台主泵跳闸。

(b) 按照规程主泵停运后，需“确认主泵完全停运后手动投入停机氮气密封：1RCP260VC 开启，1RCP262VZ 关闭”。此次事件发生时，操作员根据规程在 2 号主泵停运后，先开启了 1RCP260VZ（进气阀），后关闭了 1RCP262VZ（排气阀），最终导致 2 号主泵氮气通过联通管线传递到 1 号主泵的氮气密封内，引起氮气密封位置开关 1RCP101SM 动作。

(c) 本事件中所使用的主泵停运规程在编写、生效时主要参考了机组热态试验期间调试人员编写的操作票，未考虑到停运操作在机组热试期间与当前状态在现场布置上的差异，而在机组热试期间，氮气密封排气管线至 1RPE002BA 的管线尚未连接，即排气管线处于对空状态。

(d) 操作员在执行主泵停运规程前，不清楚一回路动排气结束后对 1RPE002BA 实施运行隔离后带来的影响。

(e) 操作规程中手动氮气密封时，供气阀打开和排气阀关闭的先后顺序与自动投运氮气密封的阀门动作顺序相反，这一差异未在程序编制与执行时引起重视，也未被操作员识别及提出质疑。

结论和存在的问题：

(a) 设计审查不足，此次事件反映出主泵氮气密封管线设计上存在缺陷，两台泵的氮气密封排气管线连接在一起，存在一台主泵停运后投运氮气密封时导致另外一台泵触发氮气密封限位开关动作，从而引起非计划停堆的可能。

(b) 规程编制不严谨，参考热试期间调试规程编制运行规程时未考虑现场管线布置的变化（氮气密封排气管线至 1RPE002BA 的管线从未连接到连接），未分析手动氮气密封时供气阀打开和排气阀关闭的先后顺序与自动投运氮气密封的阀门动作顺序相反存在潜在的后果。

(c) 风险分析不到位，执行运行规程前未对上次操作后现场阀门状态的变化（一回路动排气后对 1RPE002BA 实施运行隔离）进行分析，也未识别手动操作顺序和自动动作顺序的差别。

（3）事件原因

直接原因：操作员停运 2 号主泵后，手动操作氮气密封供气阀和排气阀，氮气密封供气经 2 号主泵排气管线进入 1 号主泵排气管线并进入氮气密封，使 1 号主泵氮气密封位置开关 1RCP101SM 动作、一号主泵跳泵，最终由于两台主泵全部停运引起停堆。

根本原因：

（a）设计审查中未识别主泵氮气密封管线设计上存在的缺陷；

（b）规程编制不严谨，未考虑现场管线连接的变化，未识别手动投运和自动动作的差异及潜在后果；

（c）风险分析不到位，执行运行规程前未核对现场阀门状态，也未识别手动操作顺序和自动动作顺序的差别。

（4）纠正措施

（a）在此次事件发生后，立即组织专业人员对 1 号主泵进行了检查确认，未发现异常。

（b）经过分析，为了消除设计缺陷，需要将两台主泵氮气排放管线进行分离。事件发生前，8 月 20 日曾收到设计院有关反应堆冷却剂泵氮气密封改为向安全壳大气排放的变更通知：主泵高压冷却器排气管线、泵壳排气管线、氮气密封排气管线 3 管汇于一根疏排母管，在对泵壳及高压冷却器进行排气时，介质会进入氮气密封的存气腔室，且无法排出，会累积形成硼结晶，硼结晶会影响氮气密封的 O 型圈动作，最终导致氮气密封失效。由于 1 号机组随时可能装料，为避免影响装料，经分析评估，该变更可以延后实施。9 月 16 日发生 2 号主泵跳闸并分析原因后发现，实施变更亦可解决两台主泵排气管线串联引起跳泵的设计缺陷，因此该变更已经安排于 9 月 17 日实施并完成。

（c）运行处根据此次事件，升版主泵启停规程，并组织专项经验反馈培训。

（d）2 号机组将在热试准备阶段实施该变更。

（5）经验教训

（a）在系统设计、设备采购等方面与参考电厂存在设计差异时，需在相关设计审查与文件编制上予以特别关注，以识别其潜在后果并采取应对措施；

(b) 操作规程编制，需分析设备管线布置、现场阀门状态等因素变化带来的影响，操作规程执行前，需充分利用风险分析、质疑和不确定时暂停等防人因工具，确保屏障有效。

事件延伸：主泵部分或全部失去的反应性分析

(1) CPR1000 机组

主泵的机械、电气故障，或主泵母线的供电故障，将导致主泵部分或全部失去。如果事故发生时反应性处于功率运行状态，则冷却剂流量降低导致的直接影响即为冷却剂温度迅速上升；若没有紧急停堆，这种温度的上升可能导致 DNB，进而使燃料遭到损伤。

反应堆冷却剂流量降低的事故中最严重的是反应堆冷却剂泵轴卡死的事故，此时该环路冷却剂流量将瞬间大幅降低，触发反应堆停堆。但堆芯的温度迅速上升，部分燃料棒将发生 DNB，包壳最高热点温度可达 1 000 ℃，堆芯热点可能产生 Zr-H_2O 反应。主泵卡轴时反应堆的响应情况详见图 4-51。

(2) VVER 机组

VVER 机组中关于主泵失效的事故分为以下两种：

① 预计运行事件：一台或多台主泵被切除；

② 设计基准事故：RCP 组卡轴或断轴。

下面对上述两类事故分别进行简单分析。

一台或多台主泵被切除，这类工况具有一回路压力上升；反应堆出口冷却剂温度上升；稳压器水位上升等特征。

考虑 4 台主泵全部失电的工况，在保守假设的前提下，反应堆停堆信号在失电后 2 s 内开始响应，5.9 s 控制棒插入堆底，6.9～7.5 s 汽轮机截止阀关闭，随后 SG 的 BRU-A 开始打开。

由于主泵惰转和自然循环的存在，在主泵停运后一回路流量并不会突然停止，而是缓慢下降并最终保持一定自然循环流量，详见图 4-52。

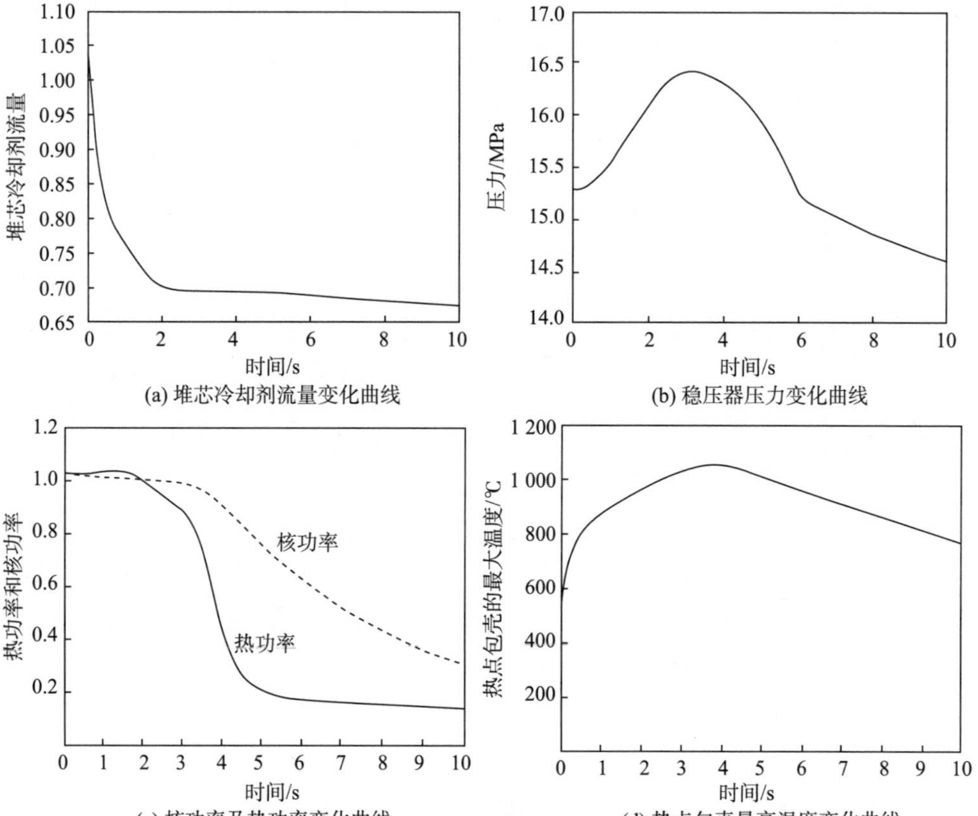

(a) 堆芯冷却剂流量变化曲线　(b) 稳压器压力变化曲线

(c) 核功率及热功率变化曲线　(d) 热点包壳最高温度变化曲线

图 4-51　主泵卡轴时反应堆的响应情况

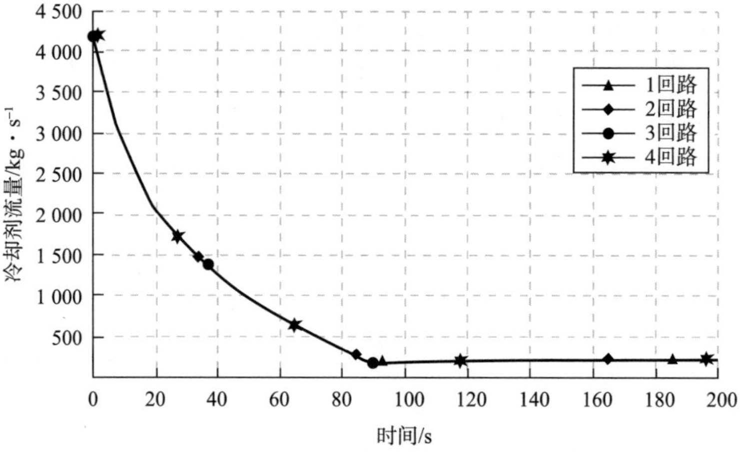

图 4-52　4 组 RCP 全部失电后各回路出口处冷却剂流量的变化

因此，停堆后的堆芯热量导出不会急剧恶化，冷却剂温度和燃料温度也不会上升很多；相反，还会由于停堆后功率快速降低而导致冷却剂温度降低，如图 4-53 所示。

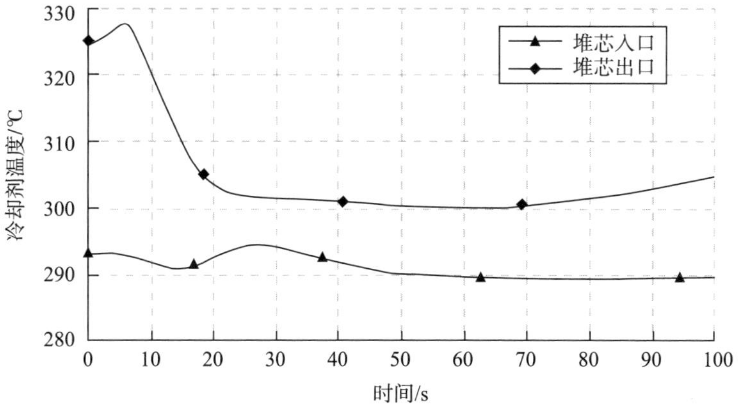

图 4-53　主泵全部失电后堆芯出入口冷却剂温度

RCP 组卡轴或断轴

从冷却剂参数变化和设备运行时间顺序来看，RCP 组卡轴或断轴工况基本相似。在断轴期间，RCP 组转轮快速停止，在不到 5 s 内 RCP 组压差从 0.392 MPa 降至 0.245 MPa，达到反应堆紧急停堆整定值，卡轴情况也是一样的。然而，对于一台 RCP 组断轴情况，由于旋转轮本身滞后，假定在几秒内冷却剂直接流向 RCP 组。因此，与 RCP 组断轴情况相比，RCP 组卡轴的情况考虑更保守。

对于 4 台 RCP 组运行时发生 1 台 RCP 组卡轴的工况，保守假设主泵卡轴时同时发生电厂失去厂用电，所有工作的主泵停运。在此工况下，通过堆芯的流量迅速减少，冷却剂温度升高，导致燃料温度在停堆产生作用前会先快速升高，燃料最高温度可以达到 1 870 ℃，燃料包壳最高温度可达 707 ℃，具体如图 4-54 和图 4-55 所示。

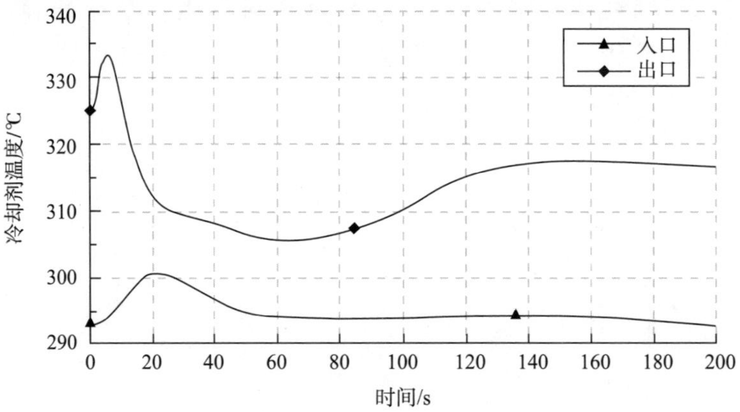

图 4-54　一回路冷却剂温度变化

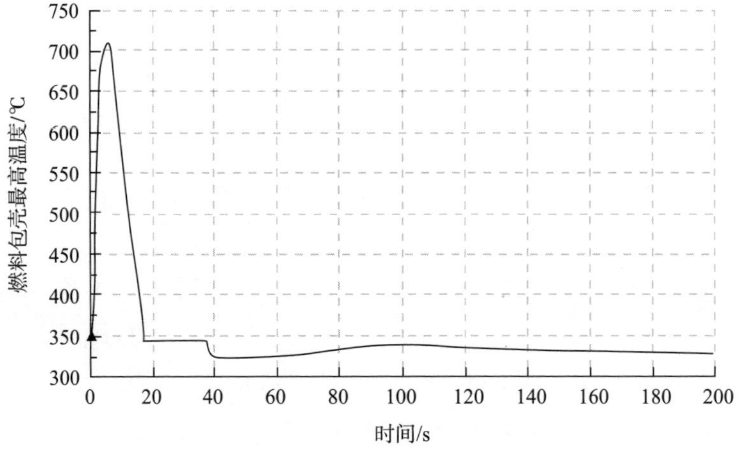

图 4-55　燃料棒包壳最高温度变化

4.4　氙振荡等其他反应性事件

4.4.1　氙振荡引发的反应性事件

事件一：反应堆轴向功率偏差 ΔI 超出限值（M310）

(1) 事件名称

反应堆轴向功率偏差 ΔI 超出限值

(2) 事件经过

1994 年 2 月 15 日上午，由于发电机氢气冷却系统（GRH）中的 H_2 温度高使功率从 77%FP 下降到 20%FP，其后 3 h 又使功率提升到 60%FP，氙中毒的变化引起反应堆控制困难。当功率稳定在 540 MW 期间，ΔI 变得越来越正。当 ΔI 达到 3%时，操作员提升 G 棒组并在 20：28 禁止 C21。ΔI 超出由技术规格书规定的运行图中的第 1 区（最大值为＋3%，对应限值为 2%）。通过手动使功率从 540 MW 下降到 520 MW，ΔI 便返回到第 1 区内。

具体事件发展序列如下：

03：20，在功率从 77%FP 下降到 20%FP 以后（GRH 系统中氢温度高），手动使汽轮发电机机组跳闸。

06：30，重新并网和功率提升到 540 MW，反应堆功率在 60%FP。

20：28，禁止 C21，使 ΔI 超出技术规格书。

20：38，手动使负荷从 540 MW 降低到 520 MW，ΔI 返回到第 1 区内。

（3）事件原因

初始故障和事件起因：

反应堆功率的显著变化引起氙振荡。将 R 棒组插到下部极限位置未能使 ΔI 偏移限制到正确值，然后 G 棒组（功率棒）随着反应堆冷却剂系统（RCP）稀释而插入，当 G 棒组将要再次提出时，C21 的禁止使 ΔI 在 10 min 内超出技术规格书。

人因差错：

① 误解技术规格书的相关内容，禁止自动动作 C21；

② 缺少氙振荡控制的经验。

（4）纠正措施

① 近期纠正措施：降低负荷使 ΔI 返回到第 1 区；

② 长期纠正措施：进行有关氙振荡控制的培训。

（5）经验教训

本次事件是由于在快速升功率过程中，且是堆芯寿期末，硼稀释速度较慢，控制棒对反应性的控制相对减弱，而此时氙毒效应又加剧的情况下，主控操作员经验不足，无法很好地控制轴向功率偏差

(ΔI)，导致 ΔI 超带运行。操作员采取多种手段最终使运行点回到了运行带内。通过此次事件，如何在寿期末很好地控制 ΔI 是值得所有运行人员去思考的一个问题，运行人员一定要对本次事件作一次很好的经验反馈，避免此类事件再次发生。

事件二：在负荷跟踪运行期间“ΔI”失去控制（M310）

（1）事件名称

在负荷跟踪运行期间“ΔI”失去控制。

（2）事件经过

00：00，1号机组在G模式下开始以 2 MW/min 的速率使功率下降到 77%FP 功率。

03：44，G棒组处于625步位置，C_B =767 ppm，P =760 MW。

06：00，R棒组从182步提升至195步，以便测量 ΔI_{ref}。为了测量 ΔI_{ref}，要求具备3个条件：①R棒组保持在棒组中间位置（195步），这一操作的目的是等待 ΔI 自动达到其稳定值，该操作直接导致 ΔI 超过右限值；②反应堆功率水平稳定在77%FP，氙达到稳定；③G棒组保持在堆芯顶部位置。

08：00，ΔI 达到最大值，约为+9.1%。

11：00，ΔI 被控制住，ΔI 约为−9%。

（3）事件原因

此事件的根本原因是：①试验申请者和操作员误解了试验条件，没有意识到氙振荡的重要性，而且没有立即采取适当的纠正措施。在氙振荡过程中进行负荷跟踪的经验不够。②运行处（OPO）和试验负责人员给出的指令之间存在重复。

（4）纠正措施

① 对运行人员进行适当的培训。

② 只有在瞬态氙已稳定的条件下，也就是当功率水平和硼浓度恒定时在R棒组位置（在最低方式）和 ΔI 不变的条件下，才能测量 ΔI_{ref}。

③操作员必须只遵守操作规程以及由直接领导体系给出的指令。

事件延伸：氙振荡事件的反应性分析

CPR1000 机组的事故分析中，未涉及氙振荡引发堆芯轴向功率分布畸变的工况。关于氙振荡的一般性分析，在 3.3 节已经做了详细描述，此处不再重复。

VVER 机组中，将“抑制氙振荡时操纵人员失误”列为预计运行事件。抑制氙振荡失误一般包括长时间没有采取规定的动作来稳定功率分布，或是不正确地移动 RCCA。

抑制氙振荡考虑了操作员失误的两种情况，即堆芯上部分和下部分达到最高功率峰值。此时，考虑了之后的保守条件，即导致功率出现最大幅度变动：

(a) 在中间功率水平运行条件下，轴向偏移值保持在推荐区域的上部或下部极限值，该极限值分别控制堆芯上部或下部燃料棒功率的最大变化，此时升功率至额定功率，模拟操作员失误；

(b) 在功率倾斜慢慢发展时操作员无行动时间达到 1 h；

(c) 不考虑通过局部参数对反应堆进行预防和应急保护操作，该操作明显限制了燃料棒线性释热率的最大值。

两种情况下计算的极限值如图 4-56 和图 4-57 所示。

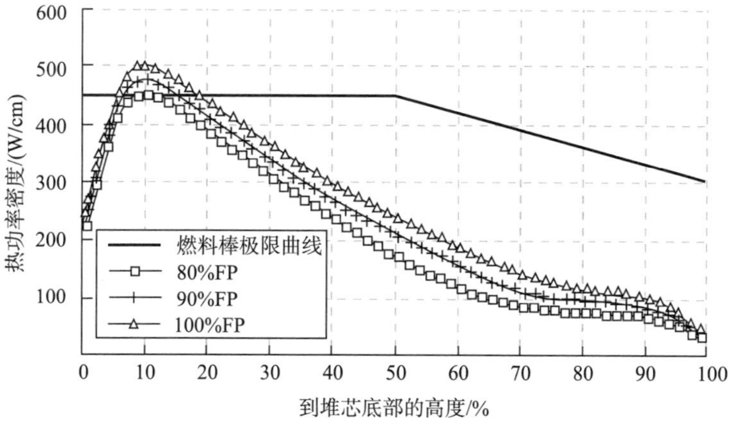

图 4-56　在堆芯底部最大线性释热率的瞬态期间最热燃料棒的最大轴向功率密度分布变化

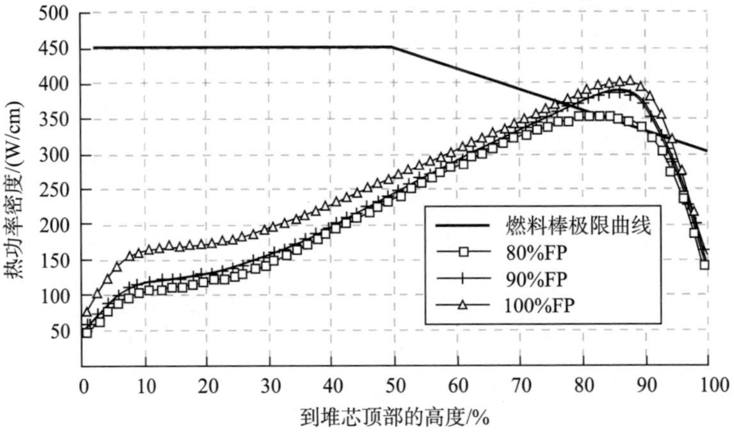

图 4-57 在堆芯顶部最大线性释热率的瞬态期间
最热燃料棒的最大轴向功率密度分布变化

4.4.2 燃料装载相关事件

事件三：某核电厂一组燃料组件装入堆芯后倾斜（M310）

（1）事件名称

一组燃料组件装入堆芯后倾斜。

（2）事件经过

2003 年 3 月 4 日早上 7：00，MGS 装料人员按计划进行第 123 步燃料组件装载。当组件高度下降至 8 911 mm 时出现“LOADRELEASE”允许释放的指示灯，由于该高度与前面已装组件的释放高度（在 8 953～8 959 mm 范围内）相差较大，装料人员将组件提起后再次下降，结果在相同的高度出现允许释放信号。

装料人员认为是高度指示有误差，于是松开夹爪释放组件，随之该组件由 G03 向 J1 位置倾斜靠在堆芯围板上，倾斜度约为 8°。

事后检查发现，夹爪松开允许高度保护设定值为 8 850 mm，而在这一高度上，定位销尚未进入定位孔，即该值起不到实际的保护作用。同时发现，堆芯载荷自动旁路高度定值的设定为 8 790 mm，也不能到限制作用。

事件发生后，已将上述两设定值分别改为 8 940 mm 和 8 870 mm。

（注：由于项目组与装料人员之间关于堆芯底部限值（Core Full Down）的认识未达成一致，与之相关定值的合适性需要进一步确认）。随后对倾斜燃料组件进行检查发现，在其下管座定位孔的内外沿分别有顶压痕迹。这表明组件下降过程中，下管座坐在了定位销上。

（3）事件原因

直接原因：装料人员不适当地松开夹爪。

根本原因：夹爪松开允许高度保护定值和堆芯载荷自动旁路高度定值设定错误。

（4）纠正措施

（a）U1C7 堆芯不使用 YQ616X 和 YQ611V，U1C7 堆芯装载调整，堆芯燃料组件全卸、全装；

（b）更换备件并进行通道测试，确认保护功能正常；

（c）每次装卸料综合演练前对欠载和超重的通道动作检查，确保参数设定正确，每个通道动作正常（安排在每次的换料大修装卸料机投运前的检查项目中）；

（d）若需临时修改装卸料机称重保护参数，必须由当班换料主管填写《装卸料机定值临时修改申请单》，由仪控装卸料保驾人员进行修改；修改时一人操作一人监护，由当班换料主管和仪控人员共同确认参数修改成功；

（e）在装料过程中，装卸料机操作员密切监视称重保护装置的质量显示，出现异常就立即手动停止主提升。

（5）经验教训

从设计上讲，组件落在销钉上的可能性是存在的，但设计可采用其他方法对组件落在销钉上问题进行控制。

设计上有燃料组件在规定高度下释放闭锁功能，而实际交付使用后，此功能却没有达到设计要求，未达到设计要求的原因是定值设置不对。

装料人员不适当地松开夹爪是事件的直接原因，主要反映出装料人员质疑态度不足；装料人员培训不足。

事件四：某核电厂装料时发生两组燃料组件搅混翼格架刮伤（CNP600）

（1）事件名称

装料时发生两组燃料组件搅混翼格架刮伤。

（2）事件经过

2008年11月13日19：50，装卸料机在燃料转运装置处抓取燃料组件移动单上的第115步燃料组件，按照堆芯装料正常步骤操作，移动至堆芯J02位置（坐标与移动单上的坐标相同）下放燃料组件，在主提升下降到7 215 mm时，装卸料机称重保护装置的质量显示已低于欠载保护设定值，但欠载保护功能未动作，装卸料机操作员手动停止主提升。

随后，将第115步燃料组件提出堆芯转运至1号机组燃料厂房乏燃料水池，贮存到燃料贮存格架（坐标号P19）内。考虑到需要检查第115步燃料组件周边接触燃料组件的情况，随后将第114步燃料组件和第111步燃料组件提出堆芯，转运至1号机组燃料厂房，分别贮存在乏燃料水池燃料贮存格架（坐标号分别为U19、M25）内。

经水下电视检查和对组件实施离线啜吸检查，发现新燃料组件YQ616X的第2层（从下往上数）搅混翼格架下部、朝堆芯0°方向靠堆芯270°方向的搅混翼格架外条带5个翼片存在不同程度的异常变形，其余部位未见异常；已辐照燃料组件YQ611V的第6层搅混翼格架上部、朝堆芯180°方向靠堆芯270°方向的搅混翼格架外条带3个翼片存在不同程度的异常变形，其余部位未见异常。

（3）事件原因

直接原因：过载（包括机械应力和超速）堆芯装料过程中，燃料组件YQ616X第2层搅混翼格架外条带下部的部分翼片与堆芯已就位，燃料组件YQ611V第6层搅混翼格架外条带上部的部分翼片发生相互摩擦，导致受摩擦翼片发生过度变形。

根本原因：设备在设计寿命内失效装卸料机称重保护机箱1号板卡故障，当燃料组件搅混翼格架外条带部分翼片发生相互摩擦使主提升欠载超过保护定值时，燃料组件实测重量低于设定值但欠载信号未能正确触发，导致受摩擦翼片过度变形。

（4）纠正措施

（a）U1C7 堆芯不使用燃料组件 YQ616X 和 YQ611V 装载调整，堆芯燃料组件全卸、全装；

（b）更换备件并进行通道测试，确认保护功能正常；

（c）每次装卸料综合演练前对欠载和超重的通道动作检查，确保参数设定正确，每个通道动作正常（安排在每次的换料大修装卸料机投运前的检查项目中）；

（d）若需临时修改装卸料机称重保护参数，必须由当班换料主管填写《装卸料机定值临时修改申请单》，由仪控装卸料保驾人员进行修改；修改时一人操作，一人监护，由当班换料主管和仪控人员共同确认参数修改成功；

（e）在装料过程中，装卸料机操作员密切监视称重保护装置的质量显示，出现异常就立即手动停止主提升。

（5）经验教训

本次事件是在 106 大修装料过程中由于辐照过的组件存在一定的变形，而装卸料机在出现欠载时保护未能及时动作的情况下发生的。事件直接造成两组燃料组件退出 UIC7 燃料循环，机组推迟并网，造成了一定的经济损失。为了避免类似的问题再次发生，电厂对装卸料前综合演练、称重保护参数临时修改等进一步明确了要求。

事件延伸：燃料装载事故的反应性分析

燃料装载事故最直接的后果是导致放射性的泄漏。此外，由于堆芯的装载方案通常可以保证最小的径向峰值因子，未被发现的燃料装载错误可能干扰预期的功率分布。

燃料装载错误包括：

（1）有一个或多个燃料组件置于错误位置；

（2）在制造过程中由一个或多个错误富集度芯块制成的燃料棒，或整个燃料组件由错误的富集度芯块所制成；

（3）对于初始堆芯需要可燃毒物棒而没有装载可燃毒物棒。

事故分析中对燃料装载错误的结果表明：

(1) 若是对功率分布扰动十分明显，径向不对称也很显著；

(2) 若是径向不对称并不显著，且计算表明径向功率峰值增加不大，小于限值。

所以，通常一个装载错误不会影响电厂的运行安全，因为它要么很容易被发现，要么对径向功率因子影响很小。

4.5 重水堆典型反应性事件

事件一：LZC 系统虚假水位

(1) 事件描述

1 号机组运行以来，其 LZC 系统（特别是 1/8 区）曾出现过几次虚假水位现象。

虚假水位出现时，单区水位较长时间内维持在 80%高位，单区功率也处于较高水平；虚假水位消失时，单区水位快速下降，其对应单区功率也下降。

虚假水位产生时，单区的功率一般也维持在较高水平。虽然运行人员按照规程将监测区域功率，并在异常情况下降低机组功率，但虚假水位维持期间，机组发生 Setback 和 Stepback 的风险加大。图 4-58 和 4-59 分别给出了换料和除毒过程中发生的虚假水位情况。

(2) 原因分析

根据对 LZC 系统的分析和国外 CANDU 堆的经验反馈可知，虚假水位产生的根本原因是：在液位上升过程中，由于密封舱内部的流量分配板（约在水位 65%的位置）与舱壁间的间隙很小，导致进入密封舱的轻水受阻在流量分配板上，形成水封效应，在中间形成一个氦气腔，导致虚假高液位。经过一段时间的运行后，由于水封效应被破坏，积聚在腔室上部的水（反应性价值小）重新回落到底部（反应性价值大），相当于突然引入负反应性，使区域功率下降。目前尚没有方法从根本上解决该问题。

(3) 纠正措施

(a) 对 LZC 系统 1/8 区、3/10 区、6/13 区水位影响大的通道，在

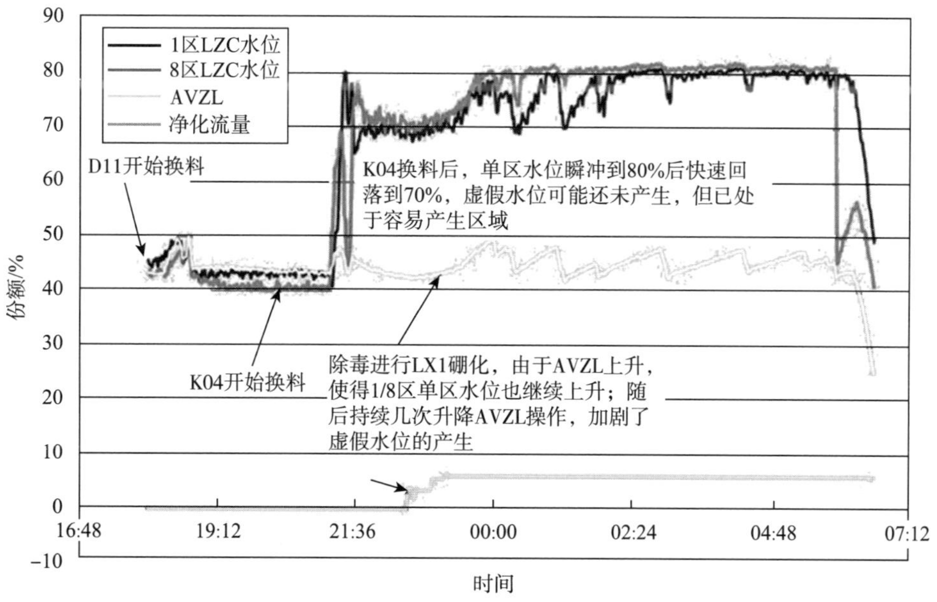

图 4-58　换料导致虚假水位

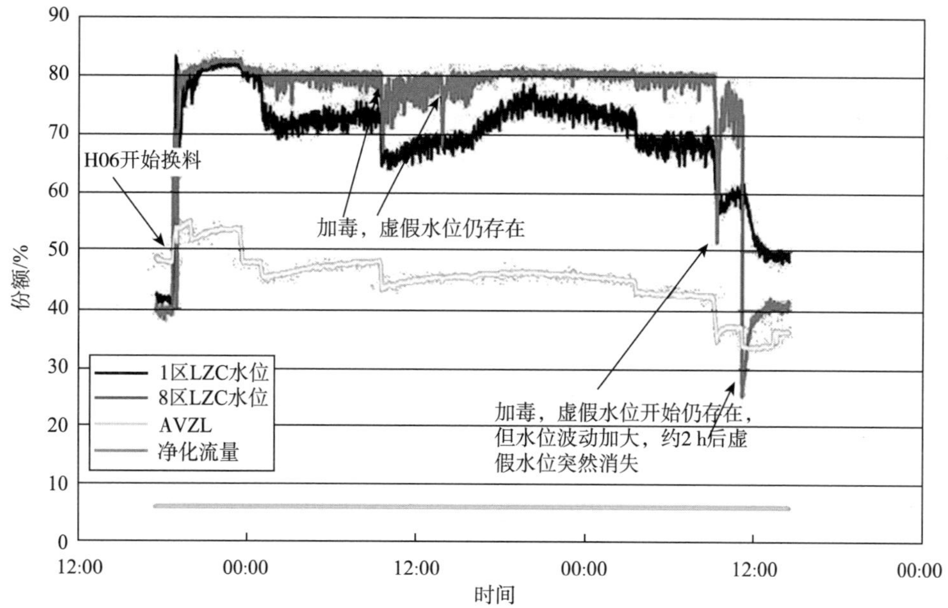

图 4-59　除毒导致虚假水位

换料清单中加入提醒，建议降低和限制其换料前后的单区水位。

(b) 换料后监测相关区域水位，在水位达到一定高度后监测区域功率，判断是否出现虚假水位，虚假水位出现时加毒降水位。

(c) 这些措施无法根本解决虚假水位现象，只能降低虚假水位的程度和影响。提示操作员在以后的运行工作中要考虑到这种情况。

事件二：达临界过程功率设定错误

(1) 事件描述

2006 年 11 月 8 日，202 大修后期 2 号机组开始进行除毒达临界操作，执行的规程为 98-37000-OM-001 第 4.1.1 节，根据第 3.7 步规定，RRS 系统的功率设定值 Demand Power 为 2×10^{-6}%FP。因此当功率升至 2×10^{-6}%FP 时，LZC 系统会自动退出“Special Shutdown 模式”。

当反应堆功率升至 2×10^{-6}FP，随后超过此功率设定点后，LZC 系统并未自动退出“Special Shutdown 模式”，仍在继续上升。经检查发现在反应堆即将达到 2×10^{-6}%FP 之前，主控室操作员已将 Demand Power 设为 1×10^{-5}%FP，而除毒达临界操作规程中并无此操作要求。

随后为了避免功率继续上升，操作员将 Demand Power 重新设定为 2×10^{-6}%FP，此时，LZC 自动退出“Special Shutdown 模式”，AVZL 上升至 70%左右，经确认反应堆状态后，继续执行 98-37000-OM-001 第 4.1.1 节的后续操作。

由事件可知，在达临界重要操作过程中，不按照规程操作可能导致意外临界或停堆系统动作等后果。

(2) 原因分析

直接原因：不严格遵守规程。达临界规程 98-37000-OM-001 第 4.1.1 节第 3.7 步要求将功率设定值设定为 0.000 2%FP。由于当值操作员未照规程执行操作，当反应堆功率接近 0.000 2%FP，其错误地执行了规程要求以外的操作，将功率设定值改为 0.001%FP。

根本原因：

(a) CANDU 反应堆临界知识不足。主控运行人员对反应堆达临界的知识不足。当反应堆功率接近0.000 2%FP时，LZC将自动退出水位控制模式，操作员错误地认为要避免LZC退出水位控制模式，没有认识到LZC自动退出水位控制模式意味着反应堆已接近临界区域。

(b) 反应堆达临界操作培训不足。反应堆达临界是不常出现的工况演变，对不常出现的工况演变的运行操作，应当在操作前及时进行操作培训。该事件中反应堆启动前没有对操作员进行过达临界操作培训，操作员对反应堆达临界的操作过程不熟悉，操作时凭自己的理解执行操作，导致事件发生。

事件三：ADJ第4组出现CYCLING现象

(1) 事件描述

2004年5月5日，2号机组在处理凝汽器泄漏的操作中，堆功率从满功率降到55%FP。堆功率后来提升到65%FP水平，由于氙毒的影响，第1～4组调节棒被提出堆外，第5～7组调节棒留在堆内，氙毒正在减少的过程中。

14：10，LZC平均液位达到70%，主控PL6出现窗报“ADJ TROUBLE”，RRS程序需要插入调节棒以降低液位。操纵人员确认后将ADJ的手动开关63731-HS-2放至“AUTO”位置，第4组调节棒开始插入，LZC液位开始下降。但是当调节棒插入到58%时，又反向提出；当提出至12%时，又开始插入，液位和功率偏差同时都出现较大的振荡。

(2) 原因分析

当第1～4组调节棒提出后，堆内功率极不平衡，导致液位差较大，有的区域将近90%，有的区域只有17%。当ADJ插入时，这些区域的液位变化受到限制，在功率控制过程中作用都很小，只有其余处于中间位置区域的液位参与正常的功率控制。因此，整个LZC系统的调节能力较弱，调节速度跟不上ADJ插入时引入的负反应性速度，导致功率偏差不断增大。

当功率偏差增大后，ADJ的控制速度根据公式计算可知会进一步增大，导致功率偏差增大的速度越来越大。当插入到58%时，功率偏差最终超过了−4%的限值。根据 ADJ 的控制逻辑，当 ADJ 在功率偏差超过−4%限值时，不论 LZC 液位是多少，都开始提棒。

当 ADJ 开始提棒时，液位回升；但是当 ADJ 将近完全提出时，液位又恢复原来的水平，平均液位达到 70%；根据 RRS 逻辑又要求 ADJ 插入，出现了循环运动的现象。

综上所述，第 4 组 ADJ 循环插入、提出的原因是 LZC 的调节速度跟不上 ADJ 插入时引入的负反应性速度所致。根据分析，与第 4 组调节棒反应性相同的第 5、6 组调节棒以及反应性更大的第 7 组棒，在防止中毒功率水平下插入时，均有可能出现循环动作的现象，需要手动降低 ADJ 的插入速度才可以避免。

(3) 处理方法

当出现 ADJ CYCLING，可按照以下步骤来处理：

(a) 密切监测 ADJ 棒的插入/拔出；

(b) 当出现以下任何一种情况时，将 ADJ 棒的 hand-switch 转到“MANUAL“位置至少 2 s 以上（RRS 自检需 2 s）：

a) 在｜Ep｜>4%时，ADJ 棒组的运动方向改变；

b) 在完全插入/拔出 ADJ 棒组前，LZC 平均水位达到 20%或 70%。

(c) 手动缓慢改变单根 ADJ 的位置来尽可能快地完全插入/拔出 ADJ 棒束：

a) 任何时刻，同一棒组中单根棒间棒位的差距必须保持在 5%之内；

b) 按照 RRS 内固定的顺序来移动单根 ADJ 棒。

事件四：2 号机组 2 号停堆系统毒物部分注入慢化剂导致停堆停机

(1) 事件名称

2 号机组 2 号停堆系统毒物部分注入慢化剂导致停堆停机。

(2) 事件经过

2 号机组反应堆功率在 100%FP，发电机电功率在 725 MWe。1 号停堆系统、2 号停堆系统、应急堆芯冷却系统、安全壳隔离系统已处于正常就列状态，其他安全相关系统也按技术规格书的要求可用。

事件进展序列：

2004 年 2 月 18 日，00：30，2 号机组两名现场操作员接受工作控制区副操作员的下达的操作任务：对 3471-TK2 箱内的溶液进行钆浓度定期取样。由于正值进餐时间，两名现场操作员决定进餐后再执行任务。

2：26，两名现场操作员携带一份试验程序（98-91140-OM-328-TANK2）去现场执行操作。首先根据 OM 中第 3.2、3.3 步骤确认相关阀门的状态，之后一名现场操作员带着程序去 R/B-006 区域确认取样泵的启动条件，另一名现场操作员将要操作的阀门编号和操作内容记录在一张纸上（事件调查过程中没有发现这张纸条），然后去 R/B-201 区域执行 OM 中的第 3.4 步骤“打开回流阀 3471-V212”和 OM 第 3.5 步骤“打开 3471-TK2 疏水阀 3471-V22”。由于阀门 3471-V212 与 3471-TK4 箱的回流阀 3471-V214 邻近，其准备操作 3471-V212，却误开了 3471-V214。操作完后，电话通知在 R/B-006 区域工作的操作员可以启动取样泵 3471-P1。取样泵启动后，启泵的操作员确认就地的流量计 63471-FI1 稳定在要求值（76 mL/s）。这一错误操作导致取样泵启动后将 3471-TK2 部分毒物溶液输送至 3471-TK4，3471-TK4 内的毒物溶液在重力的作用下进入慢化剂系统。

02：36：22，主控出现 CI-041 “3471-L104 POISON INJ CONDTVTY HI” 报警。主控室操作员立即通过广播系统联系现场操作员。现场操作员听到主控广播通知后，迅速到 R/B-402 区域确认 LISS 系统的 12 个电导计的读数，发现 3471-TK4 箱的电导高，回电主控。

02：37，主控下令：“立即停止 3471 取样操作，并将设备恢复到试验前状态”。该现场操作员立即从 R/B-402 区域跑到 R/B-006 区域停运取样泵 3471-P1，然后到 R/B-201 恢复所有阀门的初始运行状态。

02：39，反应堆因液体区域控制系统异常（Spatial Control OFF-Normal）SETBACK 触发，主控操作员执行 EOP-001。

02：43，发电机功率 20 MW 时，手动脱扣汽轮机。

02：45，手动断开发电机出口开关及励磁开关。

03：00，主控操作员执行 GOP-006、GOP-004，将反应堆置于模式 4“冷态卸压状态”，机组随即进入停堆小修阶段。

2 月 20 日 07：26，反应堆临界，功率为 0.05％FP。

2 月 21 日 01：整并网。

2 月 23 日 08：31，达到满功率。

（3）事件原因

直接原因：现场进行 3471-TK2 定期取样试验操作过程中，在开启 3471-TK2 的回流阀 3471-V212 时，误开了 3471-TK4 的回流阀 3471-V214，在取样泵 3471-P1 启动后将 3471-TK4 箱中钆毒物部分注入慢化剂。钆毒物注入过多导致反应堆中毒停堆、汽轮机停机。

根本原因：

1）工作实践方面：

（a）在运行处内部管理程序《定期试验》的第 5.1 和 5.2 节“当值值长和主控室操作员的责任”中有下列描述：

a）值长“审查当值应执行的定期试验计划单，结合电厂工况和试验的优先级，批准执行试验”；

b）主控室操作员“审核试验计划单，按电厂工况和试验的优先级确定本值试验项目，签字后给值长批准；按照值长批准的定期试验计划单，根据机组运行状态确定进行定期试验的具体时间，安排主控副操作员进行定期试验工作”。

实际情况是事件发生时当值值长和操作员没有对该试验项目安排工前会，试验任务由工作控制区（WCA）操作员直接安排。

（b）运行处管理程序《运行行为规范》第 6.2.12 规定“就地操作员在离开其岗位或执行例行任务前必须向主控室汇报，征得同意后方可离开岗位”。在此次事件的操作过程中，开始操作之前和操作过程中启动取样泵时没有向主控室操作员报告。

（c）公司《运行行为准则》第 6.1.4 条的规定“所有的操作都要按照经批准的书面的具体规程执行”。这次事件中，两名现场操作员在执行任务的过程中只带了一份程序，在共同完成阀门状态确认后两个人分开进行操作时，执行 3471-V22/212 操作的人员没有程序，因而没有按程序进行操作。

2）管理方法

（a）公司《运行行为准则》6.10 节规定“在使用不常用规程进行操作或进行复杂的试验和操作前要召开工前会”。《运行行为准则》属于大纲程序（STP），没有具体的执行程序支持下缺乏可执行性。此次事件中的毒物灌取样试验没有被运行人员认为是“复杂的试验”，因此未召开工前会，也没有进行风险分析。

（b）公司《运行行为准则》第 6.6 条规定“对于所进行的运行活动，包括在线、隔离、定期试验和设备启停等，应该采取某种验证方式，避免可能的人员差错。验证包括自检、监护和自我验证 3 种”。这次事件中，操作员没有实施自检，匆匆忙忙进行操作，导致阀门操作错误。

（c）运行就地操作员中普遍存在一种心理负担，即认为在 2 号停堆系统区域的剂量水平较高（该区域的实际剂量水平为 80 μSv/h，如果阀门操作需要 3 min，接受的剂量仅为 4 μSv），在此区域从事操作时要尽量缩短滞留时间，因而会出现匆匆忙忙完成操作任务的情况。这种心理状况存在已经相当长的时间，管理人员在检查和监督过程中应给予关注，使工作人员克服恐惧心理。

（4）纠正措施

（a）运行处根据现有管理制度中，就工作任务分配，遵守程序的要求，执行过程中的自检、监护、验证和汇报和等要求，组织所有运行操纵人员进行讲解和学习，并有学习和考核记录。

（b）系统工程师对其所管辖系统的 OM 进行审查，识别出那些对机组的安全稳定运行存在风险的操作步骤，并给出相应的风险提示。

（c）运行处对系统工程师在 OM 上提供的风险提示内容进行审查，并在 OM 中进行标识。

（d）保健物理处编制简要培训教材，完成后交运行处，由运行处组织运行人员进行培训。培训目的是使运行人员减轻或克服对放射性的恐惧心理。

(e) 运行处、维修处和燃料操作处对所负责操作的设备，在操作过程中存在的风险进行分析。如果单一操作步骤就能够导致停机、停堆或严重瞬态，评价这些设备上锁的可操作性，并完成必须上锁设备的上锁工作。

(f) 质保处在“程序编制指南”程序中细化分级标识的原则，在程序封面上除写明分级标识外，还应有程序执行符合性文字说明。

(g) 运行处实施对 2 号停堆系统毒物箱的取样阀和回流阀上锁，确保一把钥匙只能打开同一毒物箱的取样阀和回流阀（已完成）。

(h) 运行处提出内容为“2 号停堆系统毒物注入箱出口高电导自动停运取样泵”的设计变更申请（已完成）。

(5) 经验教训

此事件暴露出公司管理期望和要求在与事件相关的任务执行过程中没有得到体现。要彻底改变这一状况，管理层须在以下两个方面展开工作：

(a) 将公司的管理要求和期望清晰准确地传达给工作人员，务必让工作人员知道并理解；

(b) 加强对工作人员的观察和了解，进行适当的监督、检查和指导，及时发现与管理要求和期望相悖的人员行为和思想状态，并采取措施给予纠正。

同时，根据纵深防御原则，考虑到人员失误在所难免，对那些操作失误可能带来严重后果的设备设置实体屏障，减轻或防止人员失误造成的后果。

事件五：1 号停堆系统奇系列停堆棒异常落入堆芯

(1) 事件名称

1 号机组 1 号停堆系统奇系列停堆棒异常落入堆芯。

(2) 事件经过

2011 年 12 月 16 日 00：55，某核电厂 1 号机组按计划正执行 106 大修，反应堆处于保证停堆状态（GSS 状态），2 号停堆系统在大修停堆过程中按计划注入堆芯之后，处于隔离状态，其余专设安全系统可用，机组安全相关系统配置满足《大修核安全管理细则》要求。

1 号停堆系统属于专设安全系统之一，通过向反应堆中插入 28 根停堆棒来终止反应堆的自持链式裂变反应，减少核燃料中产生的能量，保护反应堆的安全。28 根停堆棒分为奇、偶两个系列，各 14 根；正常情况下，由各自的离合器将停堆棒保持在堆外（反应堆顶部）。

奇系列离合器主电源模块 68211-PS1 由奇系列三级电源开关 5433-MCC13-7FK 供电，备用电源模块 68211-PS2 由二级电源开关 5542-PL567A-CB22 供电。偶系列离合器也有完全一样的供电系统。任何一个系列的主、备电源模块同时失去都会导致该系列停堆棒落入堆芯。由于调试期间已发现离合器主电源模块的三级电源供电开关 5433-MCC13-7FK 的容量不足，因此调试期间已通过现场变更 98-AY-68220-FCR-05112 将其容量由 2 kVA 变更为 3 kVA。离合器备用电源模块的二级电源供电开关 5542-PL567A-CB22 则没有做过变更，该供电开关型号为 cutler-hammer 公司的 QCR1030，额定电流为 30 A。主电源模块 68211-PS1 和备电源模块 68211-PS2 都是 BOT 公司的 RPS1000 型，输入要求为 120 VAC、50 Hz、40 A（电流输入要求 40 A 高于上级二级电源 30 A 的额定供电容量），输出功率 90～110 VDC、0～20 A。

根据预防性维修大纲的 PM17259 的要求，本次大修过程中，计划通过工作包 6043041 更换这两台电源模块，预定工期 2012 年 1 月 4 日。本事件发生前，1 号停堆系统处于自动备用状态，三级电源供电开关 5433-MCC13-7FK 按计划处于停电状态，导致主电源模块 68211-PS1 失电，奇系列离合器由备用电源模块 68211-PS2 供电。此时偶系列离合器的主、备电源模块都正常。

2011 年 12 月 16 日 00：55，二级电源供电开关 5542-PL567A-CB22 跳闸，电源模块 68211-PS2 失电，奇系列停堆棒离合器失去电源模块，14 根停堆棒落入堆芯。检查发现备用电源模块 68211-PS2 从上级电源（二级电源供电开关 5542-PL567A-CB22）消耗的电流为 36 A，已经超过二级电源的开关容量。后续车间检查确认了二级电源供电开关 5542-PL567A-CB22 的设定值没有漂移。初步判断应该是备用电源模块投用年限较长，效率有所下降，在维持下级设备所需功率的前提下，对上级电源模块的消耗已经由正常的 20 A 增长到 36 A，超过上级电源模块（30 A）的容量，但仍低于自身（40 A）的设计参数。在确认上述电流问题之后，立即将原定 106 大修中 2012 年 1 月 4 日执行的电源模块更换工作提前到 2011 年 12 月 16 日夜间执行。同时，考虑到上级电源已使用多年，也保守采用新备件更换了上级电源。更换之后，主电源模块对上级电源的需求为 18.3 A，备用电源模块对上级电源的需求为 19.6 A。备用电源模块的电流需求要略高于主电源模块的电流需求，主要是因为设计上要求备用电源模块的工作电压略低于主电源模块，属于正常现象。经检查确认后，运行人员将二级电源供电开关 5542-PL567A-CB22 正式合闸，恢复奇系列离合器备用电源模块，并手动提升奇系列 14 根停堆棒。

2011 年 12 月 17 日 01：23，运行人员执行奇系列停堆棒部分落棒试验成功，随后 1 号停堆系统恢复正常工作。后续将依据工单 265254 更换偶系列停堆棒离合器供电电源模块，更换之后 1 号机组停堆棒离合器的全部（4 个）电源模块都将是最新的合格设备。根据一般电源的使用寿命，当前的预防性维修计划是每 9 年整体更换电源模块。对于正常带载使用中的电源模块，该更换周期没有问题。但是从两台机组停堆棒离合器电源模块当前的状态对比来看，停堆棒离合器主、备两个电源模块在带同样负荷的前提下，主电源模块所需的输入电流均小于备用电源模块，说明主电源模块的转换效率均高于备用电源模块。当前的配置是在一个大修周期内，主电源模块的输出在 95 VDC，备用电源模块的输出在 92.5 VDC，备用电源模块一直处于空载备用状态。由于在大修期间也没有进行主、备电源互换，所以使备用电源长期处于空载状态，这应该是其性能比主电源模块下降更快的主要原因。

（3）事件原因

直接原因：奇系列停堆棒离合器备用电源模块的性能下降，超过上级电源的供电能力，从而引起上级电源（二级电源的开关 5542-PL567A-CB22）跳闸。

根本原因：长期空载的备用电源模块比正常带载使用的电源模块性能下降更快，维修人员对电源模块的此特性认识不足，在电源模块的设备管理上存在缺陷。

（4）纠正措施

（a）立即更换 1 号机组奇系列停堆棒离合器电源模块；

（b）更换 1 号机组偶系列停堆棒离合器电源模块；

（c）编制主备电源模块切换时的风险评估以及切换前后的检查和应急预案；

（d）检查确认 2 号机组停堆棒离合器主电源模块效率，确保无明显下降；

（e）电气工程师评估停堆棒离合器二级电源模块开关容量，并给出评估意见；

（f）升版预防性维修大纲 PMP，增加定期互换主电源模块和备用电源模块的工作内容。

（5）经验教训

停堆棒离合器备用电源模块长期处于备用状态，易导致其效率下降。由于备用电源模块平时并不供电，难以确定效率是否正常，应定期将主电源模块和备用电源模块轮换使用。

第 5 章　反应性管理弱项分析

反应性管理与控制影响反应性条件所应用的运行理念和具体的指南有关，包括确保堆芯反应性和存放的核燃料（可能发生临界）的监控符合燃料设计和运行限值的所有活动。我国各核电厂对反应性管理给予了高度的重视，近年来也一直致力于解决潜在的反应性管理薄弱环节。尽管如此，一些超预期的和未受控的反应性事件仍在继续发生。

本章将对我国 2007—2016 年的反应性事件进行总结分析，对这些事件中的共性问题进行归纳，从侧面反映出我国运行核电厂在反应性管理上的弱项。最后再结合反应性事件中暴露出的问题，对改善核电厂反应性管理弱项给出一定的合理化建议。

5.1　反应性事件的共因分析

本书所讨论的反应性事件是指堆芯内任何影响反应性状态的因素出现非预期瞬态的运行事件。通过对我国 2007—2016 年的所有运行事件进行梳理，共筛选出 102 件反应性事件。下面将根据事件根本原因、事件发生频率与机组年龄、事件涉及的系统或部件、事发时的电厂活动等内容，对 102 件反应性事件进行统计并加以分析说明。

5.1.1　事件根本原因统计分析

根据事件根本原因的分类，对 102 起反应性事件进行统计，结果如图 5-1 所示。

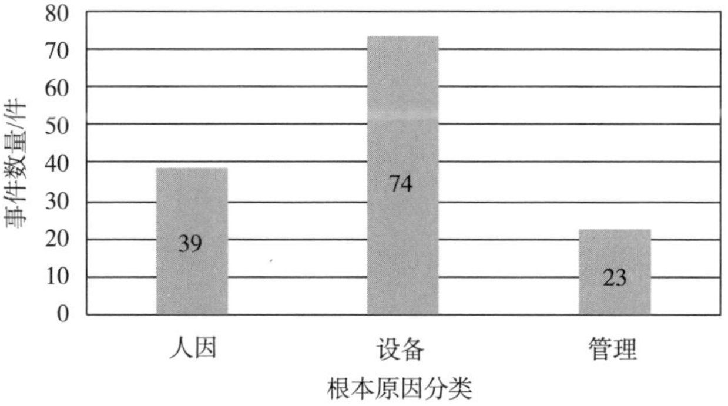

图 5-1　事件按根本原因统计情况

从图 5-1 可以看出，在我国近十年来的反应性事件中，归为设备原因的有 74 起，占事件总数的 72.5%；其次是人因原因，占 38.2%；管理原因占事件总数的 22.5%。(部分事件同时包含两个或两个以上原因)

下面对上述人因、设备和管理原因进行分类统计，分析各类原因中的主要失效点。

关于人因原因，按照知识型、技能型和规则型细分，统计结果如图 5-2 所示。

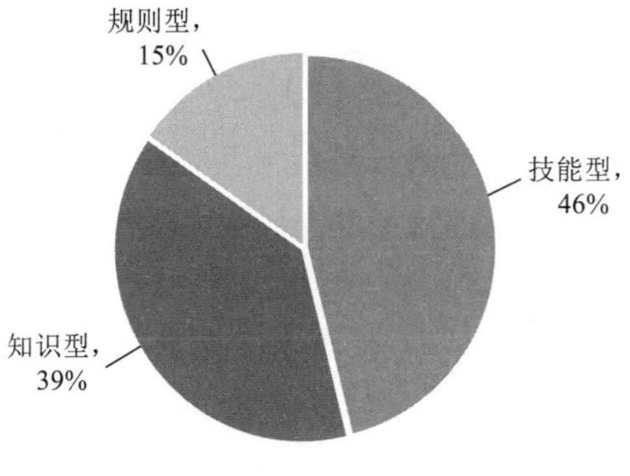

图 5-2　人因事件按失误类型统计情况

图 5-2 中各类人因失误类型的含义有：

知识型：指工作人员通过分析、判断来解决问题过程中所犯的失误，这类失误通常是由于工作人员的知识欠缺、经验不足、成见或偏见等因素所致。

技能型：指无意识的行为、疏忽或是过失而引起的失误，这类失误通常是由于未使用防人因工具造成。

规则型：指按规则进行操作时所犯的失误，又分为未执行程序、程序本身有错误、程序正确但执行错误三类。

可以看出，在人因事件中，由于人员疏忽引起的技能型失误占比最大，为46%；其次是知识型失误占事件总数的39%，规则型失误占15%。在技能型失误的事件中，主要失效点包括误碰、看错看漏、走错间隔等；在知识型失误中，主要失效点体现在操纵人员对蒸汽发生器水位、蒸汽旁排系统和主给水系统的知识缺乏和经验不足等；规则型失误中，出现最多的是凭记忆操作和无程序操作。

关于设备原因，根据其失效原因，统计结果如图5-3所示。

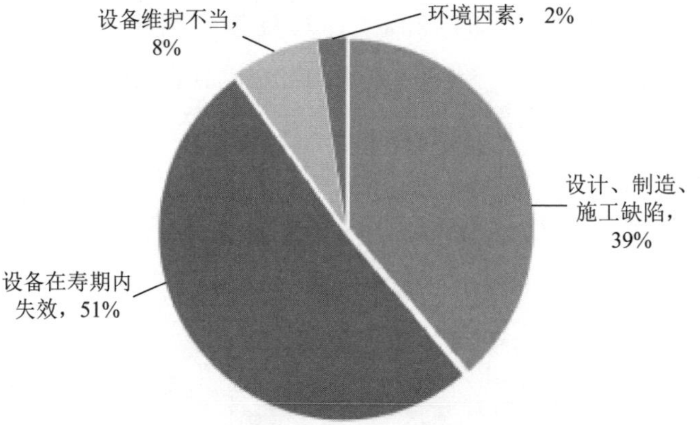

图5-3　设备事件按失效原因统计情况

由图5-3可见，设备原因的事件中，设备在寿期内失效占比最大，约为51%；其次是设备在设计、制造和施工的缺陷，占比约为39%；设备没有定期维护和环境因素（主要是台风和海生物）分别占比为7%和3%。

关于管理原因，不同事件暴露出的问题较分散，综合起来有如图5-4所示统计。

核电厂管理涉及到电厂的方方面面，在反应性事件中也暴露出诸多方面的问题。其中占比最大的为运行规程的不完善，约占到总数的36%；其他因素如防误碰管理、设备寿期管理、设计变更审查不严、防人因管理、TCA管理、冷源应急和高风险作业管理等，在各事件中均有体现，占比约为 10%。

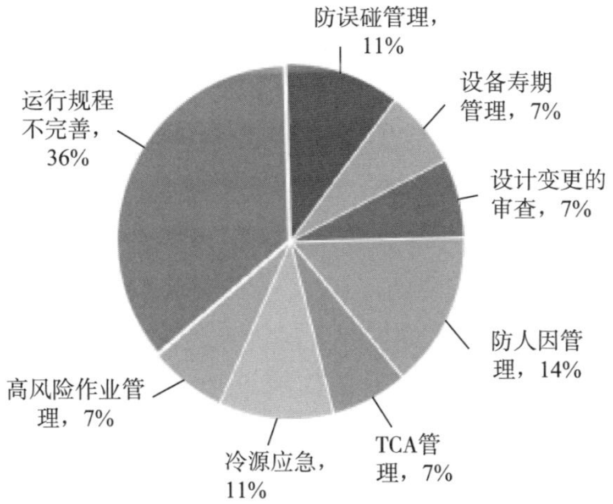

图 5-4　管理事件按失效原因统计情况

5.1.2　事件频率与机组年龄统计分析

我国正处在核电大发展时期，近年来不断有新建机组投入商运，被认为是近年来运行事件呈上升趋势的一个主要原因。本节从反应性事件发生频率和机组年龄关系的角度进行了统计分析，结果如图 5-5 所示。

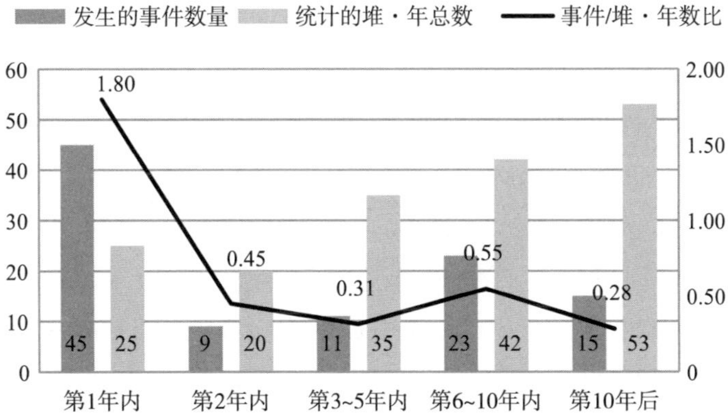

图 5-5　事件发生频率与机组年龄关系统计情况

图 5-5 中各指标的含义如下：

（1）机组年龄：机组自装料以后的时间，图中第 1 年内的反应性事件总数指所有被统计机组在其装料后的第 1 年内发生的反应性事件数量之和。

（2）发生的事件数量：所有被统计机组在对应的时间区间内发生的反应性事件总和。

（3）统计的堆·年总数：由于我国近十年来陆续有机组投运，导致机组年龄较小的机组偏多，因此机组年龄小时统计的反应性事件总数较大。为了客观地反映机组当年发生反应性事件的频率，这里对“堆·年总数”进行了统计。图中第 1 年的堆·年总数为 25，表示在 2007—2016 年内，有 25 台机组经历了装料后的第 1 年；第 3～5 年的堆·年总数为 35，表示在 2007—2016 年，经历了装料后的第 3 年、第 4 年、第 5 年的机组数，三者之和为 35。

（4）事件/堆·年总数比：表示一台机组在一年内发生反应性事件的平均次数。

由图 5-5 可以看出，在机组年龄为 1 年时，机组发生反应性事件的频率最高，为 1.8 起/（堆·年）；在第 2 年时，事件发生的频率显著降低，约 0.45 起/（堆·年）；在第 3～5 年，事件发生的频率更低，约 0.31 起/（堆·年）；在第 6～10 年内，事件发生的频率有所升高，达到 0.55 起/（堆·年）；在第 10 年后，事件发生频率又有所回落，为 0.28 起/（堆·年）。

在上述对事件频率和机组年龄关系的分析基础上，本节还对不同机组年龄段内，反应性事件根本原因（人因、设备、管理）的比例进行了统计，具体情况如图 5-6 所示。

从图 5-6 可以看出，管理事件随机组年龄增长，所占比例基本呈降低趋势；设备事件在整个寿期内均占比较大，且随机组年龄增长呈增加趋势；人因事件所占比例随机组年龄的变化规律为从第 1 年到第 2 年先增加，随后逐步降低，在第 10 年之后又有一定回升。

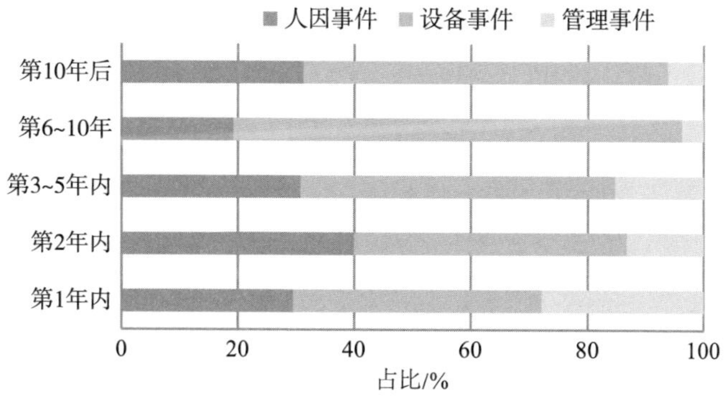

图 5-6　不同机组年龄下事件根本原因占比统计情况

5.1.3　事件涉及的系统或部件统计分析

根据事件涉及的系统或部件统计，结果如图 5-7 所示。从图 5-7 可以看出，在统计的 102 件反应性事件中，最突出的是仪控系统，涉及了 37 次，占总数的 36.3%；其次是给水系统，涉及 22 次，占总数的 21.6%；再次是汽轮机、发电机、主变部分，涉及 17 次，占总数的 16.7%。

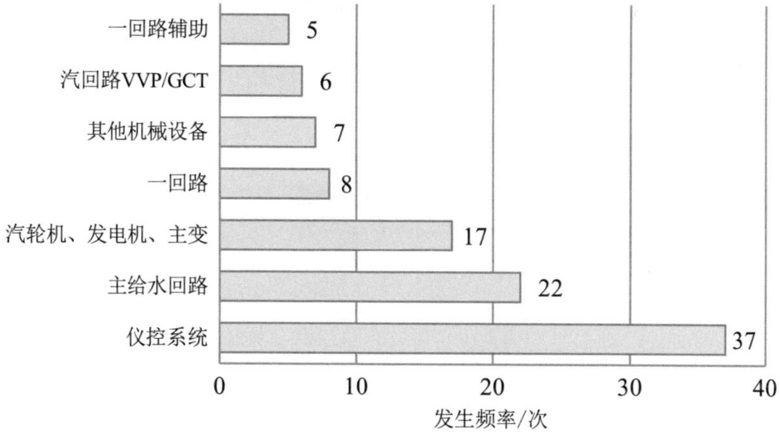

图 5-7　按事件发生系统或部件统计情况

分析不同系统部件相关的事件中人因事件的占比，统计情况如图 5-8 所示。从图 5-8 可见，在汽回路（VVP/GCT）和一回路辅助系统中发生的人因事件占比较高，超过 60%；其次是主给水回路和仪控系统，占比约为30%。在其他系统或部件中，人因事件的占比约为20%。

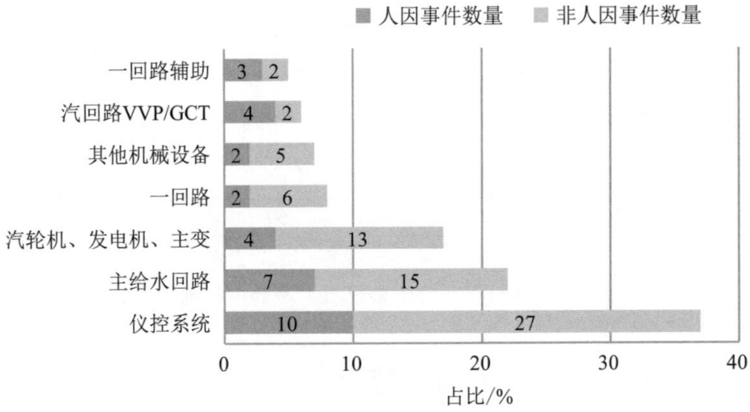

图5-8　按不同系统或部件中人因事件占比统计情况

5.1.4　事发时的电厂活动统计分析

按照事发时电厂正进行的活动进行统计，结果如图5-9所示。

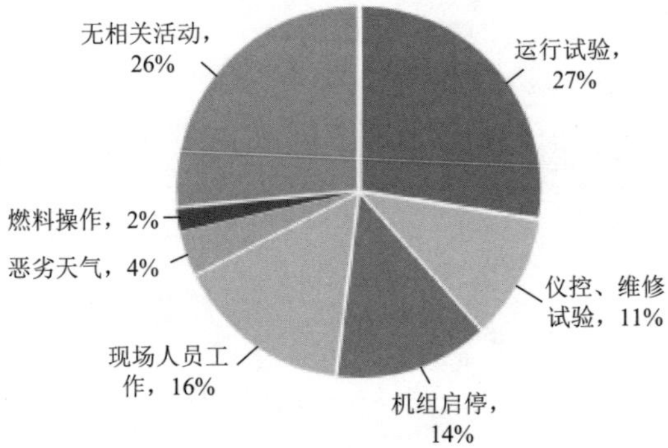

图5-9　按事件发生时的机组活动统计情况

从图5-9可以看出，电厂无相关活动而突发的事件占比为27%，此类事件主要是由设备的突发故障而引起；运行部门进行试验和仪控、维修部分进行试验也是反应性事件的高发期，分别占事件总数的27%和11%；其次，机组启停期间的事件占比为14%，此类事件起因主要是设备性能缺陷或人因失误；现场人员工作引发的反应性事件也占比较高，比例为 15%，主要原因为未严格使用防人因工具。此外，恶劣天气（台风、雷电等）也曾引发机组停机停堆，占比为 4%；燃料操作（主要是重水堆）时发生机械故障，占比为 2%。

5.1.5 事件统计分析总结

从我国近十年来的所有商运机组的运行事件报告中，根据影响反应性的因素发生非预期瞬态的标准，共筛选出 102 起反应性事件。根据事件根本原因、事件频率与机组年龄、事件涉及的系统或部件、事件发生时的机组活动这 4 个角度，对该 102 个反应性事件进行了统计分析，主要结论如下：

（1）从事件根本原因角度：

在 102 起反应性事件中，设备原因所占的比例最高，有 74 起事件与设备故障有关，其次是人因原因，有 39 起事件与人的失误有关；与管理原因有关的事件有 23 起。

根据对涉及人因、设备和管理原因的事件进行细分，又有如下结论：

在人因原因中，由于人员疏忽引起的技能型失误占 46%，表明核电厂在防人因失误工具的使用上仍存在一定的盲区；知识型失误占 39%，主要失效点包括操纵人员对蒸汽发生器水位、蒸汽旁排系统和主给水系统的运行特性和风险存在知识缺陷和经验不足，电厂应加强相关方面的培训；规则型失误占 15%，出现最多的是凭记忆操作和无程序操作，也存在部分由于规程本身错误而引发的事件。

在设备原因中，设备在寿期内失效占比最大，约为 51%；设备在设计、制造和施工的缺陷占比约为 39%；设备没有定期维护占比为 7%。在设备方面发生的问题给予的反馈是电厂需根据各经验反馈暴露出的设备缺陷，加强对重要设备的巡检、维护及性能测试，特别是对可能引起停机停堆的关键设备。

在管理原因中，占比最大的为运行规程不完善，约占 36%；其他因素如防误碰管理、设备寿期管理、设计变更审查不严、防人因管理、TCA 管理、冷源应急和高风险作业管理等，在各事件中均有体现，占比约为10%。电厂需充分借鉴本机组及其他机组的各类事件中暴露出的管理问题，及时采取相应的纠正措施，不断提升自身的管理水平。

（2）从事件发生频率与机组年龄角度：

在近十年的统计中，我国运行核电机组在装料后的第1年发生反应性事件的频率为1.8起/（堆·年），主要原因有两点：一是部分设备问题在调试过程中没有出现而在运行过程中暴露出来；二是新建电厂在人员经验和管理水平上均存在一定缺陷。在第2年时，由于机组设备逐渐稳定和人员逐步成熟，事件发生的频率显著降低，约0.45起/(堆·年)；在3～5年内，事件发生频率持续降低，约为0.31起/（堆·年）；然而在第6～10年内，由于设备老化等原因，事件发生的频率又有所上升，达到0.55起/（堆·年）；在第10年后，事件发生的频率较低，为0.28起/（堆·年），其中一个重要的原因是我国在运机组年龄超过10年的机组（主要是大亚湾和秦山核电厂），一直保持着较好的运行业绩。

（3）从事件涉及的系统或部件角度：

在统计的102起事件中，涉及最多的是仪控系统，共37次，占总数的36.3%；仪控系统故障主要体现在棒控系统、中子测量系统和反应堆保护系统上，大多发生在试验期间；给水系统问题共22次，占总数的21.6%，主要包括蒸汽发生器、主给水泵以及冷凝器方面；汽轮机、发电机、主变部分的故障涉及17次，占总数的16.7%，这部分事件主要是由设备故障引起的；除上述3个占比较大的部件或系统外，一回路系统、其他机械故障、汽回路（VVP/GCT）和一回路辅助系统各占约6%的比例。值得一提的是，VVP/GCT和一回路辅助系统中发生的事件总数并不多，但其中的人因事件占比很高，超过60%，主要原因为部分操纵人员在VVP/GCT和一回路辅助系统的控制上存在技能不足。

（4）从事件发生时的机组活动角度：

试验期间的风险管控值得电厂加以重视，在统计的102起反应性事件中，有28起发生在运行试验期间，11起发生在仪控、维修部门的试验期间，试验期间的事件占比达到了38%。此外，机组启停时占比也较高，占事件总数的 14%，表明部分操纵人员在机组启停的操作上存在对风险分析不足的情况。现场人员工作引发的事件占 16%，也反映出现场人员工作中防人因工具的使用上存在不足。

5.2　反应性管理的薄弱环节

综合我国近十年来的反应性事件，总结出我国部分核电机组在以下方面存在反应性管理的薄弱环节。

5.2.1　人因方面

（1）部分操纵人员对反应性管理意识淡薄，缺乏反应性控制的敏感性和保守性。主要表现在执行和理解规程上，没有意识到规程背后的反应性内涵，对可能发生的风险分析不足。

典型事件：某机组在反应堆自动停堆后的处理过程中，长达 44 h 未按控制规程进行注硼，最终历时 59 h 才达到技术规范要求的硼浓度。期间，运行值长、核安全工程师、操纵人员等负责机组设备状态管控的人员，均未提出质疑。操纵人员没有意识到控制棒在堆内的情况下，一旦发生意外稀释或蒸汽管道大破口事故，短时间内堆芯无有效的负反应性引入手段。规程要求的硼化即是要求将反应堆带到较深的停堆状态，避免可能存在的次临界度降级风险。

（2）部分操纵人员在运行操作中存在技能不足，蒸汽发生器水位控制、蒸汽排放系统异常的干预、氙振荡和轴向功率偏差控制等。特别是在新建机组或经验不足的操纵人员上，此类问题尤为突出。

典型事件：某机组热停堆平台准备下行，硼浓度超过冷停堆硼浓度，SB/SC/SD 棒组在堆顶，其余棒组在 5 步。在进行一回路降温过程中，为保证 ARE242/243/244VL 的调节裕量，主蒸汽隔离阀关闭后，主控操作员错误参考失真的 ARE001MP，手动降低 APA302PO 转速，导致 APA302PO 供水能力不足，触发 SG 水位低低保护动作。

（3）部分操纵人员对主控重要参数的监视不足，可能诱发的原因与主控室的环境、操纵人员的工作量以及其他可能造成操纵人员注意力分散的因素有关。

典型事件：①反应堆处于单相中间停堆，正在进行一回路升温的启动。在进行 TP3RCP63 环路 2 平均温度相关试验时，输出至 RPN 系统的环路 2 测温旁路平均温度产生变化超过变化率高定值（5%FP/2 s），同时 RPN 来自 RPR 系统 P10 非信号未起到闭锁功率校正功能的作用，导致 020MA 功率量程中子通量密度负变化率高信号产生并送至 RPR；而主控人员没有发现单通道功率量程负变化率高信号；在随后进行环路 1 测温旁路平均温度试验时，导致 010MA 功率量程中子通量密度负变化率高信号产生并送至 RPR。主断路器失电打开，控制棒全部落入堆芯。②某机组操作员没有发现 GCT-a 阀门开启和蒸汽发生器水位异常报警，没能及时控制 1 号蒸汽发生器水位，导致 1 号蒸汽发生器水位一直下降到自动停堆定值。

（4）部分人员未严格执行自检和使用程序。在运行、仪控、维修及化学部门的人员在工作中均出现缺乏监护、自检和使用程序的情况。

典型事件：①某机组在完成 TP-3-COR-60（功率补偿棒 G1/G2/N1/N2 刻度试验）后，在进行 3RGL009GD 参数修改时，误将第 9 点（1 017，545）设置成（1 107，545），且功率补偿棒未置手动，导致 G1 棒组自动下插 66 步（指令棒位从 615 步下降到 549 步）。②化学取样人员在三厂进行 1、2 号机组稳压器液相定期取样时，操作了错误的取样阀（REN215VP），导致稳压器液相未按《1、2 号机组化学与放射化学技术规范》规定的周期（每周一次）化验硼浓度。当事人技能不足对取样阀门惯性记忆错误，且操作前未核对程序，直接导致多次取样错误。

5.2.2 设备及管理方面

（1）部分设备的性能不达标，设备设计变更的审查不严等问题，反映出电厂在设备的质量验收、设备设计变更方面的管理上存在漏洞。

典型事件：某机组主泵逻辑中延时设置不合理导致主泵保护停运。其根本原因为设计修改管理失效。主泵逻辑修改升版中，设计院设计审查没有深入分析修改内容对整个主泵逻辑的影响，发出的变更没有说明原因。

(2) 部分设备存在老化的情况，导致设备在寿期内失效。

典型事件：某电厂 1RCP054UM4 延时继电器故障，失去 25 s 延时功能，叠加 1RCP003PO 一号轴封泄漏管线流量波动触发高高定值，直接导致 1RCP003PO 跳闸，反应堆跳堆。其根本原因为 TEC2453 型延时继电器内部主集成芯片故障，导致延时继电器失去延时功能。

(3) 部分电厂对高风险作业的管控不严格，对高风险作业的风险分析、程序执行和有效沟通上存在缺陷。

典型事件：维修人员按计划进行 2 孔气 M002AP（控制棒电源系统 2 号发电机）的换碳刷预防性维修工作，将 2RAM002AP 的进、出口断路器断开并上锁，此时控制棒仅由 2RAM001AP（控制棒电源系统 1 号发电机）通过出口断路器 2RAM40IJA 供电。在更换 2RAM002AP 的碳刷过程中，维修人员发现 2RAM002AP 的定子存在灼烧痕迹，为保证控制棒电源发电机组稳定运行，维修人员和当班值讨论决定立即安排 2RAM002AP 定子绕组的绝缘测量和检查工作。在对 2RAM002AP 进行测绝缘前的隔离准备时，维修人员提出的隔离边界错误地包括了 2RAM 母线低频保护继电器检测电源回路开关 2RAM50IJS，当班值批准工作许可时也未及时发现该错误。反映出管理层对现场长期存在的普遍低标准的行为偏差没有关注和重视并及时采取措施进行纠正。

(4) 部分电厂对如 TCA 管理、防误碰管理等工作没有执行正确的标准。

典型事件：化学人员配合调试人员执行 0SER910KA 报警验证工作，模拟 0SER401BA 液位低时触发低 3 液位动作，9SER401PO 异常跳闸（持续约 10 s）；SER 供凝结水泵轴封水母管压力 1CEX003MP 由 0.886 MPa 降至 0.4 MPa，在运的 1CEX002/003PO 跳闸，凝结水泵备用泵未自动启动，导致除氧器水位降低，最终导致反应堆停堆。其根本原因为调试人员未遵守 TCA 管理流程，在现场未取消 TCA 的情况下关闭 TCA 流程，导致机组上存在与实际状态不符的 TCA（9SER 供凝结水泵轴封水压力低触发 3 台凝结水泵自动停运）。

5.3 改善反应性管理的建议

关于改善反应性管理的建议，世界核运营者协会（WANO）曾于2007年发布了一份针对“反应性管理”的重要运行经验报告（SOER 2007-1《反应性管理》），其中关于改善反应性管理的建议，对我国运行核电厂来说依然适用。作为参考，本书在附录二中将 WANO 的建议列举。

本节根据上文的统计和分析，给出适用我国运行核电机组的改善反应性管理的建议。

5.3.1 强化操纵人员反应性意识

操纵人员在按照规程进行改变堆芯反应性的操作时，需时刻树立反应性意识，了解操作可能造成的反应性影响和风险，对堆芯反应性状态有整体的判断。对提升操纵人员反应性意识的建议有：

(1) 梳理运行技术规范和运行程序中与反应性有关的要求与限值，将各类要求、限值背后代表的反应性含义在规程的备注栏中加以解释，确保操纵人员了解当前操作的目的和反应性原理。如技术规范要求控制棒无法提出堆芯的时候必须硼化，可将意外稀释或蒸汽管道大破口的风险在硼化操作处列出，作为提示；再如反应堆在热停堆期间会设置高中子通量密度报警，一般设置为 3φ，可将定值如此设置的原理进行解释，以及出现此报警时堆芯的次临界度水平具体发生了多少 pcm 的降级。

(2) 加强操纵人员对次临界状态下堆芯次临界度的关注，包括冷停堆、热停堆时堆芯的停堆深度、达临界过程中堆芯的次临界度，以及在当前状态下发生各类设计基准事故时可能造成的次临界度降级的程度等。可在相关的程序中要求操纵人员填写堆芯次临界度一栏，操纵人员可寻求技术支持人员计算出当前堆芯状态下的次临界度具体数值，假设为 5 000 pcm。对比当前状态下发生各类设计基准事故时可能造成的次临界度降级的大小，如假设寿期末热停堆时蒸汽管道发生破口可能使一回路过冷 50 ℃，引入 3 000 pcm 的正反应性，那么堆芯的次临界度将降低到 2 000 pcm。若此时堆芯内存在氙毒，则在氙毒消失后次临界度会进一步降低。让操作员对堆芯次临界度大小和可能存在的风险有量的概念。

5.3.2　对操纵人员技能弱项强化培训

针对操纵人员技能弱项，组织开展专项强化培训，包括以下方面：

（1）强化低功率下的蒸汽发生器水位控制培训，针对蒸汽发生器水位控制开发模拟机场景，纳入操作员培训课程。

（2）结合不同工况，制定 GCT-c 阀门出现异常故障时的干预预案。

（3）对操作员进行 REA/RGL 系统知识强化培训和 ΔI 控制技能培训，如硼化流量的控制、REA 报警相关逻辑等。

5.3.3　提高防人因管理标准

目前电厂都制定了完善的防人因失误工具，但防人因工具的使用和监督要求仍需要加强：

（1）管理层应对无规程操作零容忍，执行严格的绩效考核制度来使按规程操作深入人心，对象应包括电厂承包商在内的所有工作人员。

（2）组织防人因失误工具的培训，针对防人因工具的使用，制定管理者观察指导专项行动方案。

5.3.4　加强高风险作业管理

（1）完善停机停堆相关高风险作业风险控制单，将经验反馈与风险控制点落实到风险控制单之中。

（2）针对高风险作业，开工前必须与主控操作员召开工前会，并明确操作步骤，编制临时操作单。

（3）针对高风险作业活动，由部门经理牵头组织值长、机组长、副值长定期集中培训。

（4）针对可能引发紧急停堆或紧急停机风险的现场按钮和部件增加现场运行信息（FOI）。

5.3.5 强化关键设备性能维护

(1) 对可能引发反应性事件的设备进行梳理，优先处理和纠正可能导致反应性事件的设备问题。

(2) 严格按照预防性维修大纲对关键设备进行定期的性能测试和维护，根据同类电厂的经验反馈积极排查本电厂可能存在的设备缺陷。

附　录

附录一：缩略语表

ADJ	调节棒（CANDU-6 机组）
AO	轴向功率偏移
AR	吸收棒（VVER 机组）
ARO	所有控制棒提出
BOL	寿期初
CPS	控制和保护系统（VVER 机组）
CR	控制棒（VVER 机组）
DNB	偏离泡核沸腾
DNBR	偏离泡核沸腾比
DRWM	动态校刻控制棒价值
EFPD	等效满功率天数
EOL	寿期末
FOI	现场运行信息
FP	满功率
GSS	保证停堆状态
HFP	热态满功率
HZP	热态零功率
LZC	液体区域控制单元（CANDU-6 机组）
MCA	机械吸收棒（CANDU-6 机组）
pcm	$1\ \text{pcm}=10^{-5}\Delta k/k$
ppm	$1\ \text{ppm}=1\ \mu g(B)/g(H_2O)$
RCV	化学容积控制系统
ROP	超功率保护
RRS	反应堆功率调节系统
SDS	停堆系统（CANDU-6 机组）
SOR	停堆棒（CANDU-6 机组）
TCA	临时控制变更
TSD	临时专用设施
ZCU	区域控制单元

附录二：WANO 改善反应性管理的建议

建议 1——标准和期望

要提供反应性控制，包括使用减错工具的清晰的技术指导、标准和管理期望。相关导则应涵括以下要素，以便电厂在所有运行模式下都能有效地监测和控制堆芯反应性：

（a）必须由详细的运行规程或已批准的反应性计划来指导所有的堆芯反应性变化和模式转换，以防出现错误和误解。管理人员要详细规定何时需将规程放在手边进行反应性操作。

（b）所有的堆芯反应性变化按一种周全和谨慎的受控方式进行。改变反应性时，电厂规程应详细说明操作员要监测哪一个备用的和冗余的核测仪表以及其他的反应堆和核电厂的指示（压力、流量和温度）。通常情况下，改变反应性每次只以一种方式进行。

（c）不鼓励反应堆在低功率水平延长运行周期。电厂管理人员应仔细考虑诸如低功率运行或单回路运行（沸水堆）的异常电厂工况下运行的风险。在状态变化前，应制定合适的应急预案并对操作员进行培训。规程应确定可能遭遇的潜在问题，例如堆芯变为次临界的可能性，并预先确定在何种预定的条件下操作员应停堆或手动紧急停堆。

（d）在应对非计划二次侧电厂瞬态引起的一次侧异常时，不鼓励添加正反应性，尤其是通过提升控制棒引入正反应性。

（e）政策和规程应详细规定控制堆芯反应性时希望使用哪种减错工具。

建议 2——班组人员的监督

值班监督人员要有效地指导堆芯反应性的变化，并确保电厂运行和燃料操作期间做出保守决策。管理人员应关注以下事项：

（a）主管人员应监视诸如控制棒动作、堆芯流量变化、蒸汽流量的重大变化、化学添加或稀释引起的堆芯反应性的变化。反应性操作期间，主管人员要特别监督那些很少或没有反应堆启动经验的操作员。

（b）反应性操作期间，主管人员应制止同时执行其他任务。在反应性操作或重大的电厂状态演变期间，不给当班值长安排非运行任务，以免在执行严格监督时分散他们的注意力，除非他们在此期间不全面负责控制室的工作。

（c）主管人员确保进行反应性操作或反应性控制设备工作的操作员和工人已接受适当的培训。主管人员依照电站管理层的期望确保职员了解并向他们简述他们的任务和职责。

（d）设法使控制室环境内的干扰最少，例如尽量减少复杂的、重叠的或同时发生的电厂活动以及非运行任务，这些都可能转移主控室操作员和管理人员监控堆芯反应性的注意力。

（e）避免在交接班或轮班人员工前会期间的反应性的变化。

建议 3——反应堆技术支持

对于反应堆技术支持部门与运行部门之间的接口，要制定关于反应性管理方面的明确的任务、职责和规程导则。应阐明以下要点：

（a）重大的反应性改变计划应通过电厂和运行值管理人员以及反应堆技术支持人员的审查和批准。如果电厂的工况推迟了原计划的功率变化，反应性计划要进行修订以满足新的电厂工况，并由管理部门批准。

（b）在反应性变化期间，尤其是在诸如启动、停堆和控制棒布置调整这些不常进行的操作活动中，要有反应堆技术支持人员协助操作员。

（c）在反应堆启动前，应确定并独立验证堆芯临界的预计是准确的。此外，在反应堆达临界前，应充分评估并解决在审查临界预计时发现的不一致和差异。

（d）在电厂启动前，应该向操作员提供堆芯运行周期的信息（例如反应性系数、在堆芯寿期内的燃耗特点和最新设计变更的影响）。如果有可能，相关的信息也要加入到适当的规程和培训材料（包括模拟机建模）当中。

建议 4——培训

要向操作员提供初始培训和再培训，内容包括反应堆物理基础、堆芯寿期内的特点以及在正常、异常和应急运行工况下反应性控制系统如何操纵才能有效地控制堆芯反应性。应包括以下要点：

（a）包括关于堆芯毒物（例如硼、氙、钐和钆）的基本的反应堆理论，在反应堆内毒物如何产生和消耗，反应堆功率变化和堆芯寿期如何影响毒物浓度。

（b）确定堆芯反应性系数随堆芯寿期如何变化，操作员如何采取措施才能正确地控制反应堆。应特别注意添加正反应性的那些系数。

（c）在培训大纲中，包括适用的行业和电厂运行经验，以强化反应性控制标准和管理期望，从而进一步强调控制堆芯反应性的重要性。

（d）培训教师在模拟机培训和其他培训环境中应该强化管理期望，以便在出现意外或不确定的工况时，能够保守地将电厂置于已知的安全工况。管理人员每年都要参加观摩培训课，视情况强化对反应性管理的期望。

(e) 在培训目标当中应包括有关改变堆芯反应性时使用减少人因失误的工具的管理期望。

(f) 若可行，可为不常进行的操作活动的（如反应堆启动、停堆以及其他重大的堆芯反应性变化）准备运行值班人员提供即时培训。在反应堆达临界之前，从未进行过反应堆临界操作的操作员应该在他们运行的机组上观摩一次反应堆启动。在培训中，参与并练习利用合适的反应堆和电厂仪表指示来监测堆芯反应性。

(g) 反应堆技术支持人员应该和运行值班人员一起参加模拟机培训，每个换料周期内至少培训一次，或者至少每隔一年参加一次培训。

建议 5——设备和工作的协调

要证实反应性控制设备的缺陷，尤其是那些降低操作员监控堆芯反应性能力的缺陷，已被识别并得到及时解决。应该包括以下要点：

(a) 正如 WANO GL 2005－03《有效的反应性管理导则》所定义的那样，在制定工作计划和执行活动的过程中，突出强调那些可能影响反应性监测和控制的设备缺陷。电厂的工作管理过程要确保其他工作不妨碍反应性控制设备的功能，同时要建立适当的缓解方法的文件并得到执行。

(b) 工作管理过程对有关影响反应性控制和监督的系统确定适当的优先级和工作的协调要求。风险分析和预防措施应该建立文件并列入反应性控制设备的维修和试验规程中。

(c) 维修反应性控制设备时，维持配置控制，以确保该系统或设备能够恢复到正常状态。

(d) 尽量杜绝操作员采取与反应性设备有关的变通方法。对回避问题采用的每一变通方法，应向操作员提供具体缓解措施的指导。当任何反应性控制和监督设备停下来进行维修时，对可能引起探测不到反应性变化的那些电厂变功率操作，要进行适当的控制。

建议 6——自评估

反应性管理事件的分析明确了几类重复出现的问题，这对所有人员，尤其是监督、操作和维修反应性控制设备的人员去理解尤为重要。

分析过的事件表明，在所有的电厂运行模式下，无论反应堆功率水平如何，必须采取有效的反应性管理原则。在反应堆启动、低功率运行、提升功率、满功率运行和不停堆换料期间都曾发生过反应性事件。尽管很多电厂已经采取措施来加强反应性管理，但导致意外的和失控的反应性瞬态的事件依然持续发生。

本报告的范围没有延伸到堆芯以外的燃料操作。然而，燃料操纵人员应意识到燃料操作期间可能引起潜在的反应性变化。SER 2004-2《燃料操作事件》中描述了类似事件的原因，如未严格遵守程序、监督不足以及未有效地使用减错工具和技术。

为阐明业内持续发生的反应性管理问题，WANO 于 2005 年 12 月出版了 GL 2005-03《有效的反应性管理导则》。该导则明确了有效的反应性管理的 8 个关键要素，其目的是减轻反应性管理事件的风险与后果。

参考文献

［1］钱纪生．WWER-1000 压水堆核电厂运行物理［M］．北京：原子能出版社，2011．
［2］郑福裕．压水堆核电厂运行物理导论［M］．北京：原子能出版社，2009．
［3］张法邦．核反应堆运行物理［M］．北京：原子能出版社，2000．
［4］阮可强等．核临界安全［M］．北京：原子能出版社，2001．
［5］蒋宗炳．数字反应性仪［J］．中国核科技报告，1996（1）：466-474．
［6］沈峰，蒋宗炳．高可靠性新型数字反应性仪［C］//第三届全国核仪器应用学术会议论文集．中国核学会，2001．
［7］吴磊，刘同先，赵文博，等．动态刻棒方法研究及其试验验证［J］．核动力工程，2015，36（2）：13-16．
［8］廖泽军，叶国栋，代前进，等．利用功率测量探测器和信号作为信号源的动态刻棒方法：CN20150811260．1［P］．2016-03-30．
［9］彭思涛，王一楠，李文，等．动态刻棒技术自主化初步研究［J］．核动力工程，2014（S2）：215-217．